世界城市研究精品译丛

主　编　张鸿雁　顾华明
副主编　孙民乐

区域、空间战略与可持续性发展

Regions, Spatial Strategies and Sustainable Development

[英] 格雷厄姆·霍顿 戴维·康塞尔 著

朱献珑 谢宝霞 译

图书在版编目(CIP)数据

区域、空间战略与可持续性发展 / (英)霍顿著 ; 朱献珑, 谢宝霞译. -- 南京 : 江苏凤凰教育出版社, 2015.9

(世界城市研究精品译丛)

ISBN 978-7-5499-5452-0

Ⅰ.①区… Ⅱ.①霍… ②朱… ③谢… Ⅲ.①城市空间—空间规划—研究 Ⅳ.①TU984.11

中国版本图书馆 CIP 数据核字(2015)第 222105 号

书　　名　区域、空间战略与可持续性发展
著　　者　[英] 格雷厄姆·霍顿　戴维·康塞尔
译　　者　朱献珑　谢宝霞
责任编辑　任　晖
出版发行　凤凰出版传媒股份有限公司
　　　　　　江苏凤凰教育出版社(南京市湖南路 1 号 A 楼　邮编 210009)
苏教网址　http://www.1088.com.cn
照　　排　南京紫藤制版印务中心
印　　刷　江苏凤凰新华印务有限公司
厂　　址　江苏省南京市新港经济技术开发区尧新大道 399 号
开　　本　890 毫米×1240 毫米　1/32
印　　张　9.625
版　　次　2015 年 9 月第 1 版　2015 年 9 月第 1 次印刷
书　　号　ISBN 978-7-5499-5452-0
定　　价　48.00 元
网店地址　http://jsfhjy.taobao.com
新浪微博　http://e.weibo.com/jsfhjy
邮购电话　025-85406265,84500774　短信 02585420909
盗版举报　025-83658579

苏教版图书若有印装错误可向承印厂调换
提供盗版线索者给予重奖

出 版 说 明

“他山之石，可以攻玉。”

在建构中国本土化城市理论的过程中，对外来城市化理论进行有比较的、批判性的筛选，不失为一种谨慎的方式。西方城市化的理论与实践研究有很多值得中国学习和借鉴的地方，如城市空间正义理论、适度紧缩的城市发展理论、有机秩序理论、生态城市理论、拼贴城市理论、全球城市价值链理论、花园城市理论、智慧城市理论、城市群理论以及相关城市规划理论等，这些理论在推进城市化的进程中起到了直接的作用。

中国城市化进程以三十多年的时间跃然走过了西方两百年的城市化历程，成就令世界瞩目，但城市社会问题也越来越深化：有些是传统的社会问题，有些是城市化引发和激化了的问题，我们需要梳理出关键点加以解决。

《世界城市研究精品译丛》的出版目的十分明确：我国的城市理论研究起步较晚，国外著名学者的研究成果，或是可以善加利用的工具，有助于形成并完善我们自己城市理论的系统建构。在科学理论的指导下，在新型的城镇化过程中，避免西方城市化进程中曾出现的失误。

该丛书引进国外城市理论研究的经典之作，大致涵盖了相关领域的重要主题，它以新角度和新方法所开启的新视野，所探讨的新问题，具有前沿性、实证性和并置性等特点，带给我们很多有意义的思考与启发。

学习发达国家的城市化理论模式和研究范式，借鉴发达国家成功的城市化实践经验，研究发达国家新的城市化管理体系，是这套丛书的主要功能。但是，由于能力有限，丛书一定会有很多问题，也借此请教大方之家。读者如果能够从中获取一二，也就达到我们的目的了。

江苏凤凰教育出版社

目录

插图目录

插图 (Plates)

图 (Figures)

表（Tables）

方框 (Boxes)

前言与致谢

本书的面世恰逢英格兰区域治理蓬勃开展之际。英国中央政府在权力下放方面采取了一系列影响深远的举措，苏格兰议会、威尔士国民公会的成立便颇具典型性。英格兰同样采取了诸多实质性的措施，着力推动区域层面的政策权力下放。突出表现在以下方面：强化区域规划的作用，设立区域发展署（RDAs）以制定区域经济发展战略，创立区域可持续性发展框架，设立由主要利益相关者与地方当局组成的区域议会为快速扩张的区域战略工作设立问责机制。2002 年，政府表示有意向创设一套程序，推进选举产生区域政府的进程（Cabinet Office and DTLR，2002），借此进一步强化英格兰的权力下放计划。

本书的重心主要围绕 2000 至 2002 年期间制定区域规划指引（RPG）过程中出现的问题展开探讨，即 1997 年工党政府赢得选举开始执政之后新一轮的区域规划指引的制定工作。但在研究深度方面，我们的研究目标还包括：考察目前区域规划的方式如何与前期的规划实践相脱节；探究如何将区域规划与其他形式的区域策略相关联，尤其是区域经济发展战略；分析区域规划是如何影响地方和国家层面的规划的；研究近期区域规划复兴与英格兰治理方面的变化之间的相互关系。

本书整体的研究目标旨在基于相关理论，对目前区域试验发生的方式展开实证分析。自 20 世纪 90 年代至本世纪初，区域空间规划引起了广泛关注，再次成为研究热点，对这一现象我们尤为关注。与规划相关的期刊杂志开始刊载规划主题的研究论文，从论文标题的措辞便可观察到这种变化。标题通常以问句的形式出现，如“战略规划复兴?”（Breheny，1991）、“重新发现区域规划?”（Thomas and Kimberley，1995）、“重新发现区域方式”（Baker，1996）、“区域规划复苏”（Simmons，1999）。

复兴、重新发现、复苏——在沉寂 20 年之后，区域规划再次被提上议事日程。当然，较之以往会有一些变化。与 20 世纪 60 年代和 70 年代的实践相比，90 年代的区域规划成为一种覆盖面较窄的政策程序，尤其关注土地使用问题。究其根本，区域规划是一种非法定的指引过程。在这一过程中，一端为结构性法定制度与地方计划，另一端为国家规划指引，区域规划则居于其间。

20 世纪 90 年代早期开始了区域规划指引的准备工作。90 年代后期，工党执政期间指引工作得到进一步强化，制定了一种与区域经济战略有所差别但又紧密相关的战略。中央政府还要求区域合作伙伴创立区域可持续性发展框架，并将此框架视为制定其他区域战略的基本原则。实际上，区域规划指引为每个区域的发展提供了一个长期的空间战略框架，同时也有助于指导区域经济战略的制定工作。

本研究涵盖了 2000 至 2002 年期间的八个英格兰标准区域。如此一来，我们便可以对英格兰区域规划的重构进行全方位的考察分析。我们尤为关注区域规划如何应对可持续性发展的问题，本书由此还会涉及区域规划与区域政策的环境、社会和经济方面的议题。环境议题本质上是双重性的。首先，区域规划与可持续性发展之间如何实现“融合”有不同的理解，这引起了很多忧虑，对环境问题的关注是否因此会大打折扣？其二，与此相关联，许多技术方法得以引入来评估新出台政策对环境的影响。在社会方面，我们关注一系列围绕未来住宅开发的相关争论。这也是在区域规划指引制定的过程中最具争议的问题。这些问题当然不全是纯粹的社会问题，环境和经济问题同样是争论的重要议题。在经济方面，我们通过评估区域经济与区域规划体系之间的关系展开分析。尤其关注一些热点的讨论，比如未来就业的导向，以及针对未来就业需求在土地释放方面的决策。

在项目的实施过程中，我们得到两项资助。本项目主要由经济与社会研究委员会（ESRC）资助，经费编号为 R000238368。若无此项资助，我们将无法开展研究。我们谨向经济与社会研究委员会以及委员会评审专家的大力支持致以谢意。此外，我们有幸得到交通、地方政府及区域部（现英国副首相办公室（ODPM））的额外资助。由此，我们将 ESRC 资助下的研究进一步拓展，考察了区域规划指引在可持续性评估方法的早期运用，同时在区域规划指引监控体系方面也取得了进展。这项工作不但扩展了我们的研究范围，还让我们有机会与中央政府的决策者们沟通，这完全超出我们的研究预期。项目研究的各个阶段都得到了副首相办公室的大力支持，再次谨致谢意。

我们还要感谢英国赫尔大学地理系批准格雷厄姆·霍顿（Graham Haughton）的进修假，让他能够有时间完成此书。感谢奥塔哥大学给予威廉·埃文斯（William Evans）的访问研究基金资助（2002. 9～10）。地理系在他访问期间给予了大力支持，尤其要感谢克莱儿·弗里曼（Claire Freeman）博士。格雷厄姆随后获得了南澳弗林德斯大学地理、人口与环境管理系的访问研究基金资助（2002. 11～2003. 1）。他想再次感谢同事们的大力支持，尤其要感谢安德鲁·比尔（Andrew Beer）副教授和亚拉里克·莫德（Alaric Maude）副教授。

加雷思·布拉夫（Garreth Bruff）在项目开展的前16个月与我们一起开展研究，随后他投入到利兹行动计划的工作中。他对于项目早期的研究做出了重要的贡献，参与设计调查问卷和样本架构，负责文献分析，组织了多次访谈。

我们还要感谢各区域的通讯员团队对我们的支持，他们协助我们锁定关键性的区域问题，确认项目研究所需的访谈对象，还针对我们的区域概要草稿提出了宝贵意见。他们是：

东北区域：蒂姆·肖，纽卡斯尔大学

约克郡-亨伯区域：泰德·基钦，谢菲尔德哈勒姆大学

西北区域：乔·莱文兹，曼彻斯特大学

东密德兰区域：科林·威廉姆斯，莱斯特大学

西密德兰区域：格雷厄姆·皮尔斯，阿斯顿大学

东英吉利区域：蒂姆·奥赖尔登，东英吉利亚大学

东南区域：迈克·布雷赫尼，雷丁大学

西南区域：科林·富奇，西英格兰大学

我们还要感谢蒂姆·马歇尔（Tim Marshall）和蒂姆·肖（Tim Shaw）在研究初创阶段所提供的帮助。我们要特别感谢赫尔大学地理系的约翰·加纳（John Garner）在本书附图绘制方面所做的工作，感谢桑德拉·康塞尔（Sandra Counsell）所提供的东北区域图片，感谢保罗·尼科尔森（Paul Nicholson）提供的东英吉利区域图片。格雷厄姆·霍顿负责本书其余部分的图片。菲尔·阿尔门丁格（Phil Allmendinger）、萨莉·伊登（Sally Eden）、戴维·吉布斯（David Gibbs）、安迪·乔纳斯（Andy Jonas）等学者对各章节的初稿以及收入此书的相关会议论文提出了宝贵意见。感谢艾丹·韦尔（Aidan While）审读本书的文稿，并做出了精辟的点评。当然，此书中相关事实和解释的不当之处，以及任何遗漏之处均与以上提及的朋友和同事无关。

缩略语列表

AEP	经济压力区
ANEC	东北议会委员会
BAP	生物多样性行动计划
CASE	反斯蒂夫尼奇扩张运动
CBI	英国工业联合会
CPRE	英格兰乡村保护运动组织
DETR	环境、交通及地区事务部
DoE	环境部
DTLR	交通、地方政府及区域部
EERA	东英格兰区域国民公会
EiP	公众评议
EMDA	东密德兰发展署
EMEL	东密德兰环境联盟
EMRA	东密德兰区域国民公会
EMRLGA	东密德兰区域本土政府协会
ESDP	欧洲空间发展战略
ESRC	经济与社会研究委员会
EU	欧盟
GDP	国内生产总值
GLA	大伦敦政府
GLC	大伦敦市议会
GOEE	东英格兰区域政府办公室
GOEM	东密德兰区域政府办公室

GONE	东北区域政府办公室
GONW	西北区域政府办公室
GOSE	东南区域政府办公室
GOSW	西南区域政府办公室
GOYH	约克郡和亨伯区域政府办公室
HBF	住宅建造者协会
HTC	高科技走廊
IRS	整合性区域策略
KWNS	凯恩斯国家福利主义
LDF	地方发展框架
LGA	地方政府协会
MMS	多模态研究
MUA	主要都市区
NIMBY	邻避效应
NWDA	西北区域发展署
ODPM	副首相办公室
OECD	经济合作与发展组织
ONS	国家统计局
OSC	“其他战略性运输走廊”
PAER	经济复兴重点地区
PPG	规划政策指引
PUA	主城区
RAYH	约克郡和亨伯区域国民公会
RCEP	皇家环境污染委员会
RDA	区域发展署
REPC	区域经济规划委员会
RES	区域经济战略
RIBA	皇家建筑师协会
RICS	皇家特许测量师学会

ROSE	东南区域其他地方
RPAA	美国区域规划协会
RPG	区域规划指引
RSDF	区域可持续性发展框架
RSPB	皇家鸟类保护学会
RSS	区域空间战略
RTP	区域交通规划
RTPI	皇家城镇规划学会
SAC	特殊保育区
SCEALA	东英吉利官方常务会议
SDOS	战略发展选择研究
SEEDA	英格兰东南发展署
SERPLAN	伦敦及东南区域规划委员会
SNCI	自然保育重点地区
SSSI	具有特殊科学研究价值区域
SWPR	熊彼得工作福利后国家体制
SWRPC	西南区域规划委员会
TCPA	城乡规划协会
TVA	田纳西河流管理局
VAT	增值税
WCED	世界环境与发展委员会
WMLGA	西密德兰地方政府协会
WSCC	西萨塞克斯郡议会
YHRA	约克郡和亨伯区域国民公会

第一章　空间规划中区域的重新崛起

英国的政府体系在西方世界中颇具中央集权性质。区域决策的执行通常与其所能影响到的民众与地区并无关联。然而，这种模式能否让政府职能运作更为有效，是值得怀疑的。

（内阁办公室与交通、地方政府及区域部，2002 年，第 1 页）

第一节　我们曾是空想主义者

区域规划者们曾经是伟大的规划空想家。他们尝试为大片土地以及所有居于此地的民众制定出一个宏伟而长远的计划。20 世纪 20 年代及 30 年代初，刘易斯·芒福德（Lewis Mumford）与美国区域规划协会的同事在区域规划方面所做出的努力，就已经展现出远大的理想抱负与宏伟的设计蓝图。时至 1944 年，艾伯克隆比（Abercrombie）提出了伦敦计划。所有这些都表明，区域规划曾经寻求为大规模问题提供大型解决方案。尽管梦想极少照进现实（Hall，2000），但从田纳西河流管理局（TVA）的大型基础设施项目，到伦敦的新城镇（如斯蒂夫尼奇、哈洛），这些努力的确带来了一些重大改变。然而，在当下这样一个重实用主义轻远景展望、重个人主义轻集体主义、重眼前利益轻长远效益的时代，规划先驱者们的崇高抱负更多地被视为离奇古怪，甚至是过时的。

现如今，理想缺失、期望平平似乎司空见惯，进而影响着区域规划与政策。不过事实上宏图大志和豪言壮语不会因此泯灭。它们贯穿于规划领域的新兴理念之中，这种理念认定规划能够在可持续性发展的议程中有所作为。它们还贯穿于正在制订的区域经济战略中。基于此，许多区域立志进入欧洲或全球的“前 20 强区域”。区域规划和战略仍会发挥重要作用。

第二节　寻求新区域主义

“区域”一词在学术领域和政策实践中时而风靡，时而落伍。此外，区域研究的主导方式也随着时间推移而不断变化（Wheeler，2002；见表 1.1），从格迪斯（Geddes）和芒福德首创的自然区域研究，进而演变为目前的“新地区主义”研究。各种区域研究途径在许多方面相互阐发，它们之间不能完全独立开来，在发展进程中不以时间顺序区分，相互之间缺乏内在的连贯性。更为复杂的是，逐一评述主要研究者及其倡导的研究方法自然大有助益，然而，有一些重要的评论者，如约翰·弗里德曼（John Friedmann）（Friedmann and Weaver 1979；Friedmann，1998）和彼得·霍尔（Peter Hall）（Castells and Hall，1994；Hall，1988，1998，2000），他们的研究成果已超越了以上范畴。本章的目的不是回顾所有研究方法，而是综述区域发展的实践进程，其中把英格兰作为分析重点。第二章集中评论最近的一些理论著作，涉及到地区主义的制度方面等内容。

相关文章促使地区主义研究不断升温，这些文章有时会打着“新区域主义”的旗号集中出现在学术文献中。但是正如惠勒（Wheeler，2002）在“新区域主义”美国规划的评论中所说，这一术语在不同背景下已沿用数十年，它在当代的运用同样因民族、学科与职业等背景的不同而具有不同含义。美国的规划者们认为，“新区域主义”与“新型城市化”的兴起存在一定联系，“新区域主义”注重可持续性发展原则，尤其注重社会与环境公平，且更加强调战略性方针在规划和城市设计上的应用（如 Hough，1990；Calthorpe and Fulton，2001）。在美国的规划中，“新区域主义”与应对大都市区域的政治与行政分散化问题息息相关。这一方法的显著特征在于其规范化的立场，基于这一立场，设定明确的原则作为新战略的中心内容，这些原则始终与可持续性发展相关论述相关联。

“新区域主义”的另一处运用与区域经济发展的实践和学术批评相联系。鉴于资本主义发展在自然和制度形态方面出现的巨大变化，此处关注的焦点是区域成为经济管理基本构件的方式问题。从学术层面来看，这一点有时会与一些有关资本主义经济转变本质的重要辩论相关联。资本主义经济从早先的“福特主义”或凯恩斯福利国家逐渐转变为“后福特主义”积累体制（Jessop，1990，2002；Amin，1994；MacLeod，2001）。日益发展的经济全球化，管制宽松的金融市场，完善的运输和通讯技术，以及由于贸易保护壁垒的日渐削弱，更为密切的国际交往，这些因素导致国家政府对国民经济的控制能力日渐式微。为了应对这些挑战，许多政府彻底改变了经济管理的手段，转而创造对流动资本更具吸引力的监管环境，其中包括更低的税负，熟练的劳动力，同时减少或重新调整国家干预以满足商业需求。

鉴于以上趋势，有评论者认为，曾在经济管理中发挥关键作用的单一民族国家已逐渐变得不那么重要。相比之下，一些成功的区域在新全球经济中极具竞争力，此类报道对区域作为资本主义经济的基本构件这一理念仍旧抱有希望。此处可引用颇具影响力的管理（Porter，1990；Leadbetter，2000）和经济（Krugman，1997）思想家，麦克劳德（MacLeod，2001，第 804～805 页）将这种观点总结为“绝非意味着‘地域界限的终结’，经由本土化的地理聚集与空间群聚，全球化的地域性能够在更大程度上驱动和刺激资金、制度与技术”。

目前，区域竞争地位的政策关注，至少在某种程度上，突出表现为在学术和咨询研究层面进行合理化解释，强调加强区域经济和民主机制建设的重要性。政治家和决策者似乎对少数区域的成功案例报道尤为关注。他们希望这些经验能够成为其他区域取得成功的秘密武器。这些成功的区域包括加利福尼亚的硅谷、意大利的艾米利亚-罗马涅区和德国的巴登符腾堡（DiGiovanna，1996）。在英国，威尔士山谷，苏格兰的硅谷，M4 高科技走廊以及位于英格兰的剑桥市，这些区域的成功经验都同样得到认可与检验，继而在不同时期成为其他区域的典范。

众多学者、顾问及从业者对这些成功区域案例的方方面面展开一系列的鉴别、整理与批判，其中一些研究成果为决策者所采纳。这些研究成果为改造和复制区域经济发展成功的秘方提供了理论支撑。这种形式的政策转变引发了巨大的学术争议。最初集中在“转型幻想”，主要与有关“新工业地区”的文章相关，最近则更多涉及“新区域主义”方面（见 Amin，1994；Lovering，1999；MacLeod，2001）。例如，有批评者把“新区域主义”视为一种新的强势正统思想，但它的实证和分析基础较为薄弱，代表了“时尚的胜利与学术权威对社会科学的影响”（Lovering，1999，第 386 页）。此外，人们逐渐意识到，若不考虑区域转型过程中“路径独立的区域经济与政治地理”，会存在重蹈覆辙的风险，那种急于对成功案例下定论的情况还会再次出现，而到最后才发现由于对本地、区域以及国家层面的实际情况缺乏关注，其可转移性是非常有限的（Jones and MacLeod，1999，第 295 页）。从麦克劳德（2001）对这些争论的评论可以看出，对新区域主义的有些批评是有根据的，而有些批评本身则是断章取义。

总而言之，关于“区域”在新全球经济中的突出地位，在学术与实践层面不乏热烈、有益的辩论，其中围绕促进区域成功所展开的关于战略类型的讨论尤为重要。本章的重点在于探讨区域主义如何在英国提升为政策范畴，同时关注区域规划问题。

表 1.1　区域规划研究进程

时　　期	主要代表人物	特　　征
20 世纪初生态区域主义	Geddes，Mumford，Howard	城乡平衡，相对全面规范，以地区为基础
20 世纪 40 年代末至今区域科学	Isard，Lösch，Wilson	* 区域经济发展以大量社会科学为根据 * 尝试展示价值中立的分析，缺乏标准性框架 * 空间分析并非以地区为导向
20 世纪 60 年代末至今批评性区域地理	Cooke（1983），Harvey，Holland，Massey	* 针对区域内政权和社会运动的成熟分析 * 规范性
20 世纪 90 年代至今规划的“新区域主义”	Calthorpe，Hough，Rogers	* 除经济发展外，还涉及环境、自然规划和设计 * 规范性、以地区为导向
20 世纪 90 年代至今经济发展的“新区域主义”	Porter，Storper，Scott，Morgan，Cooke	聚焦以经济发展为导向的制度，非贸易关系（如信度）和民主制度。涉及全球竞争，主要缺少详述的规范议程

来源：摘自 Wheeler（2002）
注：见与有关人物相关的参考书目。

第三节　欧洲与区域

在英国，区域主义的兴起在很大程度上可归因于欧洲政治的影响，其中包括更为强力的区域治理框架，如法国、丹麦、葡萄牙等。此外，欧盟与欧洲委员会在促进区域主义发展方面也起到了重要作用。在过去的二十多年中，欧盟突破国界的限制，一直致力于促进欧洲各地区政治与经济一体化进程。欧洲委员会所提倡的“多区域的欧洲”这一理念极为重要。基于此，欧洲委员会可以在政治层面不必经由国家政府，而是直接与当地政府或地区政府开展工作，这种方式更多的是以辅助性原则而非主权原则为基础的。

作为“多区域的欧洲”的一部分，在1991年的马斯特里赫特条约框架下设立了区域委员会。其主要理念之一是地方和区域政府需要积极参与欧洲委员会的政策制定，但是，现行机制无助于次国家级政府与欧洲委员会间的直接交流。该委员会由各成员国指定的地方与区域成员组成，负责评价欧洲委员会或其政策制订机构所颁布的对区域或地方产生影响的政策。

此外，欧洲委员会一直积极筹划和促成一系列的新跨国“区域”，在欧洲内部开创新的领土联系。为支持区域一体化，委员会为一系列的跨国、跨边界的方案提供资助。比如，大西洋方案涵盖了英国部分地区、葡萄牙、法国、西班牙以及爱尔兰共和国。这一方案旨在促进沿海地区的一体化规划与管理，保护自然区域，管理自然资源。

欧洲委员会在20世纪90年代出台的空间规划引起了广泛关注，进而引发了一系列旨在推广全欧洲一体化空间发展框架的举措（Shaw and Sykes，2001；Faludi，2002）。成员国之间就确立欧洲空间发展战略（ESDP）达成了充分共识，由空间发展委员会具体负责。1997年，委员会颁布了第一份公共草案，最终文件于1999年5月由波茨坦空间规划决策机构批准。

欧洲空间发展战略在欧盟成员国范围内创设了一个非法定的框架，包含了对“空间规划”的范围与实施方面的重要声明。空间规划这一概念比传统的土地使用规划更为宽泛，主要包括：

- 城市与区域经济发展；
- 影响城市和区域人口平衡；
- 规划、运输和通讯基础设施；
- 保护生存环境、自然环境和自然资源；
- 土地使用与资产管理；以及
- 协调其他部门空间战略的实施（Tewdwr-Jones，2001）。

欧洲空间发展战略强调全方位推进综合空间发展战略，尤其注重区域层面的实施。这些战略将会产生广泛的影响，为其他与空间维度相关的活动提供一个长期的机制。在英国，一体化战略空间规划目前主要通过区域规划体系得以推进。

第四节　英格兰区域规划简述

欧洲政治有助于我们理解英格兰近期出现的区域主义。在很长一段时间内，区域主义一直备受全国关注，并产生了重大的影响。在过去大约六十年里，区域规划与区域政策在英国空间经济管理中作用一直起伏不定。总的来说，规划体系在英国政治中发挥了关键性的但不稳定的作用。在一个相对较短的时期内，规划一度成为国家监管机构的核心议题，在土地使用管理方面尤为如此。或者，区域规划的参量一直面临挑战，20 世纪 60 年代期间逐步与社会与经济规划融为一体。但在 20 世纪 80 年代至 90 年代初期，区域规划却受到了来自公众和政治层面的强烈抵制，功能急剧萎缩，只局限在土地使用方面。最近几年以来，为了促进可持续性发展，中央政府高度重视规划的作用，规划的范围由此再一次扩大（见第三章）。此处重要的一个主题是，规划是国家在经济、社会及环境管理中的重要一环，它在不同时期以不同方式得以推行，可以说，在不同地区以不同方式得以推行（Brindley *et al*. 1989，1996）。

有趣的是，在回顾规划的六种传统研究方法时，布林德利(Brindley)等（1996）认为，在某种程度上由于社会与环境等议程的出现，他们之前考察过的不同区域类型及其研究方法之间的区别已经不复存在。然而，他们认为两种独特的研究方法依然引人注目，其涵盖范围广泛，包括增长管理压力最大的区域以及那些以城市再生为重心的区域。尽管随着“区域”方式兴起，成长地区与问题地区所面临的各种问题之间的因果联系受到越来越多的关注，尤其是城市中心的资金和人口的外流与城市问题及全球化进程息息相关，但是这些趋势仍然很明显（见第二章和第六章）。不仅如此，当代区域规划正在从根本上进行修订，这种修订融入了英格兰地区对可持续性发展的不同解读方式，这也是本书的主旨所在。因此，在对当代区域规划进行分析时需要认识到，它与国际、国家、区域与本土的经济、政治结构与动态存在千丝万缕的联系。

需要注意的是，在区域界定方面的确存在一些争议，这也是在区域规划及地理文献中反复出现的主题（Glasson，1974；Powell，1978；Allen *et al.*，1998）。当下的“区域尺度”这一概念在很大程度上是战时民防区域的产物，这些区域“旨在消除中央政府与地方组织之间的分歧而被保留”（Powell 1978，第5页）。尽管后续有些边界变化，体现政府意图的“标准区域”的大致轮廓在1974年得以确立。事实上，即使在本书集中关注的三年间（2000～2002），出于规划目的，三个重要的县从东南区域调整到了英格兰东部区域。近些年的情况同样如此，坎伯兰郡从东北区域调整到了西北区域。更为复杂的是，在某些官方文件中，大伦敦区限制已经被视为一个与东南区域完全分离的区域，并拥有制定“区域”经济与空间规划战略的权限（见本书第28页）。

从以上讨论中可以很容易看出区域的界定，即使是行政层面的界定，都是多元的。诚然，政府“标准区域”边界的官方说法掩盖了对区域的认识与接受不统一、不坚实的一面，尤其是公众的认识与接受。他们在地区、县郡及次区域层面的忠诚意识最为强烈（Powell，1978）。所有区域治理机制所面临的问题部分在于赢得认同，即能够以一种有意义的方式运行。事实上，这就意味着制订区域战略与规划也需要转向地方营造的复杂过程，努力营造更为广泛的认同感，以及对构成“区域”特定概念的统一权属。

近来在对英格兰东南区域的研究（Allen *et al.*，1998）凸显了如何辨识“区域”方面存在的问题。考虑到经济、社会及环境跨梯度、相互依存的性质，这些问题反映出区域边界的多样性，同时也反映出孤立研究某一特定区域这一深层问题。若将这些问题考虑在内，需要明确“区域”的使用的确是一个悬而未决的问题，分析需要考虑到“区域”运作的多维尺度。因为英格兰的区域规划是基于区域的官方界定，我们有必要把它们作为我们区域研究的重心，并通过不同方式把区域置入更为广阔的、多梯度的动态系统之中。

英格兰区域规划与政策研究的兴衰可以通过不同方式展示：或伴随着摇摆不定的党派政治而不断变化；或成为规划空想家、政客、专家及学者们讲述的故事；或成为应对资本主义积累危机失败的尝试（见表1.1“批评性区域地理”）。每种方式都具备了某些解释力，但每次都不尽如人意，在个体能动性、地方及国家政治、结构性动态系统等方面都关注较少。

以英国过去五十年的党派政治为例。在这一期间，工党大力支持区域策略，在衰落区域赢得了大量选民支持。相比而言，保守党把区域制度视为国家官僚体制的累赘，区域政府则被视为由保守党控制的郡县权力体系的政治威胁。认识到党派政治对区域主义的热衷固然有其理论价值，但是就其本身而言不足以解释区域策略为何在不同时期会有不同表现。特别需要指出的是，党派政治对区域主义关注程度与相对国民经济增长紧密相关。

彼得·霍尔（1988）提供了一个恰当的个案，他将重要的人物及思想家与规划思想演变相联系。作为伦敦规划咨询委员会的首席规划专家，西蒙斯（Simmons，1999）通过关注个体的作用来解释区域规划跌宕起伏的进程，提供的例子也最为明确。他在概述中将区域规划的演变与众多专家、学者及政治人物相联系。他认为，艾伯克隆比的工作，特别是1944年的大伦敦计划，标志着区域规划的“第一次真正的繁荣”。学者彼得·霍尔与总规划师威尔弗雷德·彭斯（Wilfred Burns）在20世纪60年代和70年代初期东南区域规划中做出了颇有创见的贡献，并因此广受赞誉。撒切尔时代据称“预示着区域规划的黑暗时代”（第160页），前国防大臣迈克尔·赫塞尔廷（Michael Heseltine）和尼古拉斯·雷德利（Nicholas Ridley）负有重要责任。西蒙斯认为，1987年以来的区域规划复兴部分源于政客屈从于选民及建筑工程师们的压力，前者担心环境的未来，而后者则忧虑自己的未来。

万诺普（Wannop）和谢里（Cherry，1994）将政治、民众及规划的演变融合在一起，并视之为一门专业学科。他们针对区域规划概况及分期研究尤为稳健。根据他们对专业及学术文献的综述，可以分为五个重要时期：开创时期（1920～1948）、沉寂时期（1949～1961）、区域复兴时期（1962～1971）、区域资源和经济规划时期（1972～1978）以及区域规划“冷落和考验”时期（1979～20 世纪 90 年代）。格拉森（Glasson，1974）、奥尔登（Alden）、摩根（Morgan，1974）和万诺普（1995）等对 20 世纪 60 年代以来的区域规划做出了有价值的综述。最繁荣的东南区域作为个案得以呈现。改变区域规划策略的政治经济背景将在第二章论述。

区域复兴：20 世纪 60 年代至 70 年代

尽管区域政策直至战后才由早期对“困难地区”地理意义上的关注过渡到国家体系层面，但最早仍可追溯到 20 世纪 30 年代（Wannop and Cherry，1994）。战后区域政策系统通过相关政策抑制发达地区经济增长，同时采取刺激措施来引导雇主转移到较不发达地区，从而解决南北差异问题（Glasson，1974；Alden and Morgan，1974）。虽然在战后几年规划在很大程度上是地方和中央政府的行为，但这种规划已经蕴含了区域策略的因素，其中新城政策的实施尤为明显。然而，这一时期只有中央政府下设的区域机构，没有独立的正式规划机构。

20 世纪 50 年代，由于迅速增长的国民经济和重大的政治变革，区域干预的热度逐渐消退。区域政策在书里写得清清楚楚，但付诸实践的却寥寥无几。本节不准备详述这一时期区域政策演变的细节，而是侧重自 20 世纪 60 年代以来主要政策的改变（见表 1.2）。

20 世纪 50 年代区域政策经历了第一个“沉寂期”后，在国家政府变革及经济发展放缓的双重背景下，区域政策自 20 世纪 60 年代早期变得强势起来。在这一时期，区域政策涵盖了一系列的干预策略，目的在于重新分配英国空间经济增长，从英格兰南部的增长区域转移到北部的“外围区域”，以及西南区域的一部分、威尔士、北爱尔兰和苏格兰。对衰落区域工业就业的直接或间接支持实际上是一种强有力的

表 1.2　区域政策和规划活跃期和欠活跃期

	主要区域机构架构	主　　题
开创期，20 世纪 20 年代～1948	区域委员，中央政府部长	•后伦敦大轰炸计划重建城市，绿带政策、新城政策和“工业人口”疏散
沉寂期，20 世纪 50 年代	中央政府部门与新城委员会	•第一阶段新城镇的实施 •区域政策工具有限应用
区域复兴，20 世纪 60 年代与 70 年代	政府部长，区域工业发展协会，创立区域经济规划委员会和董事会	•工业和人口重新分配 •地区社团主义体制建立非法定经济实体战略 •对次区域计划兴趣的增长 •有限资助区域组织
第二次沉寂期，20 世纪 80 年代	解散区域经济规划委员会（1980） 废除都会郡议会（1986）	•迅速衰退的区域政策，牵制范围、金融和区域覆盖率 •局部，短期，商务引导方法的增加
第二次区域复兴期，20 世纪 90 年代～	引进区域规划指引（RPG）（1990） 欧盟项目区域伙伴关系增强，1994 强化区域规划指引，1998 区域发展机构，1998 区域国民大会，2000 区域空间战略（2003～）	•1997 年区域方法的逐步重现，其后在区域机构和战略的迅速扩展 •主题：政策融合，可持续性发展和竞争力

政策干预行为。广义上而言，这种策略可以拓展和强化既定方式，并提供更多资金支持，由此可以将繁荣地区的增长转移到外围区域（见图 1.1）。随着 1966 年工业发展法案的出台，符合资助条件的区域覆盖了英国 40％的区域。1970 年，“中间区域”作为一种新的资助区域类别出现，截至 1972 年，符合条件的地区达到英国全境的 50％，人口覆盖 2 500 万（Glasson，1974；Burden and Campbell，1985）。

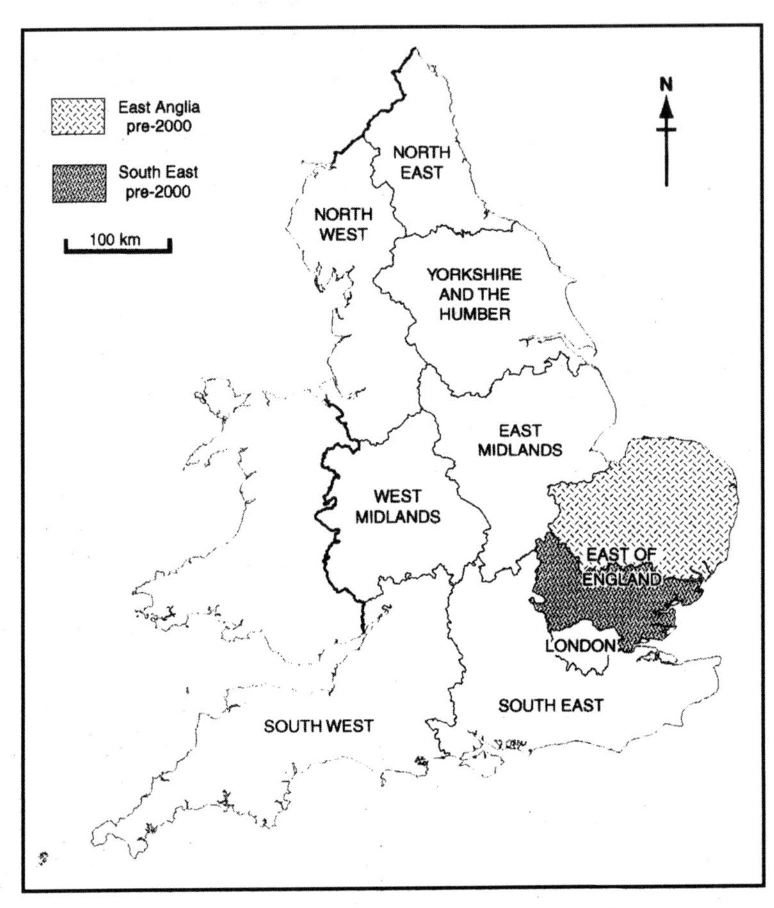

图 1.1　英国标准区域。来源：本书所使用的皇家版权资料来自 2000 国家统计局，并获得英国文书局管理者和皇后指定苏格兰印刷商的许可（证书编号 C02W0002008）

由于国家规划的观念盛行，政府对工业政策其他方面的干预倾向愈发强烈。干预的范围从国有部门到工业改组公司，均具有清晰的区域维度（Massey and Meegan，1978）。政府政策所产生的区域影响还表现在工人的再培训和流动、区域基础设施的选择性拓展，如东北区域的新高速公路、新城镇扩张及新兴工业园区（Glasson，1974）。在此期间，区域工业发展协会和董事会在一些主要扶助区域开始出现。其职责在于代表地方当局开展活动，协调当地企业发展，以及吸引更多企业入驻。

20 世纪 60 年代，区域规划开始受到关注，究其原因主要是应对预期的人口激增。60 年代的区域和次区域规划实践在很大程度上是为了寻求潜在的新城市区位，主要集中在亨伯河、塞文河和泰河等主要河口区域，时至 20 世纪 70 年代早期，人口增长趋缓，寻求新城市区位的努力也随之减缓（Wannop and Cherry，1994）。此间，区域规划的主导方法仍是自上而下的顶层设计，中央政府部门和机关负责起草政策、筹集资金、出台政策。

在制度层面，随着一系列区域经济规划委员会和董事会的成立（1965～1966），最具影响力的发展当属国家产业政策三方合作模式向区域层面的延展。英国 8 个标准区域的委员会旨在评估每个区域的潜力，制定区域计划并就国家政策对区域发展的影响向政府提出建议（Glasson，1974；Thomas，1975）。每个委员会约有 25 名由政府任命的成员，由来自工业领域、地方政府、工会以及教育和公民团体组织的小部分代表组成。因其有严格的政策权限，不同于战略分析与制定，委员会的职员及资金数量极为有限。区域经济董事会由来自政府重要部门的 15～20 名公务员组成，其工作职责在于协调不同部门之间的工作以及向区域规划建言献策（Alden and Morgan，1974）。

尽管委员会如此命名，但经济规划委员会在实质上只是提供规划分析，而且不同委员会在经济问题和社会问题上的关注视角有所差异。20 世纪 60 年代末期，委员会获得的国家政治支持减少，但在 70 年代早期由于对区域规划的关注度提高，他们又开始协助起草区域规划。从某种程度上说，正是基于委员会的努力，70 年代中期的七个区域策略才得以成形：其中四个是三方努力的成果，一个由地方当局制定，还有两个是经济规划委员会的劳动成果（Powell，1978）。但是不久之后，经济规划委员会就备受谴责，原因在于他们只出台一些有关人口和其他形势预测的文件，较少关注战略发展内容。此外，委员会本质上扮演的只是咨询的角色，因此很容易被地方当局和其他机构忽视（Glasson，1974；Alden and Morgan，1974）。事实上，经济规划委员会重视当地政府的利益，他们不经意间扮演的角色，反倒促进了地方当局之间的区域合作，特别是在规划领域的合作，这正是其产生的积极影响之一。

但是在20世纪60和70年代期间，区域规划和政策的“有力”措施出现了什么状况？有一种解释说在国民经济复苏期，针对重新定向产业的区域政策已有所发展，但是经济发展一旦开始衰退，要保持政策的一致性就变得十分艰难了（Hall，1980）。我们在第二章会回到有关政治经济方面的变化，特别是新右派思想的兴起。新右派思想质疑国家的普遍干涉方式，强调减轻税负。政策改变的结果意味着在推行干预性区域政策过程中，政府的投入越来越少。这些改变同样也与企业跨国转移投资的能力相关。也就是说，仅仅因为担心会导致工厂倒闭或者搬迁国外，试图动用规划权遏制东南部的工业扩张，这种做法变得越来越不可行。实际上，在成本效益方面，审查程序变得越来越严格，补贴的“胡萝卜”乘虚而入，区域政策的“大棒”已很难再落下。除此之外，由于官僚政治的懈怠和麻木，其中对贫民区的清拆和强制驱离现有居民的做法更为人所诟病，规划系统由此备受舆论谴责，各层次的规划都在经历一场持久、强大的公众和政治抵制（Healey，1998；Hall，2000）。

20世纪60年代末开始，城市问题逐渐提到政策议程上来，其中伦敦市贫民区问题暴露了“区域性”的愚蠢，如补助离开城市旧工业区的工人，同时投入大量的“城市”援助以期振兴城市。在极短的时间内，区域政策不再关注之前的“南—北”差距问题，转而认识到即便是增长区域，诸如包括城市中心和沿海区域的东南区域都有重大经济问题，而一些经济衰落的标准区域则有大量的经济福利。这种粗线条的区域政策方法从来没有得到彻底改善。

第二次沉寂期：20世纪80年代

自20世纪70年代早期开始，区域性援助的规模逐渐缩小，以往被认定符合条件的地区面积也大大缩减，援助条件也变得越来越苛刻，政府根据国家事务的轻重缓急安排处理。从1979年撒切尔和保守党执政之后，在一个新的知识和政治议程（见第二章）的驱动下，援助过程得以加速。作为保守党改革的一部分，这个议程旨在迅速解散大部分区域政策和规划机构。区域性援助的水平变得更低，符合条件的区域同样进一步减少。尽管不怎么受欢迎，区域经济规划委员会还是发现自己“未经审判就被处决了”（Hall，1980，第253页）。紧随而至的是1986年废除大伦敦市议会（GLC）和都会郡，原因在于它们和政府在政治理念上存在差异，同时常住人口认为它们遥不可及而且不得人心。以后十年，或者更长的时间里，区域战略规划被驱逐到政治的荒野中（Breheny，1991）。

直至20世纪90年代初期，约翰·梅杰取代玛格丽特·撒切尔出任英国首相，形势才发生了改变。90年代初期，由于有机会接触欧洲结构基金，区域经济政策又开始得以强化（Haughton *et al.*，1999）。同时，90年代早期的规划也发生了重大的变化。东南地区过热的房地产市场引发了很多争议，加之地方政治势力反对东南地区的新房产开发，区域规划再次被推上国家政治议程。随着公众对地区和全球环境恶化的持续关注，房地产发展对乡村地区及其他开放空间的侵蚀问题引发了巨大的舆论压力，这些因素使规划成为当务之急。由于在土地使用及基础设施方面缺乏战略规划，问题层出不穷，商界领袖也开始游说，以图改进整个体制（Breheny，1991；Roberts，1996）。1990年5月，针对区域规划的国民体系得以推行，同时附有规划策略指引提示，其中提及政府预期在20世纪90年代早期可以出台针对大部分区域的规划指引文件（Roberts，1996）。

第五节　东南区域规划，20 世纪 40 年代至 80 年代

在介绍区域规划指引之前，若要了解区域规划的历史背景，有必要考察 20 世纪 40 年代至 80 年代期间东南区域出现的各种规划方法。尽管不是所有早期规划提议都被付诸实施，但这也足以改变战后东南区域的城市地理，尤其是斯蒂夫尼奇、克劳利、巴斯尔登和米尔顿凯恩斯等新城镇。

这里值得注意的是，针对“东南区域”的界定在此期间发生了重大的变化（见表 1.3），正如我们此前所注意到的，在过去的几年中也同样有所变化。

城市控制与过剩人口规划，1945～1969

应伦敦区域规划常务委员会的要求，帕特里克·艾伯克隆比（Patrick Abercrombie，1945）提出了“大伦敦计划（1944）”，旨在为重建遭受二战炮火的伦敦提供指导。该报告可以视为英国规划的划时代研究，主张设立伦敦绿带圈，在伦敦低密度区域建设高质量房屋，将“过剩”人口疏散至主城以外的新卫星城镇等，这些措施为城市控制提供了强有力的支持。

在接下来的 15 年内，许多政策均得以落实，大致与艾伯克隆比的方式相符。尽管只采纳了他所提议的两个区位，但还是建成了距大伦敦 21～35 英里（34～56 千米）的首个由八个新城镇构成的外围区域。这些长期被视为规划试验先驱的新城镇在设施和就业上可以自给自足。基于战前的提议，该区域的郡议会携手建立了伦敦绿带圈，控制进一步的发展，以防伦敦的向外扩张。

20 年后，为了应对公众对人口快速增长的担忧，政府团队于 1964 年出台了东南研究计划。紧随其后，1967 年新成立的区域经济规划委员会出台了东南战略。尽管两者有所不同（见表 1.3），但均提出了首都范围以外的大规模城市扩张，同时继续控制伦敦的向外扩张（见图

1.2)。尽管不是所有提案最后都得以落实，但随后于 1968 年还是划定了三个新城镇，即米尔顿凯恩斯、北安普敦和彼得伯勒，而且在此期间伦敦绿带圈也有所扩大（Self，1982）。

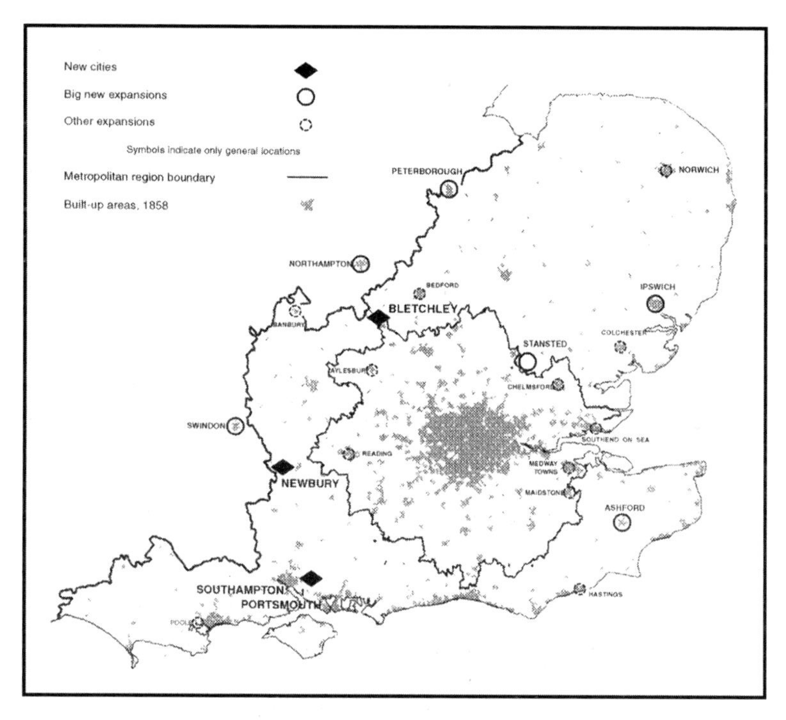

图 1.2　1964 年东南区域研究索引图。来源：1964 年住房部和当地政府。本书所使用的皇家版权资料获得英国文书局管理者和皇后指定苏格兰印刷商的许可（证书编号 C02W0002008）

继 1976 年的战略审议后，获批的东南战略是（1976 战略审议的）响应，可以同时阅读（1970 年的）原初计划、1971 年对此的响应，以及在 1976 年战略审议中涵盖的计划实施情况。

远离地方分权：20 世纪 70 年代

为了协调 1967 年的战略与 1968 年地方当局起草的区域规划框架草案之间的矛盾，东南联合规划团队提出“东南战略 1970”（Buchanan，

1972；Powell，1978）。这个战略由政府总策划机构领导，地方当局和国家规划机构合作，共出台了一份五卷的报告。由于中央政府的介入，第二年就被采纳（Powell，1978；Breheny，1991）。1976 年的政府战略审议下调了人口和经济的增长速度，并据此更新了这些提案。在此期间，地方规划者们寻找区域指引时产生了一些困惑，有必要看一下鲍威尔（Powell）对当时形势的分析（1978，第 11 页）：

> 继 1976 年的战略审议后，获批的东南战略是［1976 年战略审议］的响应，可以同时阅读［1970 年］的原初计划、1971 年对此的响应，以及在 1976 年战略审议中涵盖的计划实施情况。

当时的规划被认定为官僚的、累赘的和费时的就不足为奇了。

20 世纪 70 年代的规划中的主要变化就是人口分散政策的日渐式微。有观点认为，剩余人口的安置不仅不能解决伦敦市中心的问题，反而使问题恶化。大伦敦市议会的规划者们大力引导公众关注首都部分地区的去工业化和失业问题（Eversley，1975）。如前所述，情况远非如此简单，时至 20 世纪 70 年代中期，经济和政治局面已然改变，代价高昂的干预政策为人所诟病，减少国家财政支出的呼声日益高涨。

表 1.3　1945～1976 东南区域主要区域规划

规划名称	覆盖面积	主要革新措施	空间战略
1944 年大伦敦计划	绕伦敦约 30 英里（50 千米）	伦敦大爆炸后重建和贫民区清拆需要住房计划 建立伦敦绿带圈和分散伦敦就业与人口	限制伦敦，加上分散工业和人口到 8 个新型城镇，离伦敦约 30 英里（50 千米），大约 3～5 万人口
1964 年东南区域研究	大面积扩张，从沃什到南部沿岸线约 100 英里（160 千米）	主要规划人口增长。 提议分配扩张区域的发展计划，加上更多的城乡扩张	限制伦敦。大范围的分权：反磁力距离伦敦 50～100 英里（80～160 千米），3 个新城市，6 个主要扩张和 12 个小型扩张

续 表

规划名称	覆盖面积	主要革新措施	空间战略
1967 年东南区域战略	缩小界限，去掉东安格利亚大部分地区（不包括伊普斯威奇）和西部和南部边线的区域	迫切的经济问题使其有更大的委托权限由区域经济规划委员会出台。	限制伦敦。增长集中于几个遥远的大型反磁力区域，并架起走廊地带：如伊普斯威奇-科尔切斯特，北安普敦-米尔顿凯恩斯，南安普顿-朴茨茅斯
1970 年东南区域战略计划	继续缩小范围，不再包括伊普斯威奇	仍然促进分散伦敦的就业，而大伦敦计划试图阻止	限制伦敦，加上混合首都以外的主要次要增长节点。截至 2001 年增长至 100 万的三大城市是南汉普郡、艾南塞克斯、雷丁-奥尔德肖特-贝辛斯托克
1976 年东南区域战略计划回顾	使用 1974 年规定“标准区域”	逆转分权主题，引进抑制伦敦人口就业流失政策	不再有新城镇提议。仍然限制东南区域的其他地方

20 世纪 80 年代与规划的“放松管制”

20 世纪 60 年代到 70 年代曾出现大量研究，时至 80 年代，相关文件日益减少，这一事实反映出东南区域规划的衰落。截至 1980 年，东南区域规划压缩成了两页纸，由当时的国务卿迈克尔·赫塞尔廷转交给区域规划大会负责人。1986 年，继任者尼古拉斯·雷德利任内增加到六页纸（Breheny，1991；Simmons，1999）。

由于缺乏完善的区域战略规划系统，在 20 世纪 80 年代大部分时间内，开发商们不得不自行评估规划系统如何适应本区域的发展需求。由私人建筑商于 1983 年成立的联合发展有限公司发起了大约 30 个社区建设的倡议，他们相信政府会支持这一举措（Hall and Ward，1998）。对开发商而言，当时的政治形势较为乐观，适合由私人发起的大规模建设。政府非常乐见高楼耸立，也乐于支持产业发展，但却不愿投入资金。这些提案本来可以促进新城镇的发展，城镇的初期人口规模至少达到 5 000 人。新城镇计划建设便利的公共交通系统、就业场所及一系列配套设施，比如商店和学校，鼓励新城镇实现某种程度的自给自足（Ward，1994）。

联合发展有限公司提出的四个具体方案中最具争议性的是汉普郡的福克斯雷·伍德（Foxley Wood）方案。据发起人称，此方案是多用途的，可为三分之一的当地劳动力提供就业机会（《规划者》1989 年 10 月 6 日）。但政府发现自己左右为难，一方来自开发商们的游说，另一方则来自保守党大本营民众的反对（Thornley，1993）。起初，政府接受了这个提案，但由于国务卿人选的变化，最终否决了福克斯雷·伍德计划及其他两个计划。在解释这一决定时，政府声称应该由郡县结构规划而不是私人开发商来决定未来汉普郡的新建房屋布局。这些新社区建设方案反映出了撒切尔主义的根本矛盾，“尽管撒切尔政府对这些倡议在思想层面表现出极大热情，但对当地的选民而言，在政治上是不能被接受的”（Hall and Ward，1998，第 63 页）。所有方案，无论是宏观的还是微观的，都未能付诸实施。

第六节　第一代区域规划指引，1990～1998

新区域规划文件被称为“指引”，这种称呼并不局限在语义层面。尽管在修改自身结构和当地规划时，要求地方当局参考这些文件，但它们不是法定规划。对反对地方当局规划的人来说，区域规划指引文件很可能成为有力证据。这一点意味着地方规划者不得不关注指引文件中的具体内容。鉴于这一过程是本书其后讨论的关键所在，在此需要对区域规划指引系统的基础知识进行简要介绍。

在制订区域规划指引文件的早期阶段，鼓励地方当局加入常务委员会并提出一些建议，以供国务卿参考起草指引文件。然后，通过区域办公室，由中央政府出台最终版本。换言之，这个过程相对而言是一种“自下而上”的模式，但在最终成型时，却很大程度上成为中央政府实施的产物。

正如布雷赫尼（Breheny，1991）所言，当时地方规划者们只是提出建议而不是草案，这意味着他们的建议不一定会受到重视。尽管中央政府的版本不太可能完全否决或取代常务委员会的建议，但这种可能性会制造一些紧张气氛，后者会提出一些极为简单且循规蹈矩的建议，尽力避免双方可能产生的对立。除此之外，要求地方当局加入讨论可以避免冲突，回避一些艰难的选择，但拟定的“最低一致标准”文件却相当模糊和简短，而且缺乏明确的空间指向，比如说，允许哪些区域发展，哪些则不可以发展。它们的作用主要体现在为每个区域的主要规划机构分配数据方面。

通过第一代区域规划指引的评论可以发现，后来出台的文件在数据分析方面更加完善，内容方面则更具战略性。以西密德兰为例，区域规划指引跳出了狭隘的土地使用问题，转而与其他战略文件和资金筹集方案相结合（Thomas Kimberley，1995；Roberts，1996；Simmons，1999）。让我们暂时回到之前提到的东南区域研究的案例，值得注意的是，1994 年推出的针对东南区域（RPG9）的区域规划指引文件达到 36 页，另附 6 张地图，较之 1986 年那份 6 页纸的指引文件已有明显改进，尽管如此，文件还显单薄、难尽人意（环境部，1994d)。(2001 年推出的第二版本 RPG9 增加到 102 页，另有 13 页附录。)

尽管 1990 年之后取得了明显进步，整体而言，第一代区域规划指引文件过于平淡，缺乏战略性内容，过于关注土地使用问题。此外，大部分内容只是修正了已有的国家规划指引。在管理方面，区域规划指引因过度的中央集权而饱受诟病。由于中央政府参与其中，地方当局最初提出的有关区域的细节方面在文件的最终版本中被删除（Baker，1996；Simmons，1999）。

第七节　英格兰权力下放与区域制度架构的形成，1997～2003

随着新工党政府在 1997 年开始执政，英国的政治权力下放便成了政策关注的焦点。新政府在第一个任期内在苏格兰和威尔士推行政治权力下放，同时为实现北爱尔兰更为持久的权力下放模式做出了很多努力，尽管由于政治上的压力，国家政府暂时搁置了这些安排。此外，还通过创设大伦敦政府（GLA），赋予了伦敦一个全新政治论坛。

自 1997 年起，英格兰已经出现了众多新区域性机构，提出了许多区域战略（图 1.3），其中最重要的方面概述如下：

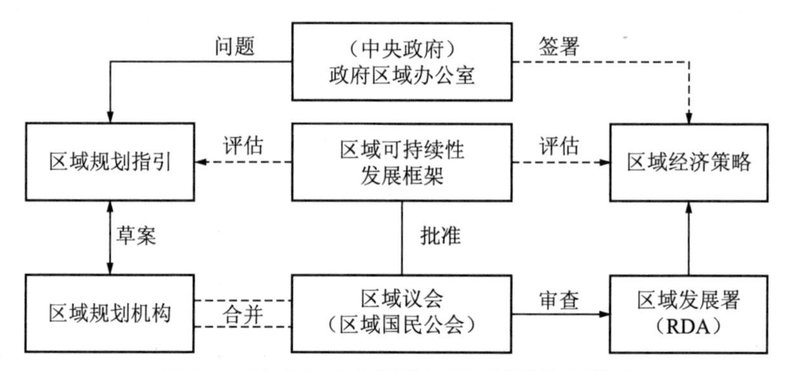

图 1.3　1998 年后出现的主要区域机构与策略

区域议会和区域国民公会

在英格兰新兴起的区域管理系统中，影响力日益扩大的区域议会成为重要的组成部分，有些区域议会也被称为区域国民公会。其成立和发展的最初目的是协助地方权力联盟应对 1997 年的全国大选。随着 1997 年工党在大选中获胜，它们的范围、职责和资源等都得到迅速提升。最近，随着政府权力下放计划的推进，区域议会的成员也得到进一步扩充，形式上更接近公私合作关系，充分利用当地获提名的议员们的间接选举合法性，同时依靠其他重要的区域利益相关者（Newman，2001）。

在成立初期，区域议会主要行使咨询职能。尽管它们并没有否决权，但是需要参与所有重要区域策略的咨询过程（Deas and Ward，2000；Jones，2001）。在中央政府的许可下，其管理范围得以扩大，开始独立参与制定区域文件，政府开始让它们负责“区域发展署”（见第24页）。

权力下放白皮书《你的区域，你的选择：英格兰区域的复兴》（Cabinet Office and DTLR，2002）显示英国政府仍然是全世界最具中央集权特点的政府之一。政府提议区域议会逐渐过渡到由选举产生，重新命名为区域国民公会。与此同时，政府认为是否达成该提议的目标由每个区域自行决定。国家政府会提供一个整体框架，但在就此项议程进行全民公决前，各个区域需要自行协商是否有必要或何时成立一个经选举产生的区域国民公会。

所有新国民公会被期望应具备战略眼光，以提升区域的生活质量，尤其要注重经济实绩。它们都会得到中央政府财政资金的支持。同时，在经地方当局认可的前提下，经选举产生的国民公会还可通过地方政府现有税收制度的增补，获取额外的资金支持。国民公会的职能将包括经济发展、技能与就业、住房、体育、文化、旅游、土地利用规划、环境保护、生物多样性、废弃物处理与交通。

区域政府办公室

区域政府办公室组织网络创建于1994年，时任首相为约翰·梅杰。梅杰主张在政府支出规模较大的中央政府部门之间加强区域协作，包括负责区域政策、规划、交通、欧洲结构基金和城市再生的部门（Murdoch and Norton，2001；Newman，2001）。经过整合的区域政府办公室仍是现有区域机构体系中的重要一环，尤其是在区域规划方面。区域规划主要由区域政府办公室的官员负责，他们主要代表中央政府的利益，并在制订最终的区域规划指引（RPG）中发挥重要作用。然而，随着各区域发展署（RDAs）影响力的日益扩大，政府办公室的作用有所削弱。时至2001年，政府撇开了区域发展署，赋予了区域政府办公室一项职责，即负责睦邻更新基金（Neighbourhood Renewal Fund）下的社会融入计划资金协调工作。这表明政府并没有通过创设新的区域主体来剥夺政府办公室的权力；更确切地说，在如何引导、实现与监管区域政策方面，政府一直是持开放态度的。

区域规划指引和区域规划机构

作为对早期区域规划指引体制所引发批评的回应，同时基于政府对强势区域规划体制的诉求（DETR 1998a，2000a），区域规划指引于1998年引入了新的安排。第二代区域规划指引文件则被要求包含更清晰的战略性内容，更有力的空间构成，以及与利益相关者更全面的磋商。可持续性发展是区域规划的核心目标，与以往的方法相比，所涉部门会更加集中，涵盖了环境、社会、经济以及土地使用等问题。区域规划指引文件还需要纳入概要性的区域交通规划，以确保与这个尤为重要的部门职能的系统集成。可持续性评价（见第三章）也被纳入了新的安排中，它要求评估政策时不仅要考虑对环境潜在的影响，还要考虑其社会和经济影响。

区域规划机构主要基于地方当局的常设会议。按照区域规划指引新的安排，它们承担着起草区域规划指引的职责，同时需要与其他利益相关者展开比以往更密切的磋商，较之前期区域规划指引安排有着显著的转变。在某些区域，利益相关者有时也是区域规划机构中的一员。在所有区域，利益相关者都会参与下设小组中，以进一步敲定草稿中的一些细节。政府希望在各区域寻求区域选举政府的地位之前，进一步推进区域能力建设。区域规划机构被期望最终与区域议会或者区域国民公会合并，合并后的机构将承担起草区域规划指引的职责。

区域规划指引草案的正式公众评议还包含了一项新的要求（图1.4）。面向所有利益相关者征求关于区域规划指引草案的书面提案。在此基础上，由政府任命的公众评议小组可以选择公开辩论的议题，若对主讲人的观点感兴趣，可让其做更为详细的阐述。公众评议完成之后，每个小组要提交各自的报告。在此阶段，修订区域规划指引草案的责任就由区域规划机构转移至国务大臣（中央政府），相关的区域政府办公室主要负责该项工作的推进贯彻。

区域规划指引的第二轮工作正是本书所要分析的核心所在。鉴于此过程中的各阶段发生的时间和地区不一，表 1.4 总结了这些重要阶段发生的时间。第八章在讨论未来的区域规划时将会涉及近期针对体制改革的提议。

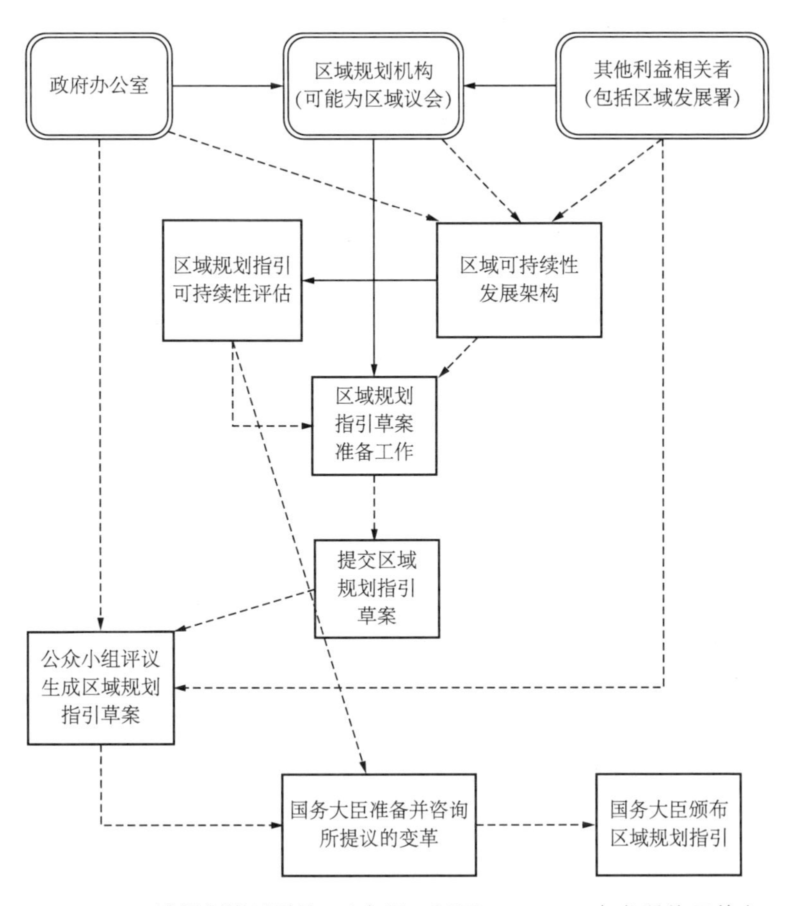

图 1.4　区域规划指引系统。(来源：DETR，2000a. 本书所使用的皇家版权资料获得英国文书局管理者和皇后指定苏格兰印刷商的许可[证书编号 C02W0002008]。)

区域发展署

1997年12月，白皮书《深化合作　促进繁荣》阐明了设立区域发展署的意图（DETR，1997）。1999年4月，在颁布《1998年区域发展署法案》后，八个标准区域都成立了各自的区域发展署。2000年7月，第九个区域发展署在伦敦成立，同时建立了大伦敦政府（GLA）。

尽管最初是以经济发展为导向，区域发展署还是被期望在设计政策的同时兼顾可持续性发展，同时关注政府在社会融入方面的议程。各区域发展署需要与其他利益相关者们磋商，制定一个区域经济策略（RES），其后提交政府以获得许可（见第七章）。

区域发展署的委员会成员主要来自私营部门，其次是当地政府和利益相关者，通常还包括志愿者和教育部门的成员。尽管通过媒体刊登提名事宜，但是所有的委员会成员均由中央政府任命。由于英格兰的区域政府缺乏民主选举架构，区域发展署要与区域议会和区域国民公会协商和汇报他们的工作。

英格兰在政策层面的部门条块分割状况由来已久（Healey，1998），区域经济策略与区域规划指引各自为政便是这一症结的体现。也就是说，尽管区域经济策略与区域规划指引并没有先后之分，但是对二者负责的不同部门需要相互商议，同时还要综合考虑其他领域政策的制定。

区域可持续性发展框架

随着工党政府推出越来越多的区域战略，人们也开始担忧缺乏协调以及优先次序的冲突。这一点在很大程度上促成了2000年发布的公告。公告指出，每个区域应建立一个区域可持续性发展框架（RSDF）。作为指导意见之一，政府希望这些文件能够将其他的区域性文件纳入其中，同时可以拓宽每个区域在可持续性发展方面的视野。每个区域都将广泛地参照区域可持续性发展框架中的内容，基于一系列指标，设定一系列发展目标与重点发展项目。为了确保区域的权属，最终文件需要获得区域议会的批准，但并不一定由他们直接制定。

其他区域合作伙伴关系与规划

由于政府热衷于区域规模的战略性思维模式，区域间大范围的合作伙伴关系得以确立，大量战略工作也在进行中。这些区域合作伙伴关系和规划涵盖了诸多议题，如欧洲基金、住房、生物多样性、能源和文化。需要注意的是，各区域可以设立自发的可持续性发展圆桌会议，或者类似此命名的机构，以进一步推进可持续性发展。

表 1.4　区域规划指引起草进程，2003 年 4 月

区域 RPG[a]	“旧式” RPG	“新式” RPG[a]	公众评议	小组报告	所提议的变革	RPG 终稿
东北区域[b]（RPG1）	1993.9	1999.12	2000.6	2000.10	2001.4	2002.11
东英吉利区域（RPG6）	1991.7	1998.8[c]	1999.2	1999.7	2000.3	2000.11
东密德兰区域（RPG8）	1994.3	1999.11	2000.6	2000.10	2001.3	2002.1
东南区域（RPG9）	1994.3	1998.12	1999.5/6	1999.10	2000.3	2001.3
西南区域（RPG10）	1994.7	1999.8	2000.3	2000.8	2000.12	2001.9
西密德兰区域（RPG11）	1998.12	2001.10	2002.7	2002.10	无	无
约克郡与亨伯河区域（RPG12）	1996.3	1999.10	2000.6/7	2000.10	2001.3	2001.10
西北区域（RPG13）	1996.5	2000.7	2001.2	2001.8	2002.6	2003.3

注释：a. 草案终稿提交公众评议的日期（大部分区域此前发布了公众咨询草案）

b. 以前（旧式 RPG）为北部区域（RPG7）

c. 1998 年 2 月原有安排公布后，重新颁布。

第八节　可持续性发展与各区域之间方式的不对称性

本书的核心议题旨在研究可持续性发展的概念是如何影响英格兰的区域空间规划的发展。随着对区域性机构越来越多的权力下放，个别区域在可持续性发展策略开发方面要比其他区域表现得更为“强势”。但是这个说法本身也是值得商榷的，充满了疑问和不确定性。有分析认为，“可持续性发展”这一术语已遭到绑架（Davies，1997；Mittler，2001），而我们所关注的是这一术语是如何被纳入政治战略范畴，这本身就成为分析的对象。我们认为，可持续性发展并不是一个清晰、独立的概念，恰恰相反，它既是一种可以选择性利用的政治资源，还是一个思想和意识形态的战场。如何对可持续性发展进行选择性阐释至关重要。基于全新的概念阐释，可以制订合理的战略方针来处理经济、社会和环境的改变。规划在此显得十分重要，因为它在推进政府的可持续性发展工作中发挥了关键作用（见第三章）。

区域规模政策的干预可以重塑区域内外的权力机制，具有重要的意义。同样，区域主义既是一种政治战略也是一种政治资源，常被用以满足某些利益诉求及某些群体的诉求。尽管区域主义摆脱了 20 世纪 80 年代地方经济政策火药味十足的地方主义（见第七章），它仍然通过多种方式支持竞争性区域主义，给众多机构主体授权，继而重复这一逻辑。因此，区域化过程可以通过其自身影响力以及与不同等级的政策之间的互动中窥见一斑，这些政策的等级从地方层面延展到国家层面，直到国际层面。我们将在第二章回到这个主题进行说明。

值得一提的是，英国其他地区的权力下放进程比英格兰地区要快得多。随着新移交的政治管理机构的设立，苏格兰、威尔士和北爱尔兰获得了更多的规划权力（Allmendinger and Tewdwr-Jones，2000；Counsell *et al.*，2003）。此外，伦敦有了新的法定管理当局，即大伦敦政府（GLA）。1997 年以后移交的行政管理机构都已着手起草规划，以重构其规划体制，并借此机会彻底摆脱过去由英格兰主导的规划体制。截止 2001 年，在苏格兰、威尔士、北爱尔兰和伦敦的 4 个新移交的行政管理机构都已就规划发表了声明，高度关注可持续性发展与整合计划。英格兰范围内的各区域在可持续性发展方面所采取的方式可能呈现不对称性，这也是本书关注的焦点问题。除此之外，英格兰与英国其他地区之间有可能会出现更大的发展差异。

第九节　结论

当代的区域规划和区域政策或多或少与早期的形式有些不同。早期的区域政策通常以国家层面的政策目标为导向，如通过一系列指导方针，重新调整全国范围内的就业和人口分布，以平衡各地区之间的经济发展机遇；当今的决策者则需要设法在有限的权力、资源和合法性之间取得平衡。具有讽刺意味的是，一方面，区域政策在实现国家层面公平方面所做出的努力被视为不切实际之举；另一方面，当今的区域政策又被寄予厚望，需要实现更多雄心勃勃的目标，在推动可持续性发展的同时，还需要助力区域提升在全球市场中的竞争力。

在区域规划与区域政策的推进过程中，各方利益此消彼长。在这样的背景下，对大多数西方经济体而言，尤其是英国，现阶段是区域主义复兴的一个重要时期。区域规划和区域政策结合的重要性日益凸显。以英国为例，尽管有证据显示在空间规划方面，整体性的思路越来越受到青睐，但区域规划和区域政策在很大程度上仍是两个相互独立的领域。

至于英格兰，过去十年的区域议程可以总结为不同的关注点，包括：

- 与全球化相联系的结构性经济与政治变革，以及单一民族国家的角色转变；
- 欧洲的区域主义思想的影响日益扩大；
- 担忧缺乏战略规划会动摇商业的根基，并造成环境恶化；

• 区域政策相关的学术成果的发展；

• 特定的国家和区域政治压力，例如英格兰东南部的住房危机。

自 1997 年选举出来新的工党政府后，权力下放的趋势十分明晰，在全国相应出现了大量的区域机构和区域战略。在英格兰，这些发展趋势有可能会导致各区域在发展方式上千差万别。在理论上，推进过程中有可能会出现更有创造力的区域政策发展方式。在此处，可持续性发展广义上可界定为以实现社会、经济和环境发展为目标的概念。新区域体制下的空间战略如何运行并推进可持续性发展成为本书以下章节的主题。

第二章　管理、制度与区域规划

这就是我们四十多年来推行规划的结果。它源自一个中央集权的独裁国家的信条，曾在现今全球竞争驱动下成功的市场经济出现混乱之时，被寄予能全面长远地维护公共利益的厚望。它源自日趋衰退的落后国家，源自大量渴求人们关注和同情的社会运动，以及无数为争取愈发稀缺的个人及社会资源而展开激烈角逐的自发性组织的新生部门。

（见弗里德曼［Friedmann］1998，第20页）

第一节　从国家主导的规划到更为复杂的未来

尽管弗里德曼对近些年规划的评估未能全面地阐述出英格兰区域政策和规划的沉浮命运，但也仅有一步之遥。强大的集权国家本可以督促国家区域和城市地理重组工作的贯彻落实，直接干预以及控制工作和人口的流动。但如今，它却不愿，也无力为之。然而，对于“强大的中央集权国家”的过分解读自然是有失偏颇的；同样，过分强调目前以市场为主导的经济管理方式中市场的支配力也不甚合理。

回顾斯托伯（Storper）有关拆分结构可能造成危害的论述（1998，

第 244 页，Latour，1993)，对研究规划从强势政府时代向强势市场时代的明显转变大有助益。“我们所认为的现代化，比如国家、公民社会和市场，都非真实存在，它们只存在于实用的、谬误的抽象概念中。而真正存在的均为复杂的混合体。”此观点让我们认识到，这并不是一个由国家主导的体制向市场主导的体制的简单转变，复杂的混合性方式已然出现。这一差异的提出极为重要，它涉及到跨国家、跨市场和跨公民社会边界的复杂谈判，也体现出在规划的推进及其不断修正范围与方式的过程中出现的混乱。

本章节旨在探究区域空间规划的施行所引发的广泛辩论，其中包含管理、规模和知识等部分。在研究治理方式变化的基础上，突出强调国家在战略和空间上的选择性，并通过研究特定知识的生成和运用，以及对区域规划实施与政策的相关论述的解读，进而对选择性进行广义分析。分析的主线是选择性以及区域规划的论争。这其中涉及到人们如何卷入此过程，以及其范围和首选策略等。制度主义方法论作为该概要的一部分也将被应用于研究之中，进而加强我们对选择性实施细节的深层了解，尤其是对当代规划制订的主要特征的掌握，即复杂协商性。

第二节　国家理论及由福利主义向创新和竞争的转变

结合近年来政治、经济、社会和环境等领域发生的重大转变，本部分重点分析区域规划以及其政策的变化。其中重点关注国家权力的全面重组，尤其是新生治理结构的出现。长期以来，国家理论长期纠缠于构成“国家”的边界问题，概念模糊不清。评论家们在术语的运用方面也不尽相同，比如，“国家”一词普遍用来限指政府的政治和管理机制。然而此处，“国家”一词是就其广义而言的：我们采用葛兰西(Gramsci)的“完整国家”的定义，其内容包含政治社会及公民社会(Jessop，1990，第 6 页)。

资本主义国家发展的认识方法不胜枚举，本文将着力于探究国家理论的监管主义研究以及经济地理学中的制度转向，尤其关注国家战略和空间的选择性（如 Jones，1997，2001；Brenner，2000；Jessop，2000）。该项研究主要运用杰索普（Jessop）的战略相对论，该理论通过整合政治斗争和偶然事件，在某种程度上超越了监管理论的结构性表述（Jessop，1990，1997，2001）。本研究颇具价值，它针对不同时间、地点、方式的具体实施方式进行实证分析，有助于深入理解资本主义发展的抽象化趋势。该成果日趋完善，对分析过去 60 多年中政治、经济领域中的诸多关键性变化大有助益。

首先值得强调的是，早期国家理论的评论引起了公众的持续关注，主要涉及三个方面：国家相对自治的设想、经济主义的倾向、国家权力自上而下的运行趋势，注重葛兰西式的霸权而非抵抗策略（见 Jessop，近期国家理论发展综述 2001）。客观地说，这其中某些评论也适用于杰索普的国家理论战略相对论（Cox，2002）。我们在此增加第四点关注，也是我们平时鲜少留意的，即有关全球化和竞争的论述，可持续性发展和全球环境变化的争论之间是如何相互交织与渗透的。因此，本综述尝试通过国家理论的国家行为可竞争性来弥补此类不足。特别的是，我们的研究方法表明，“竞争”、“全球化”和“可持续性发展”的概念是相辅相成的。倘若没有意识到可持续性发展中所蕴含的强大政治逻辑，便试图以英国个案为背景去研究国家重组都是极不全面的。

杰索普（2000b，2002）创建了“大西洋福特主义”理论，并指出约翰·梅纳德·凯恩斯（John Maynard Keynes）作为一位极具代表性的经济学家，对 20 世纪 30 年代至 60 年代间国家福利主义在英国等国家的兴起做出了突出贡献，他由此提到了凯恩斯国家福利主义（KWNS）的兴起。凯恩斯主义主要强调在国民经济发展相对滞缓的阶段，通过国家干预的办法，实现充分就业。20 世纪 70 年代，随着凯恩斯福利主义的全面崩盘，混合经济手段被认为与市场主导型的经济增长相悖而驰，其失败也遭到了新右翼势力的广泛批评。自新自由主义的经济管理方法推行后，政府和私人企业的角色实现了巧妙的转换：政府由以往的救世主乔装成了反派角色，而私人企业则从靠不住的投机商变成了救世主。自 20 世纪 70 年代末期以来，新右翼主义的一系列思想催生了英美政府的新自由主义哲学，并引发了广泛的政治讨论，包括限缩政府疆域、撤销管制及实行私有化，减少官僚习气，实行市场主导，在强调个体责任的同时提升个体自由等内容。

杰索普（2002）认为，约瑟夫·熊彼得（Joseph Schumpeter）提倡创新和竞争，堪称当今兴起的熊彼得工作福利后国家体制（SWPR）理论的代表性人物。就 SWPR 方法而言，个人与企业层面的企业主义与创造性创新之间的联系愈加紧密，国家通过支持重新管制，退出提供产品或服务的私人领域，从而增强这种联系。与以权力为基础的福利手段不同的是的，该方法突出强调个人责任及赋权，为熊彼得工作福利后国家体制中的工作福利主义提供了借鉴。凯恩斯主义主张国家规划对国民经济中市场活动的调节作用。但是，由于对国际竞争力的关注，以及强调政府应该监督而非干预市场规律的秩序，这一理论主张已被取代。随着国际化影响力的日益扩大以及政府机制的不断开放，国家政权也实现了由凯恩斯福利国家（KWNS）理论下的国家主导体制向熊彼得工作福利后国家体制的转变，后者涵盖面更广，内容更多元化。

这一分析忽略了将“可持续性发展”引入全球竞争和全球化的重要性。可持续性发展三大主题，即经济增长、社会公平以及环保责任之间相互渗透，密不可分，不仅促进了全球竞争和扩张程序的合法化，也缓和了有关经济发展必定造成社会分级和环境破坏的反对言论。然而，为确保其合法性及其潜能，可持续性发展应当充分发挥其作用，确保国家的发展战略不仅是基于经济的自由增长，为国家发展管理方法提供理论支撑，并可以切实提升社会福利和保护好环境。在寻求有效方式和协调再管理办法的过程中，政策制订者们务必要找到有效的途径来缓解在实现经济、社会和环境发展的过程中所产生的矛盾。这些有效途径包括推行财政政策，也包括实行正式的调控干预办法，比如规划。此外，在寻求这些矛盾的缓和办法之际，决策者们也务必采取相关方法，这些方法应该可以反映出日趋多元化的思想、目标和参与者衍生而来的政策变化可能性。

在这一阶段，很有必要提出一些警示。整体而言，管制理论影响下出现的一些思考虽有助于深入理解资本主义经济的稳定期，但远不能解释其由一个资本主义积累体制向另一个资本主义积累体制转变的原因（Amin，1994；Hay，1995；Jessop，1995）。杰索普认为，自己的研究有助于揭示资本主义的发展趋势，但这类趋势大致以描述性和总结性为主，而不具备一般的解释性或归纳性功能（Jessop，1995，2000b）。这也关涉到现今存在的过分解析的问题，它们试图从资本主义积累制度的宏观变革中解读出局部的反应（Hay，1995；Goodwin and Painter，1996）。因此，在特定的时间和地理环境下，将资本主义的抽象趋势与它们具体的、有条件的情况相结合，具有十分重要的意义（Jessop，1995；MacLeod and Goodwin，1999）。此外，像“福特主义”、“凯恩斯福利国家论”等宽泛的分类不应被用来掩盖这样一个事实，即他们所总结的方法理论会随着时间不断演变，并且经常因地点的不同，这些方法也会大不相同（Peck and Tickell，1995b）。

第三节　治理与全球化趋势

目前，等级分明且相对封闭的政府体系如何让位于相对松散的新生治理体系，使更多的制度参与者加入政策制订过程，这一问题目前已有大量的研究（Rhodes，1997；Pierre and John，2000；Newman，2001）。此次向治理的转变为众多非政府参与者，如私营部门和民间团体组织提供了契机，使得他们不断向政策制订和政策发布的中心靠拢。这一趋势涵盖私有化和缩减政府职能等诸多方面，从而促使政府职能逐渐实现由服务提供者的角色到引导、监督竞争性服务的协调者角色的转变。管理发展的诸多形式与制度机构的数量及其范围的大幅增长有关，其中主要包括地方政府的管理、商业、社区行动和环境组织，再加上教育、犯罪和医疗机构等。他们都在地方性和区域性的重建活动中发挥着越发显著的作用。的确，在当今的英国和许多其他国家，形式多样的跨部门合作正是重建活动中最主要的制度形式。

尽管人们将大部分注意力投向了在次国家治理体制中地位不断提升的商业团体（如 Peck and Tickell，1994，1995a；Strange，1997；Ward，1997；Valler *et al.*，2000），但民间社会团体因其不断攀升的影响力同样不容小觑（Harding，1996；Haughton and While，1999）。自 20 世纪 60 年代以来，涌现出了一大批利益团体，他们质疑与政府、商业及其他国家大型机关相关的主流言论和行为，并实现了自身的量变和质变。一些非政府组织由于成员人数和游说能力方面的优势，正日益蜕变为极具影响力的团体。以环境领域为例，核心组织的成员数目在不断飙升，而且主要机构的地方分支以及地方性独立机构的成员数量也在不断增加。此外，还有许多非正式团体的活动家们，时而喜欢追求特定地区性的短期目标（如马路抗议者们），时而则放眼于全球性的长期目标，譬如世界贸易组织的改革（McCormick，1995；Doyle and McEachern，2001）。这些团体通过运用不同的方法，力求挑战某些国家行为的正当合法性，有时甚至直接质疑国家在发展和环境意识方面的理解和选择是否科学、明智。为规避此类由地方到全球范围的各个阶层的组织带来的政治压力，政府组织正设法与民间社会组织之间进行更多的良性互动，无论是从政策制订的战略方面和还是从政策制订的运作方面。

民间社会团体在并入新兴治理体系的过程中，被选择性地合并成国家机构，这也使得国家与民间社会之间的界线一度模糊。这里所提及的选择性意味着这些团体必须具备极大意愿来支持国家的行为与规划，而这些行为规划则可接近决策制订以及融资体制。同样也是这个选择性招致了批评，因为各团体冒着被国家霸权策略吞并的风险，为了有限的经济回报和几乎无望的根本性政策变革，以换取自身的合法性地位（Storper，1998）。

近年来，政治经济领域中最为显著的变革之一，当属国民经济不再被理所当然地视为经济管理的中心，“国际竞争、经济灵活度、企业主义以及分权管理都被赋予全新的内涵”（Jessop，1998，第39页）。就这点而言，全球化过程亟需各地方参与者的充分协助，在其各自领域中探求流动资本积累的方法。全球化也日益成为地方利商性发展政策制订时所必须考虑的内容。相应地，有关可持续性发展的争论主要集中在两大需求上，即达成全球性协定的需求和探讨“新地方主义”的需求。前者主要用于处理全球环境问题，而后者则认为地方参与者才是解决大多数可持续性发展问题的最佳选择（Marvin and Guy，1997）。

在过去的二十多年中，全球性竞争和可持续性发展的提出在某种程度上反映出了国民经济渗透性的持续增强，通信技术的日新月异，以及人们对全球资源和环境污染意识的不断提高。因此，“全球化”的讨论促成了国家选择性地处理不同层面问题的合法性，然而，也正是由于全球化，国家政府已不能再打着选择性的旗号来实行政策干预。颇为有趣的是，全球化能分别在两方面同时起作用。举个例子，全球环境意识和欧洲环境立法既可以用来缩减国家职能（例如供水私有化），又可以用来增强国家职能（例如执行更严格的水质标准）。尤其以英国为例，可以不失公允地说，欧洲成员国要求加强环境立法建设的讨论有助于推动环境政策的制订。

促进区域经济合理化发展的方式正日新月异，国际化的显著趋势也可见一斑。其相关议题也从调整国家空间经济内不平衡的“补偿政策”转变成了提升区域国际竞争力的竞争性政策，即“追赶政策”（见第一章和第七章）。全球化与其被视为绝对的外在（自然）市场力，倒不如说是后国家主义为促使其政策的合法化，即征收低商业税和推行选择性再监管的一种说辞。全球化已经占据区域政策的主导地位，它表明许多形式的干预方法已不再适用或者不再可取，而唯一可行的方法则是通过采用“供方政策”建立“国际竞争性区域”来参与全球市场竞争进而获取国际投资。

这些变革使可持续性发展与竞争等相关术语成为近期规划争论的焦点，如何将人们普遍关心的问题转化为政策成为应有之义。特别的是，全球化趋势强化了地方和区域层面场所制造活动的重要性，决策者们纷纷设法树立正面形象，以争取吸纳其所在地的流动资本和消费支出。与此同时，可持续性发展也逐步演变为一种重要的框架手段，用以论证场所制造所采取的特定方法。通过环境标准及高质量住房供给，来提高生活质量，改善生活条件。

第四节　多标量治理的兴起

从纵向来看，国家权力由于责任、资金等问题，在一定程度上已逐步分化为两大部分，即超国家管理组织和次国家管理组织。从横向来看，国家权力拥有了更多的机构参与者，比如伙伴关系等。显然，国家权力已日渐分散，或者说“被掏空”了，尽管它本来无需弱化。就此而言，目前英格兰区域机构在其经济发展和规划中不断涌现，这充分体现了国家机构更大范围的重组，而这种重组也应该被置于更广阔的国家政权标量重组体系之中，从地方层面到超国家层面对其进行分析。

杰索普（1990，2000a）认为，近年来的“掏空”趋势非但不会导致国家权力的丧失，相反的，“国家战略选择性”的提出，意味着国家通过新的管理安排，能赢取更大的控制力（同见 Jones，1997；Pierre and Peters，2000）。选择性则意味着，尽管国家愈来愈少地直接参与政策发布，但它仍然可以决定将权力、资源及合法性赋予某个特定机构，以维持其影响力。一旦新的安排不符其意，它也有权对其进行废除。因此，国家照样参与了治理的管理事务，或为元治理、元控制（Jessop，1999，2000a）。这一方法可延伸到国家空间选择性的范畴，即国家在下放权力的过程中可以决定实施的“规模或范围”，在游戏的新规则制订上仍可保证自己的权威（Jones，1997；Jessop，2000a；Peck，2002）。就本书观点而言，其最显著的意义在于提出区域标准政策的产生既是一种战略性选择，也是一种政治性选择，更是各阶层之间权力斗争的结果。

政策标准的选择，例如目前区域层面的组织就享有特殊地位，不仅能为特定形式的政策和政策参与者们提供特权，也反映出了广泛的社会、权力关系的斗争（Jonas，1994；Smith，2003）。然而，尤其在当前各主要机构进行全方位重组的背景下，过度解读治理调整是存在风险的。推行多标量管理将是解决这一问题的更好方式。多标量管理体现了各阶层制订政策时的某些复杂性。比如，利益组织可能会超越他们的活动范围，而不同的派别之间，比如，商业游说团体也可能在不同范围内以不同的方式去追求他们的利益（Cox and Mair，1991；Jonas，1994）。

尽管人们仍旧普遍认为规划仍掌握在中央政府的手中（Cowell and Murdoch，1999；Healey，1999），但规划中的多标量治理仍然清晰可见。比如，人们越来越关注区域规划在国家规划体系和区域规划体系之间发挥的调解作用，此外对欧洲空间发展战略（ESDP）也颇有兴致。我们可以发现，在实行规划的过程中，由等级分明、自上而下运行的主导性国家机构体系向更为流动易变的多标量治理机制正在慢慢发生转变（Peck，2002，第356页）。不过目前深入探讨这一问题尚无太大益处，因为在英格兰，规划仍然具备强大而相对稳定的法定结构，依旧保留着它的等级形式。因此，规划在日益多层次化的同时，也越发显得松散。一方面，它日趋开放，影响更为广泛；另一方面，也在竭力维持其基本的等级结构。

尽管奥费（Offe，1975，1984，1985）等学者们重点研究了国家是如何选择性地与最合适的机构合作以实现自身目标，杰索普则更强调将国家视为一个权力动态机制，而非一个权力仲裁者。从这一角度来看，众多参与者融入其中的权力动态机制是通过国家结构进行调整，而不是仅仅依靠他们自身。就这一论述而言，国家是一种“社会关系”。国家机构也并非由单一的优先次序所驱动，而是多重竞争压力和需求作用下的结果。这其中涉及到一系列的竞争和矛盾协调以及政策趋势等。在分析中，充分考虑地方情境和政治斗争等因素，有助于突出特定的国家形式是如何在不同的时间和地点条件下对其所产生的影响负责的（Brenner，2000）。此外，国家并未消极被动，它正力图制订和推动战略计划。不过为了达成这一目的，国家政府需要不断地与众利益团体进行协商和谈判。这些利益组织不乏政策的拥护者、中间派别，也存在一些反对力量。谈判的过程也成为各组织机构之间斗争、矛盾和压力的聚集地（MacLeod and Goodwin，1999）。

这一观点切中本书主题，即"可持续性"的相关论述证实了国家在协调多方竞争需求时所面临的困难，例如巩固政治合法性、意识形态霸权、来自欧盟的监管压力，以及各地方独立利益相关者的需求等。将国家视为一种社会关系有助于将国家本身定义为（潜在的）竞争和冲突性优先权以及利益的集合体。管理变革、国家权力的重新调整以及国家言论的改变，这一切都为更好地解决某些冲突提供了有效途径，然而，与此同时它可能招致新领域下的斗争、冲突和挑战。当然，对多标量政治而言，就未必会产生此类斗争的结果，因为它结合了管理中的关键点，其中包括空间规划。在国家推行战略空间选择性的背景下，社会经济管理、可持续性和全球化等概念的出现都饱受争议。而与此同时，国家和非国家参与者们也正积极地帮助地方和区域的重建，以求实现更长期的"机构稳固"和吸引国际投资者和地方利益持有者。

对国家主导型的分析进行过度解读是不可取的。治理体系的权力下放以及公开化的程度尽管具有选择性和条件性，但是依旧可以下放不同层次的权力，次国家机构可以运用这些权力与国家抗衡，在分析中低估这种关系尤其危险。这些冲突虽然对权力协商不会产生太明显的直接影响，但却依然能通过多种方式发挥着微妙的作用。公开倡导国家更大程度地下放权力和进行更大范围的民主协商，会对国家与其他参与者之间的政治协商气候产生影响。

第五节　新自由主义实验、政策形成与区域规划的不可预测性

过去的二十五年来，在新自由主义主张的指引下，人们对政策制订的可能性和局限性有了全新的认识。他们激情满怀，不断探索重新划分国家、社会和市场之间界限的新方法。新自由主义提倡市场主导型经济管理方式，包含了缩减政府职能、提升国际贸易，以及放开金融市场以增强资本的流动性等内容。新自由主义不仅是一个经济理想，也是一门政治哲学，旨在规范市场力和形成市场原则。

这一思想的核心在于主张缩减国家管理范围，以突出市场的首要地位。在各地区高举城市和区域政策，最大限度地减少政府的管理和干预，为市场和民间团体的发展留足空间。在其发展的早期，新自由主义引起了国家干涉主义、三方合作主义以及市政社会主义的强烈不满，这也导致了其组织根基的土崩瓦解和彻底变革（Peck and Tickell，2002）。尽管有些政府活动形式仍不可或缺，但新的组织形式的出现，也代表着在政策制订过程中更亲近市场的经济手段的出现（Jessop，1999；Jones and Ward，2002）。以英国的城市政策为例，通过实行中央政府和地方政府的合作，资金逐渐由城市计划转移到城市的发展合作中来。该合作是由中央政府任命并且由私有部分主导的，它注重所有权和经济的发展（Haughton and Roberts，1990）。合作区域经济规划委员会在20世纪80年代初就已经被撤销，且至今尚未恢复。从某些方面来看，体制结构已经发生了变化，但这只是暂时的，因为新型市场主导机构体制中所存在的缺陷也日见端倪（Jessop，1999；Peck and Tickell，2002）。随着社会和环境问题被提上政治议程，财力弱小且以城市发展合作为核心的经济发展方式逐渐失宠，而它们有限的地方责任也使它们在批判声中不堪一击（Haughton，1999a；Imrie and Thomas，1999）。商业发展道路尤为艰辛，其问题在于缺乏市场协调性，尤其在住房方面。故此，区域规划也应运重生（Breheny，1991）。

近年来，随着早期改革热情的逐步消退，政府也必须正视市场主导型经济手段的局限性，进而建立替代型协调体制（Jessop，1999）。城市和区域规划的推行，引起了体制结构的巨大变革。许多失信于民的机构和规划面临重新整改、命名或者直接被替换的局面。自20世纪90年代中期以来，这一过程不断加速前进。实践证明，新自由主义能适应政治局面的风云变化，并融合了托尼·布莱尔（Tony Blair）和比尔·克林顿（Bill Clinton）所谓的第三道路（Fairclough，2000）。这种方式既不是纯粹的资本主义，也不是“命令和控制式”的社会主义。尽管这条新道路被层层包装粉饰，但评论家们认为其本质是带着友善面孔的新自由主义。国际竞争仍然是时代的主题，但这其中也不乏合作。在一些普遍关心的问题上，比如就经济的发展问题，利益相关者们往往敏锐洞察，通力合作，面对环境和社会问题则更是如此。

结果表明，自20世纪70年代末期以来，经济管理中的新自由主义（Peck and Tickell，2002）不断调整，并根据不同地区特点制定了截然不同的政策方法。就这一方面而言，杰索普（2002）的观点具有非常大的参考价值，即从凯恩斯国家福利体制（KWNS）向熊彼得工作福利后国家体制（SWPR）转变的过程中，新自由主义所谓的市场主导型手段也仅仅是这四个理想型战略之一：

- 新自由主义——市场第一原则，国家具有监督和支持市场的职能；
- 新国家主义——经济和社会结构的重组应遵循市场规律并由国家资助；
- 新合作主义——与广泛社会参与者达成共识，而不仅限于最大主体之间；
- 新社群主义——强调第三方的作用和社会凝聚力的问题。

这四种方式并非相互排斥，它们各自在不同的背景和范围内发挥着不同的作用。例如，新自由主义在国家层面具有主导作用，但在其他次国家层面下，新合作主义或者新社群主义则可能具有更为重要的作用。

新自由主义所倡导的更为单一的市场主导型方式，有助于提供合理性的选择，这在政策的争取方面也具有显著有效性。同时，它也对近年来改革领域中出现的百家争鸣、多措并举的局面做出了解释。尤其是在次国家层面，政府为实现其政策目标，一直致力于新领域的不断尝试和探索。其权力下放的范围，也由原来的合同承包制发展到了全新的管理机构上来。这一时期，随着机构体制从地方—区域—国家等不同层面进行的大范围实验，新体制的形式不但能很快得到评定，而且能根据他们的成功经验，不断被调整、摒弃或者被适当地挪为他用。这一过程的发展，有赖于外部的监督和内在的自我管理。而相关机构也纷纷通过使用它们短期的“许可证”参与到了政策的制订和快速执行当中。其中，快速政策执行是一种赏罚体制，即嘉奖那些工作努力的人，惩罚工作懈怠的人或者那些因其他原因而失去政治支持的人（Peck，2002；Stoker，2002）。由于“有用故存在”，意识形态在政治中也变得愈发中立。因此，既定政策目标的批评审查和评估标准也变得尤为关键。

新的机构形式往往需要试验的领头、模范和先驱人物，从而使得这个新的组织形式能在更广泛的基础上得以展开，但它也必须接受持续的监督、审查和评估。以实证为基础的政策，已经成为确保管理体制按照政府要求运行的保障，而不会在地方自由和试验的路上越走越远。此外，为促进其有效协调，精简新生机构，各地方必须通力合作，打造环环相扣的地方和区域管理体系。不过，这一体制的成功，也有赖于所有机构中利益占有者们的积极推动。然而，所有的这些管理性试验，虽然部分地阐述了新方法的基本原理，但最终都难逃以失败告终的命运（Jessop，1999）。也正是在这种狂热的氛围之下，区域规划和区域经济发展的新机构应运而生并及时地证明了自身的价值，尽管它们同样也有待于政治层面的考量。

总之，国家理论力求检验国家权力的社会构成，而不仅仅是对其自治权的假设。就这点而论，国家强调的是权力的斗争，而非权力的仲裁。这意味着这一理论可以作为检验和区分“推行霸权主义”和“反对霸权主义”的标准。尽管这个方法目前主要用于检验精英集团如何运作，而非权利弱小的组织是如何表明反对意见的，但它仍能解决诸多“自上而下”的问题。此外，通过强调多标量管理，我们力求通过重申权利与知识在各个范围内的持续而选择性的作用，而巧妙地避开“自上而下”型的国家理论（Jones and MacLeod，1999；Brenner，2000；Jessop，2000b；Brenner and Theodore，2002）。

本文认为，与其将国家权力视为一种政治意愿、经济力量和监管制裁的合力，不如探究不同团体组织是如何通过利用既定价值观、伦理标准、科学知识与主导趋势进行对抗的。尽管反霸权主义具有颇高的条件性，但近年来，其仍呈不断上升发展的趋势。国家正大范围地吸纳政策参与者，以期为反对霸权主义提供法律和资金支持。同时，国家也致力于探寻新方法：一方面，用以确保其首选方法的贯彻落实；另一方面，与利益相关者以更透明和有意义的方式接触。这也导致了“权力—知识”不再成为政治意愿中的主要主张。取而代之的，是一个整合、协调分散的权力关系以及权力知识的过程。至于规划，作为一个大型的等级体系，也试图更多地接受外界的影响和渗透，来建立其合法性和巩固其可信度。这也使得不同的民间团体和商业组织的影响力进一步增强，他们具有影响、破坏甚至脱离规划进程的能力。至此，规划不再是一种简单的国家指令，而是一种社会关系。当然这并不新奇，有些游说团体已经与高级政府官员之间有着多年的直接合作（Hardy，1991）；新奇之处在于目前参与其中的组织团体所涉及到的领域范围。

第六节　机构、网络、利益相关者与沟通式规划

在后现代主义的影响下，为反对资本主义总体理论的局限性，提出了向解构、反基础和多元化趋势转变的新方法（McGuirk，2001）。

文化理论也越来越热衷于对城市和地区变革的探讨和分析。这不仅丰富和发展了不确定性和复杂性等方面的内容，也致力于对不同知识的意义、结构、选择性和实用性进行解释。而这些观点也在广义制度主义中得到了充分体现。就其区域发展和规划方式而言，它主要包括沟通式规划和联合民主。规划中的沟通式转向与哈贝马斯（Habermas）的交往合理性具有极大关联。这一理论也相继得到了赫利（Healey，1997，1998）、英尼斯（Innes，1995）、西里尔（Hillier，2000）等人的丰富和发展。尽管我们并不想对此进行太过详细的阐述，但一个宽泛的概述的确有助于加深对规划作用的理解，即规划在地方建构中的作用均是权力运用的结果。而这一建构主要涉及到社会建构和政治纷争调停在意义、知识和政治合理性等层面上的诸多问题（同见 Murdoch，2000；Painter，2002；以及关于管理的内容）。

沟通式规划理论的出现，其部分原因在于反对现代主义规划中的工具合理性，而工具合理性在战后发展尤为迅速。沟通式规划强调知识的形式，并对那些能够且愿意在科技知识和演绎逻辑主导体制下运行的机构授予特权（McGuirk，2001）。然而，文化多样性、性别意识、公民社会引发越来越多的关注，以及对治理参与者和结构形式的多元化等问题的关注，现代主义规划也面临着日益严峻的考验（Allmendinger，2001；McGuirk，2001）。一些对现代主义的哲学性假定同样需要经过政治和哲学的详细检验，尤其是后现代主义的解构主义和反基础主义所强调的多样性、边缘性和差异性。前福利主义狭隘的目标和方针路线越发引起了人们的不满，例如各大机构仅仅追求成年男性的充分就业，也只代表社会中主要利益组织的意愿。在规划领域中，由于现代主义规划的实践是建立在以男性为中心，且家庭收入和社会成分都相对单一的基础之上，近年来也招致了严厉的批评。尤其，20 世纪 50 至 60 年代的一些新城镇规划更是招来骂声一片（Healey，1998）。

沟通式规划的出现，旨在响应活跃的利益组织机构日益强烈的呼声（Healey，1998，第 8 页；同见 Friedmann，1998），并确保他们的诉求能在规划体制内有效地传达。哈贝马斯观点的提出，标志着沟通式方法的开端。该方式强调，建立共识的过程是权力、条件和地位相当的领导者们通过公开、公平的辩论后理性论证的过程。因此，规划体制面向具有不同知识背景和理性程度不一的利益相关者们开放，这就意味着先前规划手段的彻底瓦解。而这也很可能招致夸张的描述和讽刺，即专家们仅在内部使用一些共同的语言和提出一些共享性的设想。当然，规划的专业人士和其他专家们也准备了专门针对公众认同和公众协商的规划，比如，合作规划。它能促使规划者不停地转换角色，协调不同利益组织，以确保它们参与到规划进程的方方面面，并学习和借鉴不同的知识和价值体系。这一高度规范的方式正是来源于外界的不断批评，比如，人们曾经批评它没有找到将不等权力关系注入到规划体制中来的好方法，甚至质疑在参与者们对规划体制抱有不同的志向和期望时，共识达成的真正可能性（Tewdwr-Jones and Allmendinger，1998，2003；Phelps and Tewdwr-Jones，2000；McGuirk，2001）。

菲尔普斯（Phelps ）和图德-琼斯（Tewdwr-Jones，2000）认为，规划理论的沟通式转向强调建立机构形式以促进争论的合理性，这与地理学者们提出的“新制度主义”之间存在着诸多相似之处。这两个论述均主要从机构重建的角度出发，对先前方法的失败做出回应。对它们而言，合作规划（Healey，1997）、联合民主（Amin and Thrift，1995；Amin and Hausner，1997）以及经济组织的“新区域主义”网络形态（Cooke and Morgan，1998），都代表着由体制的“第三方式”向次国家管理方式的转变。它既不属于市场主导型体制，也不属于命令—掌控型体制。各方式均强调建立地方和区域社会资本的重要性，尤其强调围绕共识和沟通建立信任关系的重要性。

阿敏（Amin）和思里夫特（Thrift，1995）认为，“制度厚度”这一理念价值不容小觑。它不再一味强调主要经济因素的作用，转而探讨制度问题对区域成功的影响。尽管“制度厚度”本身并不用于解释区域成功的缘由，但它有助于凸显这样一个事实，即社会、文化和制度等在加深对区域变革过程的理解方面，发挥了关键性的作用。这其中涵盖了四个关键性的主题，即：强大制度的存在；机构间的高标准互动（网络联系，合作，信息共享）；体系发挥作用以减少冲突和不良行为（达成同盟，集体表决）；以及针对个人和集体的共同区域发展计划。此处强调的并非机构的数量，而是机构在容量和转变方面的质量，及其所体现的权力关系。例如，共识的达成的确可能拘泥于狭隘的议题当中，比如，这些计划往往由特定机构及其观点所支配，或者仅仅只为追求反对阻力的最小化（Raco，1998；MacLeod and Goodwin，1999）。

如何与最广泛的利益相关者间达成持久有效的协定，是沟通式规划和联合民主工作的永恒主题（Phelps and Tewdwr-Jones，2000）。在有关沟通式规划的相关文献中，它对各利益相关者间存在的不均等现象进行了清晰的论述，这其中涉及资源、专业知识，以及真实或象征性的权力的分布。这一观点表明，规划者们首当其冲的是要通过运用多种方法和途径，充分认识并解决好这些问题，以促进社会公平。尽管解决此类不均等现象并不包含在实行联合民主的范畴之内，但文献中确实强调并非所有的网络机制都必须按照非层次模式运行，它们也不必一直致力于追求集体利益。由此，阿敏和豪斯纳（Hausner，1997）提出了三个方法以供选择：霸权（结构统治）、领导力（正式构成具有等级层次的领导阶层）和“战略指导”。其中，“战略指导”作为一个相对初始的管理扩散和反射性过程，与沟通式规划理念存在着诸多相似相通之处。在这一过程中，重要参与者们力图通过“权力分享”而不是“权力输出”或“全权操纵”的方式，来实现其引导、仲裁和帮助的作用（Rabinow，1984；Bryant，2002）。

这又使我们重新回到了规划中的权利这一问题上。麦格沃克（McGuirk）在充分分析了纽卡斯尔和澳大利亚的规划之后指出，主要参与者在答应开放体制、尊重所有意见和价值体系的同时，也会以其他方式，例如通过政治游说、媒体攻势等等来发挥其影响力。有效沟通方式的建立，必须以真理、公平和尊重为基础。然而，政治策略的拟定也会出现诸多难以避免的问题，比如错误消息、虚假情报、部分真相和绝对谎言等等。甚至，即使表面上同意公开对话机制，也不过是众利益相关者在规划过程中互动的公众基础。那些妄图通过沟通方式来解决权力差异和避免冲突的人，他们实则低估了在一个等级主导的体制中建立“温和”的自下而上的共识过程时将面临的紧张局势。对麦格沃克（2001）等人而言（Phelps and Tewdwr-Jones，2000），理论上的挑战还在于需要思考，当冲突普遍存在而又无法达成共识之时又会发生什么情况？本书将就共识达成过程中所面临的诸多现实性挑战进行阐述。

第七节　环境和规划相关叙事与话语

环境和规划的争论好比角斗场，参与者们选取不同的意义和价值观进行较量和比拼，力图影响政策的制订（Jackson，1991；Macnaghten and Urry，1998）。这些有关意义和价值观的战争要求我们关注文化转换言论的产生，这包括同一体制内不同参与者所使用的语言、符号和象征。此外，从霸权、阻力和从属等方面来检验权力十分重要。因为众组织将针对相关问题，对霸权的存在与否进行证实或者提出质疑，并探讨其最佳解决方案。言论争议的过程动态地反映出了理解的不断进步。而当矛盾性的言论达到了相辅相成的程度之时，便也孕育出了比选择性更“自然”、正规且易于接受的新观点。

争论有助于促使特定思想和行为的正规化，并在特定社会关系及其相关的权力—知识的合理性中，形成一种“真理”模式（Foucault，1991a，b）。就机构层面而言，尽管有效话语实践具有历史局限性，但其仍然广受认可，作用甚为显著。它们不但能针砭时弊，更能对症下药（Jessop，1997，第 30 页）。实际上，政策争论中特定方法的正规化，更促使它们变得更加强攻难破、无可辩驳。本文认为，规划争论和公开调查看似乏味，实则已演变成在社会构建以及政治争辩的理解层面上各大思想交锋论战的重要战场。它不仅关乎决策者们解决“问题”的缘由，也涉及解决此类问题的首选方法。值得强调的是，在政策制订中分散型话语实践尤为重要，因为它们能开放我们关于正常或者可接受方法的理解额度，同时，也可能导致我们思维和理解的闭塞或僵化。傅科（Foucault）的话语分析理论强调，个体处于特定的话语情境之中，不断进行自我认知，并付诸相应的思考和行为（McGregor，2000）。

为尽量避免此类分散型话语决定论的陷阱，我们应该充分强调分散型话语实践的多样性和扩散性，以及它们持续创新的重构性，认识到人类主体性在创造和反对特定言论方面的作用（Harvey，1996；Fairclough，1998）。除人类主体性之外，也必须围绕分散型话语实践的作用，对其结构性问题进行分析。而此处重要话语分析（Fairclough，1998）的价值最为显著，它力图将话语实践置于更广泛的社会和文化实践之中，以探索其与社会、文化之间的相互联系。费尔克拉夫（Fairclough）认为，这一方法“强调了分散型话语实践及其话语生成过程的多样性和扩散性”。但与此同时，他也指出“这些过程被霸权关系和结构所制约，最终演变成了一个霸权斗争地”（1998，第145页）。这一方法表明，特定话语实践的有效性往往体现在两个方面：第一，它们如何将个人、集体以及机构的事件有效地联系起来；第二，它们是如何与更广泛的机构和文化的形成产生联系的（Jessop，1997）。

就政策制订过程中的话语分析而言，最核心的内容在于对各类分散型话语实践的鉴别和判断。这些话语实践往往涉及特定的“故事情节”或描述的产生，例如，通过文字、公开辩论、抗议标志、符号、隐喻等等。尽管其他有效的“故事情节”的确大量地存在着，但并非一直表露得那般明显。但是，人们依然能对“言论联合”进行有效的识别和鉴定，并通过多种方式予以传播和发布（Hajer，1995；Vigar *et al.*，2000），而“联合”也会随着争论的推进而不断发生变化。有效的叙述和故事情节得以发展的同时，它们就会被用于支持其他特定的政策方式，并成为政策过程中的重要组成部分。通过对事件、过去动态以及未来预测的选择性解读，叙述就可以被成功地构建出来。它不仅能巩固特定的解读，同时也能提供一些边缘化的、异常的、过度政治化的甚至不合需求的其他内容（Jessop，1997）。

近年来，环境话语日益成为分析报告中的特殊主题，尤其是在有关可持续性发展和规划的问题上（Hajer，1995；Myerson and Rydin，1996；Macnaghten and Urry，1998）。这些分析主要集中在选择性的讨论上，涉及“环境”如何被引入政治争论当中的问题。例如，在强大利益相关者的支持下，农村自然环境在此类争论中更能占据有利地位。就这一角度而言，“自然”的表述方式也可以被视为一种战略形式和社会权力形式。在这一形式中，“自然”被特定集团组织以特定的方式引入到了争论当中来。本书主要围绕可持续性发展，针对近期政策议题中出现的变化进行分析，并发现可持续性发展下的环境主导型策略正逐渐面临着其他方面的挑战，例如，相关人士认为环境主导型策略缺乏对社会和经济因素的重要考量（见第三章）。

由于其相对透明性，当代规划体制，特别是公众调查和公众评议，为更好地分析环境方面的争论提供了一个有利的起点（Vigar *et al.*，2000；同见第三章和第四章）。此外，规划中的话语实践的研究也具有十分重要的作用，具体原因主要包括如下两点：首先，它有助于认识特定规划问题是如何变得可见或者无形的，以及关于意义的争端是如何通过规划体制得以调停的；其次，它也有助于强调有关国际竞争和可持续性发展规划的争论是如何通过个人和机构进入到主导言论当中，并直接或间接地形成规划的具体实践的。

第八节　空间规划与可持续性发展：社会权力和政治战略

围绕空间规划的发展而展开的争论，意义极大。它们能反映出社会中不同组织集团对“场所制造”活动所寄予的期望。随着规划向更具合作性的方式的转变，政策制订过程中的局面也一度紧张，这其中包括就“地方应当如何在规划的长期进程中进行变革”这一问题而产生的不同观点的对峙。与此同时，这些争论也揭示了在探讨“如何促使地方进行变革”这一问题上的紧张局势。这其中的争议主要涉及管理类型的使用，以及管理、市场适应性、道德劝说和政治规劝相结合的程度。本书认为，战略区域规划的过程实则是一种社会力量和政治战略形式，它为许多拥有不同价值观念和雄心抱负的领导者们创造了权力斗争的机会。而这其中所引发的骂战不仅仅是为客观实际而辩，也是在为特定的目标和意愿而辩。这表明我们不能只单纯地停留在对其表面冲突的研究上，我们还需要对这其中所包含的信念支撑体系进行更为深入的探讨，分析它们是如何被用于构建未来空间的可替代性前景当中的。

政策制订体系的发展就好比“在一个业已存在的舞台上，人们聚集起来商讨战略构想并达成充分共识，以奉行场所制造和场所维护方面的新倡议”（Healey，1998，第 4 页）。在战略区域规划中，针对特定地区具体愿望这一层面的争论较少，而相比之下，为达成共识而针对“一般性指导原则”和“不同规划手段的适用性”的争论则相对较多。因此，将政策制订的过程视为一个舞台具有重要的意义。在这一舞台上，不可调和的差异或者不平等的权力关系则可能意味着差异正以正式和非正式的形式逐渐显露出来，但是共识却并未能达成。就这一意义而言，将起草区域规划指引的过程视为一个朝共识方向努力，却并非一定要达成共识的过程。最终所达成的共识，从根本意义上说可以映射出规划的社会政治印记，其中涉及决策、妥协、示弱和战略性沉默等。

自 20 世纪 60 年代以来，规划体制的公信力便开始不断降低，然而，近年来规划也试图通过提出一系列“宏伟计划”来重塑其作为监管手段的合法性。作为这些“宏伟计划”的重要内容，可持续性发展（见第三章）和城市复兴（见第六章）在英国取得了令人瞩目的成就。然而，可持续性发展并非一个中性词。其定义本身的含糊不清和自相矛盾也使得它逐渐沦为一个争论的战场，即人们可以基于不同的目的，用不同的方式对其进行解读或诠释（Blowers，1993；Hajer，1995；

Healey and Shaw，1993，1994；Owens，1994；Owens and Cowell，2002）。例如，对可持续性发展进行环境主导型的解读能让环境组织的首选政策获利，而这也使得一些商业组织很难通过使用这一术语来促使其首选方案的合法化，即他们很难通过经济的增长来促进环境保护。

我们不应该将可持续性发展视为一个中立的术语，相反，我们应当将其视为一个政治战场，以分析其在价值、意义以及知识层面的斗争。就这一意义而言，可持续性发展便正如我们在第一章里所讨论的，它既是一个政治战略，又是一种政治资源，更是一种被不同的组织集团用以追求截然不同利益的工具。然而，在此值得强调的是，可持续性发展在英国规划中获得了广泛的采纳，并在那些渴望变成规划体制中合法利益持有者的人之间产生了强大的“自律效应”。中央政府也已经大量投身于通过可持续性发展实现其首选方案“正规化”的建设之中，力图改变具有争议性的相关术语，并积极增加新方案，以规范政府在可持续性发展方面的理解。当然，这种情况也不仅仅只发生在这种政治策略当中。例如，当商业游说者们参与规划时，他们在面对“如何选取可持续性发展的术语”以及“如何调整可持续性发展的意义”等问题时，往往会精挑细选，且极富战略性，以求在追求利益的同时增强其自身的合法性（Eden，1996，1999）。

第九节　总结

根据这几个看似毫无关联实则联系紧密的主要观点，我们可以得知：区域政策和规划必须从两个角度接受理论和实践的双重考察，即从自上而下的角度和自下而上的角度。

就理论层面而言，最大的难题在于将资本主义的宏观动力学与实证获知相结合，从而探求变革在特定的具体情况下以不同的方式出现的缘由。此处主要利用国家理论的概念，以求促进对规划中“自上而下”的选择性性质的理解。但与此同时，我们也必须强调制式主义文学的重要性和价值。制式主义从规划实践的本质出发，来探究决策是如何被制订，并引起争议和遭受抵制的。例如，在区域规划中的管理部署变革这一案例中，充分认识到中央政府的强大控制力尤为重要。但是，我们也绝不能由此忽略对变革过程本身的审视。在这一变革过程中，地方和区域参与者们仍然积极探索正常的运作方法，尽管他们面临着来自国家体制、地方突发性政治冲突以及不同利益相关者之间的紧张局势等多重压力和束缚。也正是基于这一原因，我们将试图更灵敏地将国家理论与抵抗策略相结合，以求进一步加强对规划合作形式中的内在紧张性和矛盾的意识。

本章认为，分析区域尺度内变革产生的缘由和结果也同样极具重要意义。同时，其他政策制订过程中所出现的紧张局势也应当引起我们的充分重视。其重要意义在于，它从分析和政策两个层面对变革中的危险性进行了阐述，即把区域“想当然地”作为分析范围，且只考虑其本身的连贯性的做法是极不可取的。的确，自 20 世纪 70 年代中期以来，重要的区域分析均强调超越性分析的重要性，即我们必须超越对经济问题、结构、制度和战略的纯区域性分析，并试图从将其置于更广泛的经济和政治进程中来思考它们的地位（Lee，1977；Massey,1979）。因此，与其盲目地将“区域”视为分析的标准，本文认为，我们不如将区域问题置于更广阔的领域内进行讨论和分析，并充分探讨其适当地标准、方法以及管理政策等问题。当然，这其中也牵涉到区域层面的变革是如何与地方和国家产生联系的。

本书主要集中于对更广泛的权力动态系统进行考察，并通过对政府区域干预行为的持续关注，探究这些权力关系是如何运动变化的，以期增进人们对可持续性发展背后的政治斗争的理解。这些变革究竟为谁的利益服务？如何服务？为什么服务？诸多具有影响力的权力关系策略被不同的政治集团、专业人士和利益团体所使用，而它们也将作为我们分析中的核心内容。

第三章　空间规划与可持续性发展

我们见证了一个全新的规划时代的到来，在这一时期，可持续性发展的提出可谓恰到好处。

——乔纳森·波里特（Jonathon Porritt）于2000年在草拟西南部区域规划指引的公众评议上的发言

第一节　环境主导型可持续性发展方式的出现

过去的四十年见证了英国城乡规划的命运沉浮。这期间，不乏诸多有关规划体制的支持性设想，而这些设想也正不断经受着审查和检验。在20世纪50至60年代，规划主要是用于建设“圣城”。然而，从20世纪70年代末期至90年代初期，其适用范围又开始大幅缩小，主要以土地使用管理的功能为主（Healey，1998）。届时，其监管方向也随之转向了对发展有利的假设之上。

20世纪90年代初期，为重振英国规划的声誉，力挽其日渐衰败的命运，可持续性发展这一“宏伟计划”应运而生（Bishop，1996；Selman，1996）。可持续性发展这一理念的发展，一方面归功于英国政府对1992年联合国环境与发展会议——里约“地球峰会”的积极参与和表态；另一方面，政府对全球变暖问题这一科学原理的认同更是起到了如虎添翼的作用。英国政府为迅速响应人们日益关切的全球性环境问题，出版了《共同遗产》(*This Common Inberitance*) 一书（英国政府，1990)，从而进一步加速了环境建设的日程（Healey and Shaw，1994)。

可持续性发展一词，在环境建设这一议题中，作用巨大且涵盖面甚广。随着世界环境与发展委员会的报告《我们共同的未来》(WCED，1987) 的发表，可持续性发展这一理念得到了迅速的发展，并引发了越来越多的关注。世界环境与发展委员会将可持续性发展定义为：在解决环境和资源问题上，既满足当代人的需求而又不损害后代发展需要的同时，强调经济的发展和科技的进步。这个定义超越了 20 世纪 70 年代有关环境的辩论，当时环境问题的解决通常以降低经济发展速度为代价。然而，现如今，经济的发展已然不再是问题的一部分，而是解决方案的一部分。毫无疑问，这种观念上的转变自然吸引了众多商界领袖和政客的目光。对政客们而言，最初的方案意味着工作岗位的减少，他们很难向选民们兜售自己的理念（Haughton and Hunter，1994)。

继 1992 年的里约地球峰会之后，英国政府相继颁布了一系列政策，其中包括国家可持续性发展战略（DoE，1994a)，以及有关生物多样性、气候变化和森林管理等主题性文件。此外，英国还陆续出台了有关地方环境政策的倡议，比如，环保审核和《地方 21 世纪议程》等。这些国家和地方性的举措标志着国家、区域和地方性可持续性发展政策的新开端。这在很大程度上也突破了城乡规划的管理束缚，并为诸多试验性的尝试提供了更为广阔的空间和更多的方法技巧。可持续性发展战略势在必行，并在所有领域引发了广泛而深刻的辩论和试验，而不再仅仅局限于规划领域。当然，主题的不同也必将催生出诸多有趣的差异性（表 3.1)。

20 世纪 90 年代初期，欧洲环境政策开始萌芽。这一时期，政府出台了《城市环境绿皮书》(CEC，1990)。尽管在英国，人们对绿皮书的评价褒贬不一，但它仍然引发了一场有关城市居住模式的重要论战

（Haughton and Hunter，1994；Healey and Shaw，1994）。该书特别推广了“紧凑城市”的理念。后来，这一理念作为一种方法逐步融入了英国的规划政策之中，包含高密度的人口居住、棕地的重新开发利用、邻舍层面土地混合使用的推广、公共交通的改善以及更好的城市设计等内容（见第六章）。

就规划而言，人们对环境问题的持续性关注有着深刻的历史渊源。十年前，撒切尔政府盲目地将经济的发展置于国家政策的首要地位，并且过于相信市场的作用。最终，在其中一段时间内，日程安排在很大程度上是无监管和反规划的（Thornley，1993；Tewdwr-Jones，1996）。然而实际上整个规划体制并未完全脱离管制，大部分情况下监管还是到位的，因为仍然有许多民众和商界人士支持建立稳定的监管体制，以控制或防止不利事件的产生。到 20 世纪 80 年代末期，“放松管制”的理念开始在诸多关键性领域逐渐失势。而这其中最主要的原因在于保守党内出现了一些矛盾，主要是商业利益团体与来自非大都会郡的传统保守党支持者之间的矛盾。前者极力主张进一步推动发展；后者更关注农村保护、房产价格以及生活质量等问题（Thornley，1993；Allmendinger and Tewdwr-Jones，2000）。尽管目前规划的方法发生了显著变化（表 3.2），但有必要认识到，其中总存在不断的演进和实验性的因素，而且还会有逆转的可能性。

回顾历史，不难发现，自 20 世纪 90 年代初期以来，新国家立法的引进以及 1991 年《规划与土地赔偿法案》的颁布不但有利于振兴规划体制，扭转英国十年前的一些趋势，更是强化了发展规划在地方决策中的关键性作用，即形成规划主导型发展（Allmendinger and Tewdwr-Jones，2000）。在接下来的六年中，关乎环境的提案也将相继被载入所有有关规划的政府文件以及相关的政策领域之中，包括规划政策指引。此次重心的转变，意义深远，可以利用公众对环境保护的关注，对政策反转做出恰如其分的解释，比如可持续性交通运输政策、变更大型城外零售中心建设提议，此前这一提议被视为导致交通堵塞和污染问题的罪魁祸首（DoE，1996a）。

表 3.1 可持续性发展的规划与其他政策领域方法的异同

	国家层面	区域层面	地方层面
可持续性发展主流政策			
主要机构	* 自 2001 年以来，DEFRA * 可持续性发展圆桌会议 * 可持续性发展委员会 * 保护局	* 地区商会 * 自发区域可持续性发展圆桌会议 * 区域保护机构，如环保署	* 县、区委员会，单一自治体 * 地方战略伙伴 * 21 世纪地方议程伙伴关系
关键策略	可持续性发展战略（1994，1999）	区域可持续性发展框架	21 世纪地方议程和企业可持续性发展政策
主要方法	优质生活资本 指标和目标	* 指标和目标 * 详细审查 * 行动方案 * 建议指引 * 可持续性评估 * 比较基准 * 官方合同 * 全球足迹	* 指标和目标 * 行动方案 * 可持续性评估 * 比较基准 * 官方合同 * 全球足迹 * 可持续性内涵声明
规划在可持续性发展中的主要体现			
主要机构	自 2001 年以来，副总理办公室	区域规划机构	县、区委员会和单一自治体
关键策略	* 规划政策指引（PPGs） * 良好的实践指引	区域规划指引	* 结构规划 * 地区规划 * 统一的发展规划
主要方法	* 环境评估，之后是可持续性评估 * 指标和目标	* 可持续性评估 * 区域指标和目标	* 环境容量 * 环境资本 * 环境评估，之后是可持续性评估 * 地方指标和目标

整合性途径

1997 年，新工党政府在很大程度上借鉴和继承了前政府管理体制下的新自由主义理念，其改革趋势从新自由主义逐渐转向新组合主义

（第二章和表 3.2；同见 Allmendinger and Tewdwr-Jones，2000；Marshall，2001）。新工党政府出台的规划方法与其理性化的思维较为相似，尤其倡导加快规划速度和简化规划形式以促进商业决策的制订。尽管相关人士认为，新工党自 1997 年执政以来并没在环境或规划领域进行任何根本性变革（Allmendinger and Tewdwr-Jones，2000），但我们仍可以不失公允地说，随着时间的推移，新工党的独到之处已然开始逐渐显露。尤其是所谓的“第三道路”夯实了托尼·布莱尔的观点，倡导共识性伙伴关系策略，该策略强调统筹各方利益，寻求合作双赢，而非进行对抗（Fairclough，2000）。此外，政府尤其注重“协同”管理以及在决策制订中采取更加综合的办法。

表 3.2　规划的变革，1970～2003

	质疑规划，20 世纪 70 年代	围攻规划，1979～1989	重拾规划，1990～1997	复兴规划，1997～
前期（见第二章）	福特主义后期/凯恩斯主义	打压新自由主义	新国家主义，新自由主义	新自由主义“第三道路”
主要变化	特别是在社会问题上，质疑规划专家们	聚焦于土地的使用，支持经济发展	对环境和“可持续性发展”的逐渐关注	可持续性发展的整合途径
规划制订主要方法	规划以长期准备下的详细分析为基础	市场为导向，强调增长速度和精简机构	规划主导型发展，通过战略规划重新进行试验	尝试提高公民参与度，同时加速决策速度
文明社会	规划评估是一种社会策划形式	从专制的官僚主义中解放个人	咨询“社区”	部分股东参与制
地方政府的角色	在地方规划中起主导作用	引发部分问题，太过反对企业	技术指导和发展的推动者	实行广泛合作，推动社会进步
中央政府对待区域规划	热情减退	毫无热情	有用，但必须进行合理限制，聚焦于新的住房问题	新区域体制中的关键成分

政府对经济发展的大力支持的确有助于可持续性发展等相关政策

的发展。继 1998 年的研讨会以来，政府出台了以《更优质的生活》为名的可持续性发展策略（DETR，1999a），依据四大目标对可持续性发展进行了定义，并指出可持续性发展必须同时满足以下四点，即：

- 社会进步，满足每个人的需求；
- 有效保护环境；
- 节约使用资源；
- 维持经济高速发展和确保稳定就业。

这一新方法体现了两个方面的变化：第一，由环境主导型可持续性发展论述向综合考虑社会和经济问题的转变。第二，优先确保经济的“高速”发展。鉴于其他目标的用词缺乏规定性的意味，比如“进步”、“有效”和“节约”，而“高速”一词则包含了一种强制性的逻辑。对规划者而言，这一全新的界定意义重大，它意味着一种重大转变，即从先前对“环境底线”的强调转向环境保护与经济发展的协调发展。

可持续性发展的新方法很快被应用于其他的公共政策领域之中，如新区域发展署的区域经济战略（DETR，1998b）和区域规划指引（DETR，2000a，b）等。为确保政策的连贯性，突出可持续性发展战略的重要性，以防孤立片面地看待此类政策，政府要求各区域建立区域可持续性发展体制（见第一章和方框 3.1）。

这一新的“整合途径”强调将实现“双赢”战略视为政策的第一要义，而非仅仅注重传统规划中的平衡或折中。双赢战略鼓励决策者们积极创新，以实现环境保护和经济发展的双重目标。同时，在政治领域，双赢战略也独具魅力。它提倡寻求有效途径，以实现全面共赢，尽管这些目标的实现在实践中并非那般容易（Royal Commission on Environmental Pollution，2002；Rydin and Thornley，2002）。到 21 世纪初期，“双赢”这一流行术语又发生了微妙的变化，“三赢”的概念被引入，以统合考虑可持续性发展中的社会、经济和环境等问题（Counsell *et al.*，2003）。对新工党政府而言，可持续性发展的核心在

方框 3.1

区域可持续性发展框架（RSDFs）

在准备 RSDFs（DETR，2000b）官方指引的过程中，政府认为应当将其视为：

> 各个地区须拟定高层文件，为可持续性发展绘制蓝图。同时，各区域需站在国家的角度，积极为对可持续发展做出应有之贡献。基于此，框架的拟定亟需综合考虑区域活动以及政府政策之于区域的影响。
>
> （第 1.2 段）

框架由各级地方和区域参与者共同起草，并经由地区商会签字同意。其主要用于协调各方政策，以促进可持续性发展的实现。即从横向而言，协调不同部门的发展战略；就纵向而言，调整国家与地方之间的发展政策。而这种政策的一体化主要通过以下方式实现：

- 为各区域提供一致的“可持续性发展”构想；
- 规定可持续性发展的共同目标，用以评估区域和地方政策；
- 提出一套通用指标或目标以监管区域政策。

尽管我们积极鼓励各区域因地制宜，争创地区特色。然而，实际上基于某些现实缘由，各区域可持续性发展的大体框架仍是按照国家政策中四个可持续性发展目标制定的。截至 2000 年底，区域可持续性发展框架已在绝大部分地区建立，并开始用于区域策略的评估，如评估区域规划指引、区域经济策略和欧洲结构性方案文件等。

于同时实现经济、社会和环境的三重目标，而非优先实现其中任何一项。同时，这些目标的一体化也逐渐成为工党政府区域规划改革以及区域经济发展工作中的重中之重。

从 1998 年 1 月开始，新政府为推行改革，陆续发布了一系列有关咨询文件（DETR，1998a，c）。这些文件的发布不仅有利于巩固规划中已有的新方向，同时也体现出一些新变化。比如，在新住房问题上，政府角色由“预测和供给”向“规划、监督和管理”转变（见第五章）。最终，这些提议和政府有关可持续性发展的新定义都被贯彻落实到规划政策指引（PPG）中，特别是在 PPG3 住房问题（DETR，2000c）、PPG11 区域规划（DETR，2000a）和 PPG12 发展规划（DETR，1999b）等的修订中。在其后的文件中，PPG12 中先前有关环保的观点被重新调整，以平等考虑可持续性发展的其他目标。同时，政府更是明确证实此类变革的合理性，并声明：“只有综合平衡地考虑各项指标，可持续性发展才能取得实质进展。”（DETR，1999b，第 4.3 段）有关人士担心这一方法表明政府环保的意识正逐渐减弱。然而，其他人则欣然拥护这一方法，并认为此方法有利于进一步加强可持续性发展的全面性。

整合途径在可持续性发展中的应用标志着“生态现代化”的原形在可持续性发展中的出现。“生态现代化”这一术语涵盖面甚广，它不仅将一系列政策方法囊括其中，体现出运用科学技术和完善的市场监管妥善处理环境问题的信心，同时也体现出实现“双赢”的意愿（Harvey，1996；Fairclough，2000）。然而，对许多政治家而言，这一术语还显得颇为陌生。同样，目前它远非一个统一的工作体系：倡导者们在对技术和市场的乐观程度上存在着分歧（Gibbs，2002）。生态现代化方法的实质是在现有的资本结构下，通过技术革新和管理改革促使环境转变（见 Blowers，1997；Davoudi，2000；Gibbs，2002）。相关文献认为，通过对再监管形式的适当调整，可以对市场进行重新定向来应对环境问题。在这一过程中，会创造出新的市场机遇，提高经营效率，比如，通过废物处理的管理和相关措施可以提高能源的利用效率。能源节约措施若有助于提高经营效率，不但可以验证“双赢”方法的功效，同时也可以证明以环境损害换取经济发展这一老套路早已陈旧过时（Harvey，1996）。

与之相反，贝克（Beck）的风险社会论认为，环境风险的规模、范围、种类发生着巨大变化，因此需要通过深刻的社会变革和重大政治策略来改变现状（Harvey，1996；Blowers，1997；Davoudi，2000）。同样，政治生态学研究对可持续性发展的理解也不一样，有观点认为，可持续性发展其实是利用自然环境的一个借口（O'Connor，1993）。批评意见主要在于，与可持续性发展有关的辩论其实是在论证了市场的合理性，并借此为自然环境的商品化辩护，如水资源的私有化并将其纳入全球资本流通中。与此同时，运用市场规则来支持那些可以削减成本的项目。如此便引发了一场在环境标准方面放松管制的竞赛（O'Connor，1994）。

此外，有关可持续性发展的评论，不胜枚举。但就其基本概要而言，均足以表明在寻求规划的生态现代化过程中表现出的个性化选择，这种选择源于对可持续性发展的意义和性质的不同解读方式。在这种解读中，决策是确保“可持续性发展”取得成功的关键。然而哈维（Harvey，1996，第 75 页）认为，可持续性发展的界定呈现多元化，“反对者们运用多重修辞手段，让可持续性发展的概念看上去既毫无意义亦无伤大雅——毕竟没有人从根本上否定这种可持续性”。同时，选择整合性途径并非与政治毫无关联，其中存在对可持续性发展解读的倾向性。整合性途径体现出某一特定立场，基于这一立场可以支持其中某些政策方法和政策手段，从而使权力关系发生变更，比如，它可以挑战环境主导型可持续性发展的合法性，或者质疑以社会平等为导向的可持续性发展的合法性。

第二节　可持续性发展的“本质”

有关环境和规划的探讨均涉及一系列颇具争议的二元论或二分法，

而人们也似乎更倾向于通过辩论的方式而非通过分析的手段来解决问题。比如，环境与经济、社会与自然、城镇与乡村、扩展与集约。这些二分法的使用显然已经成为话语技巧中不可或缺的一部分。同时，他们也紧紧围绕可持续性发展在规划中的作用，致力于改变辩论中的各项条款。

通过有效运用多重修辞手段，二分法逐渐形成了两大范畴，即内在统一性和相互排斥性。由此，它将复杂的概念简单化，并使之得以传承。同时，二元化思维方式也生动地体现了道德和情感的抉择，有时甚至会出乎意料地将截然不同的二元结构结合在一起。而这种结合也往往会导致诸多问题甚至是谬误的产生，但恰恰是这些饱受质疑和争论的策略最终对政策产生影响。反观塞耶（Sayer）的相关分析，他将“福特主义”和“后福特主义”这对二元对立体进行结合，基于此可以观察到，在城市可持续性发展辩论中有些二元论命题颇具争议。基于“激进环境保护主义的”的相关文献，表 3.3 对这一问题做了解释，并列出了一系列二元论道德评判的标准。这些评判标准将生态价值的重要性凌驾于人类中心论之上。问题在于，有些二元对立其实并无太大助益，而每一列由上而下所提及的各要素之间其实都存在相互联系。

表 3.3　城市可持续性发展中颇具争议性的二元论

社会	自然
城市	农村
全球化	地方化
污染的	原始的
寄生的	自立的
自我损伤	自我修复
不均衡	均衡

来源：部分摘自霍顿（Haughton，2003）

20 世纪 90 年代早期，二元对立命题的讨论可谓风靡一时。当时，政策讨论均围绕可持续性发展展开，人们在理解问题和制订政策的过程中，倾向于将环境置于优先考虑的地位。为解释此类二元论颇具争议性的缘由，我们可以关注一下近期批评性社会科学的视角。此类观点源自对二元思维模式的批判，此模式将自然和社会做了明确的区分（Macnaghten and Urry，1998；同见 Braun and Castree，1998）。根据此批判逻辑，我们不难发现：当今的社会与自然并非某种形式的对立关系，相反，它们是相辅相成的内在统一体——即相互依存，不可分割。我们需要充分意识到，所谓的“自然”环境实则是人类决策的综合性产物。人们往往通过这些决策，决定如何开发自然资源和管理环境。确定国家公园选址以及设立其他形式的保护区，诸如此类的决策均可视为其在特定的发展阶段寻求景观生态保护的方式。与其说是保护“原始”的自然生态，不如说是一种自然—社会特定关系的体现。就此方法而言，我们要充分意识到，保护“环境”的辩论亟需将不同环境状况纳入考虑范围，在政策辩论中，要详细分析那些尝试创造不同的自然概念的行为究竟在为谁的利益服务（Whatmore and Boucher，1993；Harrison and Burgess，1994；Eden *et al.*，2000）。

同样，本书认为将城镇和乡村或城市和农村视为相互独立的意义范畴显然是有失偏颇的。目前，当务之急是解释复杂的现代居住模式，发展郊区和边缘城市，扩大集市城镇规模，在市区重建大量野生动物栖息地等。除此以外，由于交通、旅游、短途旅客、食品、商品和服务以及金钱等一系列因素的综合影响，如今，乡镇与城市之间的联系也变得空前紧密。然而，透过大众媒体的相关讨论，我们便不难察觉，在英国仍有许多人在乡村面貌问题上深受浪漫主义思想的熏陶，并热衷于追求一种“乡村式田园生活”。这也致使英国政府不得不将英国自然风光视为一种特殊的自然形式，并将自然风光的保护置于首要地位（Williams，1973；Evans，1991；Bunce，1994）。当然，此处并不是城乡二元论的陈旧概念问题，而是此二元论被利用来为特定权力策略辩护，这些策略依然可见阶级关系的影响。例如，在当代政坛中，农村游说团体日趋政治化。他们认为英国工党已被“大都市”价值观所绑架。

二元论的倾向经常明确出现在游说团体的话语表达中，他们为实现自身目标，积极建构危机叙事。当然，这种手段在“可持续性发展”意义界定的辩论中也屡见不鲜，因为可以通过这种选择性的解释来证明某些区域规划政策的正当性。诚然，对可持续性发展的意义及价值的讨论具有重要意义，因为在区域规划领域内所做出的决策往往会对整个系统产生重要影响。区域规划的辩论及决策对各地方乃至整个国家的决策均有重要影响。与此同时，就其他从属于规划体系的政策部门而言，区域规划的辩论及决策的影响力也同样不容小觑，如区域发展署对经济发展的影响（见第七章）。

第三节　可持续性发展的三大支柱：社会、经济、环境

鉴于规划的特殊法定角色以及决策否决权等特殊权力，如何对规划进行明确定义已然成为我们不断探求的主题。我们亟需不遗余力地对“可持续性发展”之于规划的意义进行更精准的定义，并充分探讨其实际操作中的可行方法，并使之成为我们探索道路上的不竭动力（Healey and Shaw，1993，1994；Owens，1994；Counsell，1998；Owens and Cowell，2002）。当前，我们亟需对区域规划中的可持续性发展展望进行细致探讨，以期其在起草的过程中能广受认可。而在探讨此类问题之时，我们将侧重于区域规划指引项目的研究。该研究项目历时三年之久，其研究方法可见本书附录。

尽管各地区早期出台的各区域规划指引草案均题材广泛且别有风趣，但最终有关可持续性发展的定义却可谓千篇一律，毫无新意可言。究其缘由，则主要是由于在有关可持续性发展的定义问题上，各区域均选择纷纷聚焦于政府认可的相关定义上。事实上，规划的规定权并没有过多地下放到区域利益相关者的手中，以形成各区域的独特风情。相反，它仍高度集中于中央政府的手里，且在有关可持续性发展的定义及其与规划指引融合的问题上，政府均不容过多变动性或可能性的

出现。就某种程度而言，这一规定性反映了规划在土地调控中的法定角色。同时，这也意味着政府正大力提倡或鼓励地方特色，但其必须维持在特定的参数范围之内。这些参数通过指出同一系统中各个不同层面的规划文件之间的矛盾，或同一个国家中不同地区之间存在的矛盾，充分地反映和传达出了一个夙愿，即尽可能地避免未来规划诉求遭到法律的质疑或挑战。

有关就可持续性发展定义的最新一轮讨论指出，我们亟需将区域规划指引与自我加压及外部施压进行有效的结合以期符合国家的期望。这一自我加压来源甚广，其中包括力求减少负责起草区域规划指引的各地方当局之间的矛盾，以及促使更多的利益相关者均能参与到规划中来的期望。这些利益相关者不仅包括环境游说团体，也包括发展游说团体。然而，外部压力和外部限制产生的主要原因，则是由于中央政府全权负责区域规划指引最终方案的敲定。同时，中央政府必须确保指引符合国家的大政方针，且力保在区域政策形成的过程中，某些极易被忽略的意见均能受到足够的重视（Counsell and Haughton, 2003）。

仍有许多人对此限制颇感不满，但这一点倒也的确不足为奇。伟大的国家环保活动家乔纳森·波里特（Jonathon Porritt）曾在 2000 年春季区域规划指引公众评议会上发表公开讲话并指出，政府对规划中可持续性发展的大力推进无疑在可持续性发展前进道路上写下了浓墨重彩的一笔。然而，这一规划中依然存在诸多问题，其中问题之一便是中央政府对可持续性发展的定义并非绝对有用。同时，乔纳森·波里特认为，这一问题的根源在于政府有关可持续性发展的定义本身便“令人费解且自相矛盾”。

此类观点在 21 世纪初叶不断涌现。与此同时，为可持续性发展的界定寻求政治支持的政策制订者们不得不竭力消除定义的模糊性和歧义之处。由于各团体组织均纷纷宣称自己的政策为“可持续的”，因此，这一过程也随之涌现出了多种可持续性，比如“可持续性经济发展”或“环境可持续性”等。此类术语都有力地论证了这样一个事实，即利益相关者们均力图将可持续性发展的一般概念与某一特定的侧重点相结合。

尤其在20世纪90年代初期，环境组织对可持续性发展的定义进行了全新解读，倡导环境主导型可持续性发展策略，并支持有利于此方法的高新技术的研发。这一解读显然在规划的探讨方面，意义深远且影响重大。早在20世纪90年代中期，一些早期的区域规划指引草案便开始对可持续性发展进行以环境为主导型的解读，且这一解读一直广受认可，直至公众和政府审查制度的出现才开始招致质疑和反对。毋庸置疑，相关质疑或反对均在情理之中。但是，政府在新国家战略中对可持续性发展方式整合途径转变，而这一转向对那些环境主导型反对论者而言可谓大有助益。因为向整合途径的转变足以用于反对某些区域规划指引草案中太过强调环境的做法。这一新的整合性方法是由区域政府办公室特别监督实施的，但同时，该机构很快便指出区域规划指引将不再是政府意志的体现。因此，某区域的政府官员明确告诉我们，自从“他们（区域规划机构）认为可持续性发展的概念太过注重环境而不能代表整体思维”，区域规划指引的草案也便随之问题重重了。

在某些区域中，整合途径往往被其反对者们利用，以巩固经济发展在当今时代的核心地位。然而，这一方法也可能导致截然不同的局面。比如，反对者们可以通过利用可持续性发展中的“整合”方法名正言顺地提出：在政策制订的过程中，我们至少应当将环境问题与其他因素进行同等的考量。尤其在我们与环境组织的言谈中，这一担忧表现得更为明显：“它（区域规划指引）的可持续性主要是就经济而言的，但这并不是我们所理解的可持续性……可持续性工作和工厂……的确没有全面地考虑环境这一大问题。”（EM4访谈）

在规划中，可持续性发展的新型整合途径致力于寻求有效解决方案以实现环境和经济的双赢。如若难以两全，则至少力保经济或环境中的任一方声誉免遭损害，或者至少确保其中一方获利。双赢法的提出意义重大，它不仅摆脱先前规划理念的束缚，比如，“平衡”理念和以一方的获利来“权衡”另一方的损失的思想，也实现了人们思想观念的重大转变。最初，一些规划者很难接受这一新方法，其中部分原因在于他们所受的专业训练大抵亦是基于权衡和平衡等概念，以及缓和或补偿等方法。例如，根据规划义务的相关规定，倘若开发商损害了某处环保场地，那么他则有义务加强另一场地的环境保护。比如，在附近或远处建个新的野生动物园等（插图 3.1）。由此观之，综合解决方案对规划者而言的确极具魅力。但实践则表明，成功的解决方案究竟还只占极少数，而非已经成为传统惯例（见第四章）。

插图 3.1　新建自然保护区：格林威治千禧村

当然，令专业的规划者们困扰万分的问题远不止这一个。除此以外，还有环境、住房、经济发展等问题。与此同时，支持者们也对整合途径的使用充满担忧，他们害怕其在艰难抉择优先次序之时仅能起到分散注意力的作用。尤其对那些极力想要促进经济发展的人而言，这一概念显然问题重重。因为政府出台的政策似乎完全摒弃了协商平衡的可能性。

> 借机会去参考那些完全符合可持续性发展四大目标的事物，你便不难发现——权衡是绝对无法为人所接受的。这是不合理的……经济和社会目标具有优先实现的可能。同样，纯粹的环境工程也的确会存在……不一定能取得可观的经济效益，但绝对值得支持。
>
> （英格兰西北经济发展署，对区域规划指引草案的书面陈述）

> 我们认为“三赢”是绝不可能的……规划系统旨在创造社会、经济和社会问题的平衡。在某些情况下只有优先发展其中某一方面，才能最终实现此种平衡。
>
> （NW7 访谈：支持开发的团体）

整合途径的重要性也体现在其他方面，比如它直接把社会问题置于区域规划讨论中来考虑。就规划而言，这也意味着又一重大进步。因为多年来，规划者们都在极力规避直接处理社会问题，以免遭受“社会工程”的极端谴责。尤其在 20 世纪 60 年代和 70 年代，贫民区清拆计划更是使其声名狼藉。甚至直至 20 世纪 90 年代末期，尽管政府一再强调社会问题即地区问题，我们亟需认真考虑，但其在区域规划的讨论中仍然处于边缘态势。相反，社会问题逐渐被间接用作支持经济发展的一种修辞手段。这一修辞手段往往暗含假设，即提供更多的工作可能有助于扶贫（Vigar *et al.*，2000）。例如，人们要求促进土地使用权再分配。他们认为，土地再分配不仅能给那些需要工作的人提供工作，也能给该地区提供必要的劳动力。在早期的讨论中，对社会问题的忽视充分反映了一个事实，即社会问题，比如健康卫生、犯罪活动、社会住房和教育等大抵都是由地方机构和次国家政府机构处理解决。除此之外，我们也必须注意到，在向区域规划转变的过程中，一些社会主体仍缺乏区域制度的基础设施。而这在一定程度上也阻碍或限制了它有效地参与到区域规划的讨论中来（Haughton and Counsell，2002）。然而，到 21 世纪初期，讨论的主题也发生了变化。人们关注的焦点开始转向公有企业员工和低收入者，尤其关注东南部的员工能否买得起经济适用房等问题（见第五章）。

但归根结底，这些讨论有那般重要吗？对大多数人而言，这一精准的定义也不过是为了从现实中分散人们的注意力罢了。人们认为，区域规划文件往往以可持续性发展这一逻辑来追求预想的政治局面，或者以其独特的方式证实其政策的正确性。在访谈过程中，我们有幸遇见了为数不多的几位杰出政要，他们对此纷纷表达了深深的失望之情。其中有人认为，“可持续性发展”这一术语含糊不清最终导致规划政策也出现了模棱两可的局面。另一名受访者是一名政府官员，当他谈及区域规划指引草案中可持续性发展方式对他们区域的指导性作用时，他表示，该方式完全是“含糊其辞……内容看似虔诚却毫无意义”（YH5 访谈）。同样，也有人担心可持续性发展讨论的实际影响力微乎其微，致使政策最终仍旧是换汤不换药。因此，西南部的一名环境组织代表指出，虽然我们组织了多次讨论，“但其主要影响必须要体现在政策上，而我并没有看到政策产生了多大的变化”（SW5 访谈）。同样，开发商们也纷纷表达了自己的失望之情。他们在所认定的绝佳定义上耗费了大量的时间和精力，却没有将其时间和精力投入到实际的发展中来：“到目前为止，没人清楚到底什么是可持续性发展……对所有人而言它意味着全部……它已然成为一个能被众人接受的政治口号。”（EM8 访谈）

在此，我们不得不提及威尔德韦斯（Wildavsky）的名作“如果规划等同于一切，那它也可能等同于零”（1973）。所以，如果可持续性发展可以实现一切，那么与此同时，它也可能会招致“一场空”的危险。如若我们将可持续性发展视为一种政治手段而非一个中立集合体，那么，我们也可将其视为一项有用的政治工具。比如，商业团体期盼通过可持续性发展促使其优先战略次序的合法化（Eden，1996，1999）。

第四节　可持续性评估的选择性与整合途径的实施

特殊方式的使用及其合法化对规范规划行为以及践行规划期望起着至关重要的作用，而该特殊方式可以通过增加援助性技术来实现（见第二章）。就可持续性发展的整合途径而言，其关键的技术便是“可持续性评估”。20世纪90年代末期，为重新整理区域规划指引，该方法便开始被采用并迅速取代了先前备受青睐的规划内容审查法和环境评估方法。相对而言，环境评估主要是指以环境为主导的方法手段，而可持续性评估则强调以整合的方法评价经济、环境和社会问题。这一新方法是按照目标来评价特殊战略和规划的。以区域规划为例，该方法意味着我们之于区域规划的评估必须按照区域可持续性发展的目标进行，而且这些目标也大致反映了中央政府有关可持续性发展的目标（见方框3.1，第59页）。这种目标主导型技术手段也逐渐演变为一种规律性方法，以确保政府的可持续性发展目标能被广泛采纳，并能依据规划文件得以贯彻落实。然而，这也导致规划中的可持续性发展受到了极大的限制，即它不但必须与国家政府的大步调保持一致，也需同时不断调试自我，以满足生态现代化和发展的双重需求。

起初，可持续性评估主要用于区域规划领域，但很快便被用于区域经济战略以及地方和结构规划的评估上。事实上，基于中央政府有关可持续性发展的综合定义，可持续性评估为规划战略全方位、多层面的尝试提供了途径和可能。而且，它也促使规划和经济战略两者均得以形成一个单一的合理形式。同时，可持续性评估的过程也是由中央政府指引（DETR，2000d）特别规定执行的，两者紧密相关。

这一目标主导型方法自提出以来便备受推崇，其内容主要包括：竭力找出区域可持续性发展框架的目标与区域规划中不同阶段所面临的选择、空间战略以及政策之中所存在的统一性和矛盾性。当然，这并非一个科学的过程，但它确是一种清单型方法。它依据矩阵模型的相关原理，不仅充分利用标记、交叉记号以及其他符号对其内容进行标识，还适时配以恰当的评论。可持续性评估是一个循环往复的过程，它不仅与规划过程同步开始，也对规划过程中的各主要阶段进行记录——例如，详情可参照起初的“战略选项”阶段、规划草案以及该草案中所提议的改革措施。同时，PPG11 中的“区域规划”也对此过程做出了简单概述（DETR，2000a），并针对其具体实践提供了更多实质性的指导和建议（DETR，2000d）。（见表 3.4）

表 3.4　可持续性评估的主要阶段

评估目的和标准的发展	首先，提供基准以供绩效评价。英格兰政府建议启用基于区域可持续性发展框架的目标
检验评价目的	检验其大体框架，确保其在可持续性发展问题上与中央的政策和目标一致
定义基线	实行基线评定，对被评估地区的环境现状、社会状况以及经济特征进行测评
审视策略（规划或提案）	评估战略内容：覆盖范围；与国家和区域政策的一致性；是否提及所有评估目标；内部一致性
战略选择的评估	利用评估矩阵模型，依据目标对不同战略选择进行评估
政策和提案的评估	依据目标，对各大政策和提案进行评估
报告	汇报评估结果

来源：摘自 CAG 顾问和赫尔大学（2003）

近来，有关可持续性评估（Smith and Sheate，2001a，b；Counsell and Haughton，2002a，b）的研究表明，政府的建议并未经常得到有效采纳，比如，有关空间战略的选择方案便很少被评价。事实上，就许多评估而言，政府的建议往往太过迟缓以致其并未能对评估产生太大的帮助性作用。因此，民众对可持续性评估的实施方式依旧充满担忧。而对大部分利益相关者而言，更令其忧虑的则是——他们害怕该评估方法缺乏科学的严谨，以致评估的过程更倾向于主观性而非客观性。

> 这些评估就好比方格选项一般缺乏严谨的批判性。
>
> （SE8 访谈）

> 下一步是资格考察。当前，可持续性评估仍是一种可望而不可即的方法。
>
> （NW1 访谈）

> 这是一门基础薄弱的科学……这门科学仍然是原始粗糙的，急需大力修缮。
>
> （SE11 访谈）

规划者们认为，在这一特定问题上他们必须坚称他们的判断是有科学依据的，且这种依据是极为严谨、中立或者非政治性的。虽然该做法仍隐含诸多隐患，但是它在响应民众情感的呼声方面的确大有助益。当然，实际上他们在这一问题上的最终选择方法往往与其所谓的“中立”或“非政治性”相去甚远。由此观之，可持续性评估目前尚且不能称之为严谨，而我们只能希望以后它能加强自身的严谨性和审查监督建设。

仔细审查可持续性评估的相关文件便不难发现：可持续性评估中相关方法的采用充分凸显了社会、经济和环境等方面的冲突和矛盾。然而，几乎也没有哪种评估方法能一出现便立即直接消除矛盾，尽管它们的确具有凸显冲突的作用。因此在某些时候，可持续性评估也仅能很好地在公众评议区域规划草案中对其中出现的争议性问题进行总结和汇报。统而言之，可持续性评估迄今为止已逐步发展为一个完整体系，它能从普遍性这一较高的层面出发，有效地凸显出这其中可能潜在的问题。但是，无可否认，它也并未针对其中出现的相关问题提出清晰明确的意见或建议。可能也恰恰是由于这一建议的缺失，才致使部分负责起草政策的主体们最终亟需重述和改写相关政策，因为他们之前并未充分考虑到可持续性评估中所隐含的利益冲突问题。

> 他们确实认真审视了整个过程，但对其中某些真实存在的重大发现，却完全熟视无睹。
>
> （EM3 访谈）

> 区域规划指引充分凸显各政策之间的矛盾，但它却没有继续向前迈步，也没有真正地解决这些问题。
>
> （NE12 访谈）

迄今为止，可持续性评估虽然有效地确保了政府四大可持续性发展目标在政策中的影响力，但其仍未对区域规划中的“三赢”政策产生直接的推动作用。

令人惊喜的是，可持续性评估作为一种技术手段已然受到了众多规划利益相关者的青睐，这其中也不乏国家环境组织成员的赞同。究其缘由，则主要是因为，比如，环境组织认为在大多数案例中，先前有关平衡考虑经济与环境的方法大多到最后均优先考虑经济的发展，而环境问题则往往被未来预期的经济利益所抵消。由此可见，可持续性评估和“三赢”策略的优势在于它采取所谓的“一级优先”政策研究方法，而不会造成环境的破坏。通过清楚地展示其中潜在的可能的损失，可持续性评估仿佛正发挥着关键性的作用，它正引领和指导着规划者们远离环境组织所不能接受的“抵消”方法。

然而，颇为有趣的是，之前规划中的评估方法系统均倾向于根据特定团体中的“专家”所提出的建议来进行决策。而可持续性评估却致使这一现象发生了重大转变，即这一过程将所有的矛盾和冲突都统统置于公众视野范围之内。实际上，从某种意义而言，可持续性评估通过将潜在的问题公之于众，使得公众均能有机会参与到监督和讨论中来，这非但没有致使决策过程产生非政治化的影响，相反，它有助于其重返政治舞台。因此，这也动摇了专业规划者在规划讨论中某些特定方面的地位，进一步扩大而非缩小了讨论的范围。比如，通过此类讨论，我们可以越过所谓的“中性”现实和专业判断等解释，从而对价值、优先权和优先次序等问题展开讨论。一方面，这一新型过程符合民众的期望，即环境问题理应得到专业的探讨，且应当被置于国家机构中的关键性领域。然而，另一方面，可持续性评估意义深远，它也标志着国家体系中“纯官僚技术统治论”的土崩瓦解（Harvey，1996，第73页）。迄今为止，随着新体系不断向公众公开，公众也拥有更多机会参与到讨论中来，而这也正是决策过程的潜在价值之所在。

第五节　关键角色介绍

当前，有必要在此介绍一下区域规划中的主要角色及其论证方法，而他们的论证也都基于他们对可持续性发展的不同理解。尽管某些差异性有时往往都暗藏其中，但其依然能被公众广为熟知并引起广泛的讨论。而究其原因，则主要是由于共同对话机制的出现所导致的。通过有效利用这一手段，专家们不仅可以进一步促进自身观点的合理化，同时他们亦能以此摒弃和反驳反方的观点（Potter and Wetherell，1994）。这一方法也经常出现在我们的采访当中，而且在某些公众评议听证会上我们也时常能见到此处提及的这一方法。

例如，商业团体和支持开发的团体把环境组织和乡村团体描述成“极端分子”，因为他们不愿充分考虑社会或经济等问题。而就我们的二分法看来，通过这一策略来描述对手显然是对可持续性发展进行一元性解读的结果。

> 环境政策已被“绿色”问题劫持了，比如乡村地区存在的

问题。

（WM5 访谈）

我们说，如果你要讨论人的话，那么你首先需要考虑人。很明显，有人不同意……他们会说："不，你要先考虑蝾螈和臭虫的。"

（SE7 访谈）

尽管可以从整体上辨识正方和反方的观点，但是，大部分团体为了对自己的立场展开辩护均会选取更为微妙的论点。而这些论点往往涉及可持续性发展讨论中的诸多方面。在反对环境组织的过程之中，尽管支持开发的团体与其他团体均受不同政治因素的驱使，但他们有时却提出了相同的理由。比如，在英格兰东南部，社会住房的短缺问题使一系列社会住房游说团体参与到规划的讨论中来，他们纷纷赞同有选择性地放宽规划限制。结果，房屋建造游说团体也纷纷响应该提议，以设法使政府放宽对可用绿地的规划限制。在这一案例中，我们不难看出，房屋建造游说团体对该提议的谨慎支持，仅仅是为了从社会房屋供应者手中获取更多的土地开发权罢了。而放宽绿地限制对城乡规划协会（TCPA）而言，更可谓是雪上加霜，难上加难。因此，他们指出，开始在现有城区中选择新的定居点要比扩展郊区或者"填补城镇"好得多。

而这一政策的反对力量则主要来自环保组织，如地球之友、皇家鸟类保护协会（RSPB）以及各种当地野生动物信托基金等。他们对诸多问题表现出担忧和关切。比如，担心未开发土地失去生物多样性等。英格兰乡村保护运动组织（CPRE）采取极为不同的方法，反对以农村土地的损失换取城市的进一步发展。尽管有人谴责他们将居民塞进城镇里，但乡村保护运动组织也对此做出了完美的还击，即他们强调这一做法是为了改善城市环境，扩大城市空地面积。这一点的提出至关重要，因为它反映了不同团体所采取的策略和方法绝非基于对可持续性发展的片面解读；相反，通过参照可持续性发展议程的诸多方面，他们总是不断加强其特定问题的合理性建设。在这一案列中，乡村保护运动组织通过利用城市理念甚至城市规划手段很好地保护了农村土地。

英格兰乡村保护运动组织作为游说团体的领导者，在规划中所扮演的角色也颇受争议（Vigar *et al.*，2000；Murdoch and Norton，2001；Murdoch and Abram，2002）。它广泛地活跃于规划体系的各个层面，从地方到国家，都积极地参与到规划的讨论中来并充分阐明自己的观点，即反对占用更多的农村土地以及支持促进城市集约化的政策。最终，该组织的这一举措也引起了大家的广泛讨论，众人对此态度褒贬不一。大部分人在深思熟虑之后，纷纷对该组织的专业化方法大加赞赏，但与此同时，他们也对其潜在的意图深表忧虑。其中一名受访者开诚布公地指出，“CPRE”可谓“邻避主义”的龙头老大（WM4：商业利益团体）。（NIMBY是“邻避效应”的缩写。该术语被广泛用于讽刺那些丝毫不容许其他任何发展损害其自身利益的人或团体。而且，他们往往试图通过抗议的形式将不利局面转向其他地区）对如何通过规划实现未来发展这一问题提出独特看法的游说团体远不止英格兰乡村保护运动组织这一个。其他主要团体，包括政府法定团体和顾问团也在该论题中发挥了至关重要的作用。比如，乡村署（提出农村问题）、环境署（负责水资源调节、防洪和其他污染控制等方面）、英格兰自然署（负责保护生物多样性和野生动物）和古迹署（负责保护建筑环境）等，他们每个组织均各司其职，在其特定范围内发挥着不可替代的作用。其他团体，包括大型慈善机构也都纷纷积极地参与到规划问题的游说中来。这些团体的来源范围甚广，上至便利社团，下至街道组织，比如，国民托管组织、地区慈善和社区团体等。其中，某些主要专业团体在游说中充分发挥了主力军的作用，如著名的英国皇家城镇规划学会（RTPI）、国家级皇家特许测量师学会（RICS）和皇家建筑师协会（RIBA）。

通过诸如住宅建造者协会（HBF）、商会、英国工业联合会（CBI）等团体组织的努力，商业支持开发的团体的利益获得了显著提升。而各种小型房地产开发商会则往往通过聘请顾问来帮助其提案接受公众评议。在这些组织之中，住宅建造者协会在规划过程中占据主导地位。因为在这一进程中，规划的顺利实施往往仰仗于住宅建造者协会的众成员为新住房发展提案献计献策，与此同时，住宅建造者协会又必须依靠规划来放宽土地管理以实现自身的发展（Marsden *et al.*，1993）。

最后，许多地方和国家级政要们以及他们的地方、国家级规划者们也同样为之做出了不可磨灭的贡献。地方政要们以及规划者们在区域规划机构中发挥了关键作用：他们拟定了区域规划指引草案，并引起了广泛的公众讨论。他们的任务极为敏感，因为他们一方面要研究战略层面的区域文件，另一方面要努力获取当地选民的支持。而选民们很可能不赞成区域决策中的某些方面，比如关于新住房选址的问题，或者关于将来哪些土地可以被使用的决策等。

至 1997 年后期以来，大部分利益团体便很快意识到，在区域规划中将其提案与可持续性发展中的广泛讨论相结合尤为重要。支持开发的团体更是充分利用政府提倡以整合途径实现可持续性发展这一契机，呼吁人们更加重视经济的发展，并声称发展是可持续性发展的核心。

第六节　管理与区域规划实践

本书讨论的重点将主要集中探讨在区域规划的过程中不同参与者是如何聚集在一起并形成这一理念的。毋庸置疑，这个主题的探讨必将导致许多有关区域规划管理的趣味性问题层出不穷。在第一章中，我们对区域规划的制度框架进行了大体介绍，而在第二章中，我们也对治理理论的各个方面进行了详尽阐述。在介绍完该系统中的关键角色后，现在我们想通过考察规划中的利益相关者们是如何进行区域规划体系的修改的，从而将这些讨论有效地联系起来。我们主要将从自上而下和自下而上两个角度，着重分析在这一系统中参与者们是如何受制于多种约束力的。

鉴于其在土地使用问题上享有合法决定权，国家对规划功能的控制往往比在其他任何领域都更为严格。而这也导致一些观察员们认为英国规划依然全权掌握在政府手中，而没有形成一个治理体系(Cowell and Murdoch，1999；Healey，1999)。区域规划的例子首先印证了这一论断，因为政府对区域规划指引的形式仍然持有最终决定权(见第一章)。然而同样的，我们也可将其视为向以“治理”为导向的方法转变的标志，比如，筹备区域规划指引的过程中提倡改善参与机制等。这些趋势无疑反映了规划内部的更大的变革，即从一个“向”或者“为”地方团体或商业组织服务的体系，转变成了一个寻求“与”利益相关者们协力合作的体系。

之前，相关人士指责政府在筹备区域规划指引过程中合作力度不够且透明度不高。为回应此类批评，政府于 1998 年颁布了重要改革方案，以期通过某些重大举措，打破权力的平衡。在这一体系中，非政府利益相关者反而处于更为中心的位置，有时甚至还与区域规划机构通力合作，负责共同起草区域规划指引。此外，在公众评议之前，各大利益集团也纷纷受邀对区域规划指引草案发表正式评议，而这本身也为各类反对之声和备选方案提供了一个更为广阔的讨论平台。结果，这也促使其逐渐演变为一个“比之前更加公开的过程，而且人人均能参与其中”(WM1 访谈)。

尽管这一安排已然意味着一种极大的进步，并受到了多数参与者的热烈追捧，但事实上，由于政府仍拘泥于保留其最终决定权，因此这其中依然存在诸多矛盾。例如，西南部某一环境游说团体就曾对我们坦言，“我感觉这只政府无形的手一直隐藏在幕后”(SW5 访谈)。同时，有两个规划者在被借调到西南部区域规划中心以后，也曾在他们的经历中写到他们所谓的“政府部门的管理角色”，而这也进一步证实了此类质疑的存在(Gobbett and Palmer，2002，第 211 页)。尽管在某些重大探讨中，大多数官员均纷纷褒奖了政府部门派遣人员的作用和贡献，并对其所提供的宝贵建议和专业性援助予以充分肯定；但是，他们对此也提出了自己的忧虑，即他们担心政府代表的参与有时也会产生阻碍作用。与此同时，他们也注意到一旦“专家”报告生成，

“合作关系”就会立马终止，因为在区域规划指引最终版本产生之时，政府便已经进入了“法定”模式。

另一个来自区域政府部门的受访者告诉我们，政府官员的参与使这一关系变得同样尴尬：“政府部门的立场有点矛盾，我们既是参与者又是调解人。”（采访于公众评议前夕）

除中央政府以外，其他组织也同样对中央政府如何通过国家规划政策指引体系继续施行中央集权予以广泛而密切的关注。例如，某发展游说团体曾参与了东南部区域规划指引这一项目，他们指出：“RPG9 也仅仅是把国家政策指引照搬到东南部罢了，它从来没有考虑过国家政策指引对东南部而言究竟是好，是坏，还是根本毫无作用。”（SE7 访谈）

同样，在其他许多地区，人们也普遍感觉到一旦政府部门接手了这个过程，区域规划指引草案文件中所出现的大部分区域特色便会被“统统删除”。所以，比如在中东部，相关人士对此做法的失望之情溢于言表：“我们本来是有区域所有权的，但现在几乎全被夺走了。”（采访 EM9 后，专家组报告）

在我们的采访中，另一个主题也同样引人注目，即后设管理体系是否有效的问题，因为区域规划似乎与其他区域层面的决策过程相距甚远，如经济发展：“政府允许各类团体任意发展，并赋予它们决策制定权，最终也导致了他们之间矛盾横生。”（WM12 访谈）

颇为有趣的是，来自约克郡和亨伯区域某保护组织的一位官员在考虑到杰索普（2000b）早已将后设管理这一术语改为“后设控制”这一背景下提出，在公众评议中政府部门“试图操控和掌舵，而非步履受限或凌驾于人民之上”（YH7 访谈）。该引用对促使人们进一步理解规划的运作的确大有助益。由此，人们便可意识到，规划不是中央直接强制实施的法律功能，也非一种纯粹的风险合作，而是一个日益演变而成的体系。在这一体系中，不同参与者均试图从某一特定方向操纵辨论的走向。而这一过程有时表现得极为明显且依照规定进行，而有时则以公开对话的形式进行。然而，随着所有权由地方规划机构转向更为广泛的区域合作，这一过程也随之进入了跨等级运行模式。在这一过程中，地方规划当局本试图在最初的区域规划指引草案的制订中发挥领导作用，但由于协商阶段的出现，又致使其必须与国家政府官员通力合作以拟定最终草案。不仅如此，我们还能从中发现这一多标量过程运行的独特之处以及这其中所包含的矛盾，比如，中央政府官员加入区域合作过程的方式等。

倘若我们仅仅将这一过程视为一种自上而下权力运行过程，那我们势必遗漏其中的诸多方面，更不能充分把握改革管理结构提供的有关区域规划的良机。因此，我们必须认真对待和详细分析这一过程中所出现的有关地方和区域之间的矛盾。首轮区域规划指引文件由于内容贫乏、缺乏策略性指导，且只是简单地复制国家政府指引等问题，遭到了广泛的批评（Thomas and Kimberley，1995；Baker，1996；Roberts,1996）。尽管在最近一轮文件中，规划者们已极力在这一新系统中大幅度地提升空间特殊性，但各种批判之声依然不绝于耳。利益相关者们普遍担心共同合作方式虽已取得一些成效，但其最终文件依然无法妥善处理区域所面临的困难和问题。当然，这一现象的产生有时可归咎于地方规划当局，因为他们往往倾向于避开那些对其区域产生负面反响的区域决策。

> 有些批评指出，指引往往倾向于向最低共同标准靠拢，以求与所有地方当局保持一致，而非处理棘手的问题。
>
> （EM6 访谈）

> 要想获得所有人的赞同，最好出台一份每人均可以参与的概要性文件；而非某些成员能轻易利用的具体文件。
>
> （SW4 访谈）

对他人而言，广泛磋商的建立对这一过程本身而言具有举足轻重的作用，而缺乏战略内容这一问题也同样不容忽视。正如一位房屋建筑代表所言，“这导致区域规划指引已经到了寻求最低共同标准的程度了”（NW7 访谈）。

同时，考虑到在资源以及专业知识的获取方面存在诸多差异，许多参与者也同样对权力失衡和现行排挤这两个问题表示担忧。就权利失衡而言，部分参与者纷纷表示对地方和区域规划者们有所担忧。比如，某个发展游说团体就曾告诉我们，有些规划者“妄想一直维持自己的控制力”（EE8 访谈）。

此外，事实表明，地方组织很难切实参与到区域层面的活动中来。甚至，一些大型的环境和房屋组织也均缺少足够的区域基础设施和资源以全面地参与到区域规划的讨论中来（Haughton and Counsell, 2002）。总之，参与者们似乎对这一新型系统的相对开放性赞赏有加，但与此同时，他们也明白并非所有在场的人均能真正有机会参与到讨论当中：

> [在公众评议中] 我觉得它非常有用，但我发现我们也仅仅是自言自语而已，根本没有听众！……当你开始着手参与讨论时，你会发现只是一群专家坐着讨论他们自己知道的一些事罢了。
>
> （EM7 访谈）

也许，人们早就能预料到合作规划讨论的结果。诚然，改革后的区域规划系统的确在形式上变得更加公开透明，而且也使得更多利益相关者均能有机会参与其中，但与此同时，它也从各个方面揭露了诸多深层次的问题。特别是随着讨论逐渐贯穿于规划制订过程的各个阶段，不同利益相关者之间有关权利和资源的深层不对称性便随之很快浮出水面，尤其是各地方、区域和国家级的参与者之间的棘手关系问题。虽然通过区域规划的新型管理系统已经建立了信任水平机制，但在重塑区域未来的问题上，它们本身并不足以掩盖或克服某些在价值观和优先权层面的深层差异性。

第七节　总结

自 20 世纪 90 年代初期以来，英国规划在内容和范围上发生了实质性的变化。具体表现在以下几个方面：

• 扩大范围，包括在中央政府的可持续性发展政策中占据中心地位；

• 更加强调整合政策的方法；

• 重新发现战略规划，尤其体现在为新住房开发寻找场所；

• 为区域规划不断奉献；

• 规划有助于振兴城市革新。（Allmendinger and Tewdwr-Jones，2000；Rydin and Thornley，2002）

乍看之下，我们很难将这些改变与国家的退出相提并论（见第二章）。但事实上，权力的下放对实现政府自身目标而言，既是有条件的，又是大有助益的。显然，通过重组和重调其追求独特政策议程的方式，政府并没有在规划政策上实现太大程度的退出；但通过公开展示这一新安排，政府有效地促进了公众协商并扩大了利益相关者的参与度。因此，在通过这一方式重调规划权利的同时，政府也有效地提升了其改革的合法性。但这也随之衍生出了另一个潜在的问题，即如何对政府的方法提出质疑。这需要中央政府寻求有效新途径来对其权力进行制约，进而破坏或消除其自己的首选方法。

先前，我们曾指出“可持续性发展”是一种政治策略，一种战略战术。它主要用于处理话语建构和说话方式的问题，因为不同规划者针对某一特定的问题均可能产生不同的理解。可持续性发展这一论题并非着力于探求“可持续性发展”的明确定义，相反，它要求我们必须充分认识到可持续性的多样性，并分析其在政治话语中的形成方式和动员方式。同时，由于其定义本身固有的模糊性和延展性，我们不应该将可持续性发展仅仅视为一个广泛认可的“中立的”或“良好的”术语，相反的，我们更应将其视为一个隐含深刻问题的、高度政治化的，且极具争议性的问题，而这一问题主要围绕权利关系和合法性斗争展开。

人们对可持续性发展的关注也体现在规划和其他政策领域，尤其是在经济发展、运输、资源管理和环境保护等问题上。由于每个政策领域都有其自身的政策历史、利益相关者和专业知识，所以即使他们表面上均赞同进行可持续性发展，但他们对可持续性发展所包含的具体内容的理解却不尽相同。然而，这些“不同”也在有关可持续性发展的规划讨论中发挥了至关重要的作用，因为不同的团体会通过运用不同的方法对“可持续性发展”这一术语进行积极动员。最终，这也使得可持续性发展日益发展成为英国规划体系中的核心目标之一，但与此同时，其发展进程却绝非一帆风顺，也不可能贯穿始终，更不可能斩获全胜。

本章节主要集中对某些修辞手段进行了介绍，因为参与者们往往通过有效运用相关手段，力求不断适应中央政府的可持续性发展指引。有时，他们甚至通过某些战略战术对其他团体进行暗中诋毁，并在诟病他人为片面极端主义的同时，极力宣称其自身的观点相较之下更为平衡、理性且经济。然而，在突出这些不同的同时，我们也力求强调通力合作，因为政府的整合途径要求各团体不断调适自我以容纳相反观点。同时，为促进其有关可持续性发展的解释的贯彻落实，并顺理成章地改变政策讨论的形式，政府引进了可持续性评估系统。实际上，该系统有助于确保其内外规则的贯彻执行并促使整合途径受到广泛认可，同时揭示出环境主导型方法中所存在的种种问题，从而有效促使讨论方式产生实质性的变化，并最终使得新政策的制订成为可能。最后，围绕区域规划的新型管理系统的确有助于广开言路，并接受更大范围的考察评估，尽管在这一体系中差异性往往独占鳌头而达成共识的情况甚为罕见，但倘若真能达成共识，那也肯定没人能真正为改组安排中所体现的权力关系感到由衷的高兴。

第四章 环境质量与自然资源

从环境保护主义到可持续性发展的整合途径

> 环境承载力的临界值（在有些情况下）需要对自然的属性有科学的认识。但是，通过政治判断和社会选择，这些临界值成为决策过程中的决定性因素。
>
> （Jacobs，1997，第 67 页）

第一节 环境保护概念的争议性

从以环境为中心的解读到可持续性发展内涵，环境保护的概念发生了关键性的转折，这一转折悄无声息却实实在在地重塑了权力关系。环境保护组织不得不在言论中表现出对社会与经济问题更强烈的敏感度，而开发团体则能够在政府对“高速稳定的经济发展”目标的可持续性发展解读中找到支持。在第三章中，可持续性发展评估的个案研究表明，可持续性发展的整合途径对环境保护方法的特殊地位构成挑战。从中我们发现，环境主导方法能够帮助做出看似“客观的”决定，但在需要整合环境、社会和经济问题的情况下，政治性选择又走到前台。

在此背景下，本章将集中讨论自 20 世纪 90 年代初期以来规划领域所采取的环境保护方法的发展历程，以及当更宽泛定义下的可持续性发展理念成为政策重点时，它所受到的种种挑战。区域规划提供了一个公众论坛，展开针对新方法的辩论，这也是本章要探讨的内容。第一部分关注与环境资产计算方式的辩论，以证实保护自然的重要性。接着本章回顾了 2000～2002 年期间筹备区域规划指引过程中部分具体环境问题的处理。

在过去十五年里，在新的环境保护和可持续性发展方法所进行的各种试验中，最有趣的当属其传播过程的复杂性。这些新的方法不是简简单单循着区域规划的层级结构如瀑布倾泻般向下传播，也不是单纯地如毛细血管般地“自下而上”逐一渗透。确切地说，其过程更倾向于像一组杂乱无章的政策脉冲信号，连续不断地依次出现在标尺上。其传播顺序是，某全国咨询团体或活动团体表示拥护这些新概念和方法，咨询顾问们再推波助澜，接着由地方区域规划机构试验。在地方区域规划质询过程中，其内在价值和技术设想开始频繁受到挑战。对区域规划人员来说，在专业的批评指正下进行这些评议，也是及时了解本地区其他部门正在尝试的其他新方法的好途径，它们能对目前什么是可行的或不可行的提供新的思路。有时候需要借用这些区域评议和辩论来向中央政府阐明实施这些新概念和技术的方法，这使它们很可能会转化为全国规划政策指引中很好的实施指导方针，否则它们就会被拒绝。

有关发展新环境保护方法的辩论中有这样一个重要的问题，就是该如何抓住乡村所具有的各种不同特质。这一点尤其显现在如何保护英格兰许多大城市周围绿带的辩论上。绿带是正式规划出来的专门地块，用来限制大城市特定区域的开发（方框 4.1）。不过，绿带的有些部分，无论是作为居住区还是城市景观，其“内在”价值都很低，这意味着它们的价值主要是“工具性的”和遏制城市扩张的。尽管大部分的绿带缺乏重要的环保价值，公众对这些区域还是依然普遍地持有保护态度，并将其与更广泛意义上的“乡村”保护需求相关联，因为绿带的被侵蚀已经变得非常典型了。面对开发压力时，绿带在政治上已是一个不可触碰的对象，因此这些压力转移到了更远的乡村和城市地区。

早在上世纪90年代初期，对国家规划政策指引（PPG）的说明所进行的一系列修改已体现出国家在开发政策上的强化之举。国家规划政策指引PPG1之《普通政策与原则》（DoE，1992a）和国家规划政策指引PPG12之《发展规划与区域规划指引》（1992b）都从根本意义上做了改写，其中对环境问题给予了相当的重视，以此鼓励规划部门开阔思路，理解他们在环保方面的职责，同时将全球气候变化纳入考虑范围：

> 地方规划部门应该在制订结构规划过程中最大限度地考虑到环境问题。他们对绿带一直存在的老问题，对环境质量和自然保护的关注，以及对已建成的自然遗产和保护区都了如指掌。他们也熟悉如何为建造更健康的城市而制订的污染控制计划。其挑战在于确保在构成规划部分准备内容的政策分析中体现出更与时俱进的环境关注，例如全球变暖和不可再生资源的消费。
>
> （DoE 1992b，第6.3段）

在《规划与土地赔偿法案》于1991年颁布之后，开发计划变得愈发重要，国家规划政策指引得以修订，促使当地政府着手开展一系列开发计划的审核和修正工作。这为规划者重新思考和拓展他们对环境问题的处理方法提供了重要时机（Healey and Shaw，1993，1994；Owens，1994）。指南的部分内容是中央政府针对环境保护议程颁布的，比如《开发计划环境评估指引》（DoE，1993a），不过较普遍的是，中央政府在如何推进新议事日程方面几乎没有提出什么建议（Healey and Shaw，1994）。由此，制订规划政策的地方当局成为创新的焦点。他们做了大量重要的评议，以定义新环境的概念和规划工具，并加以实践。本章的前半部分将讨论一组依然争论不休、相互联系的观念，即如何辨别不同类型的环境资本、环境临界值与极限以及环境承载力。

方框4.1

绿带政策

城市周边的绿带或许是英国规划中最持久的一项政策。它源于东南区域的早期区域规划，于1955年正式纳入中央政府指南中。绿带的最初目的旨在管理城市扩展和塑造城市发展形态（Elson *et al.*，1993）。尽管在其后的政策指南中（如下）又增加了其他目的，但绿带依然是控制城市扩张最重要的方式。绿带政策有时会因为导致一些计划外的后果而遭到诟病，比如，住房需要跨越绿带区域，造成通勤交通出行时间延长，不过绿带依然受到公众欢迎。

没有哪个政府能抵制长期针对绿带政策的破坏。自1997年起，工党政府就特别强调了保护绿带的承诺，最近还将绿带拓展工作作为《可持续社区》（*Sustainable Communities*）倡议的一部分（ODPM，2003a）。

官方对绿带政策的期待随着时间与日俱增：

- 遏制大城市区域无限度的扩展（1955）；
- 防止相邻城镇合并（1955）；
- 保护城镇的特色（1955）；
- 帮助城市重建（1984）；
- 保护周边农村不被进一步蚕食（1988）；并且
- 保护历史小镇的特色（1988）（Elson *et al.*，1993）。

环境资本辩论中的一个重要议题就是寻找更科学的评价自然“实际价值”的原则。其核心就是，尝试区分环境特征的“固有”价值（即自身拥有可作为环境资本的价值）和“工具”价值（即由于提供服务而产生的价值）（Jacobs，1997；Lockwood，1999）。这一区分被证明难以实现，因为人们评判自然价值的方法经常包含一些非常模糊和矛盾的因素。争论集中在两个方面：一是是否需要保护环境，二是哪种环境应该得到保护（Urry，1995）。环境评价的模糊性最好的例子当属西密德兰公众评议。英国工业联合会（CBI）代表是这样评价的：

> 并非所有的开发都会破坏环境资本……英格兰乡村保护运动组织（CPRE）将这种破坏描述为不可调和，且每况愈下，但情况并非总是如此。比如，煤矿开采增加了湿地的价值……与农业荒漠相比较，通过提高植被覆盖率，住房也可以增加生物的多样性。

所存在的最主要的问题是，不假思索地假定乡村自然环境（插图4.1）在生态意义上比遭到破坏的或已开发的区域（插图4.2）更有价值是非常危险的。尤其随着大面积、密集种植单一作物农田的增加，英国部分乡村地区的生物多样性不尽如人意。相比之下，市内的许多地方，从废弃的荒地到郊区后花园，生物种类却异常繁多。

插图4.1 农业荒漠?

插图 4.2　诺维奇一处将用于住房建设用地的棕地工业区一派生机盎然

地方的规划者们通常首先在乡村最繁荣的地方发展和运用新的环境手段。在这些地区，当地的规划部门为抵制高水平的新发展而承受着巨大压力，当地居民总是担心本地环境品质的恶化，而政客们则担心会出现政治抵制。虽然一开始总是对新手段抱着能够缓解政治压力的期望，不过一旦登上公众评议的政治舞台，这些新手段会出现一系列问题，意见不一的开发支持者就会对环境的处理方式提出质疑（Counsell，1999a-c）。为避免价值判断，运用“客观”手段来确定何种环境特征应得到保护的尝试最终被证明是难以实施的。有关规划的辩论总会证明人类赋予自然的价值在很大程度上基于社会层面而得以界定的（Jacobs，1997）。

第二节　环境极限与环境承载力

自上世纪 80 年代中期以来，在英格兰东南部的开发压力集中地区，当地的反开发抗议显得格外明显，这使政策制订者和政客们陷入了一系列困境中。反开发团体的说客们通常口才颇好且家境殷实，在非大都会的郡县地区拥有相当的政治影响力。保守党政府在上个世纪80年代就发现了这一点（Thornley，1993）。环境如何管理和如何保持地方环境资产价值，这两者之间的关系总是有些模棱两可，在整个90年代关于是否赞成开发的辩论中，它们之间的关系一直是辩论的焦点；这种现象一直持续到90年代后期，当时政策规划的重心调整为将区域规划指引规模化。

90年代中期，政府做出需要提供大量新建住房的预测，预计到2016年在南部经济发展区建成440万套房屋（DoE，1996b），在此背景下，各郡议会开始准备新一轮的结构规划审议。意识到如此大规模的绿地开发会导致一些政治问题，中央政府支持尽可能开发已使用土地（棕地），以减少绿地的开发量。这段时间的辩论主要围绕环境承载力和环境资本问题；同一时期，推动使用这些途径进行评议的核心问题在于，在战略性规划文件中寻找质疑建房数量分配的方法。这样做的结果是，在建房数量上展开了一些激烈的政治辩论，频繁地从地方上演到国家政治舞台。

在这样的背景下，尝试引进新的环境概念和测量方法是可以考虑的。在高度政治化和情绪化的政策环境中，借用看起来中立的概念和方法，诸如环境承载力，就有机会以稍理性的方式表达出来，而不是反开发团体常说的“别把水泥倒在我们家”这样情绪化的话语。因此，看似只有圈内人才能懂得的晦涩难懂的概念，比如区分关键和非关键的股本，实际上已经成为规划圈里的关注焦点，受到了相当大的关注。有了它们，就能够用来说明某个具体的政策途径是基于“客观”方法的，而这也提供了清晰的、无懈可击的评估方法，评估值得被保护的环境种类、所处位置和原因。不过，对于新建房屋和就业区域的选址这个棘手的难题，这又并非是那么简单和现成的解决方法。

上个世纪90年代初期，对规划人员而言，有关环境最重要的一个争论就是环境是否可以通过与其他因素相互权衡而得到平衡，或者是否应在环境极限和环境承载力范畴之内进行管理（Healey and Shaw，1994；Owens，1994；Owens and Cowell，2002）。郡县规划干事协会在这场争论中占了上风，在1993年发表了名为《可持续性规划》的报告，主张使用新方法和概念，例如环境承载力、环境资本、需求管理和预警原则，以确保在环境极限范围内进行开发。

郡县规划干事协会的报告中所主张的许多概念在20世纪90年代初期在一些郡县中加以实施，例如贝德福德郡、赫特福德郡和西萨塞克斯郡（Counsell，1998，1999a，b，c）。这些郡县都位于英格兰南部，这里的开发压力最大，因此在有关如何才能最佳地配合未来建房需求这个问题上，这里的争论最激烈。当地政府对开发问题的政治主张倾向于在两个层面上集中精力抵制新开发项目申请，一是战略性规划制订层面的，二是单独地块的开发申请。由于来自地方和国家的政治压力的截然相反，所以地方的规划部门也许比任何人都渴望采用一些能够帮助抵抗地方开发压力的方法技巧。

环境承载力，以及环境极限和环境承载力等相关问题，都是在同一个前提上发展而来，即环境具有开发极限，在极限之内，可以在不破坏其主要特色的前提下进行开发。相较于规划实践中早期实施的可持续性发展的那些尝试，这个方法是最重要的。然而，问题很快就出现了，因为要清清楚楚确认真正的极限，或者不允许开发的临界点，其中困难重重（Owens，1994；Jacobs，1997；Rydin，1998a）。在方法层面上，要确定这个界限被证实非常困难，可能是因为缺乏科学的方法，也可能因为这个临界点根本就不存在，正如雅各布斯在对英格兰乡村保护运动组织所做的调查研究中暗示道：

> 这就是为什么环境承载力只是一个隐喻。环境的承载力极限根本不存在。它们不过是关于社会如何对待自然世界的辩论的产物：是对人类活动提出的要求，即人类活动就应该限制在可持续性发展的临界值内。
>
> （Jacobs，1997，第21页）

不过，后来也证明，通过社会咨询和参与流程以达到这个临界值也同样困难。雅各布斯还提到，把对环境的关注从地方自我利益中分离出来，这也总是很难做到。

赞成开发的游说团体特别倾向将使用环境承载力这类措辞看成是对未来建房用地可得性的一种威胁。这种言语技巧的关键在于，从一开始就要通过和邻避效应扯上关系，以寻求如何推翻在环境承载力上所付出的努力。对这种技巧方法和社会环境的关注，全部都简洁清楚地写在了住宅建造者协会研究报告的结论里：

> 我们的观点是，“承载力”不是那么简单地就可以被定义，并且它存在风险。这不仅仅是环境承载力的观点变成了邻避主义的幌子（也因此失去了可信性）。在有些场合，承载力的概念根本就是无效的。
>
> （Grigson，1995，第 24 页）

在这些辩论中，邻避主义的贬义引证是反复出现的言语主题。不过因为邻避主义和受到广泛关注的环境管理两者之间实在难以区分，所以在这个层面上，这是有问题的策略（Shucksmith，1990；Freudenberg and Pastor，1992；Burningham，2000）。但是，恰恰是缺乏清晰的区分才能让开发行业容易消除环境异议，不予理会可能支持他们的措辞方式，就比如邻避主义。

第三节　确认“关键性自然资本”

有关环境资本的争论中还关注了如何确认“关键自然资本”的问题，在反对绿带开发上这个问题格外重要。正如前面提过，在很多例子中，绿带的主要贡献都是工具性的，因为它们原本就被赋予了很多专门用途，比如控制城市开发，保护乡村不受蚕食，防止相邻的镇合并（Elson *et al*.，1993；RTPI，2000）。环境评估的新方法在上个世纪

90 年代发展起来（英国自然，1992），旨在评价环境固有的价值，将自然环境分类，分别叫做“关键自然资本”和“恒定资产”。

关键自然资本意在取代自然财产，自然财产在面对开发压力时应是神圣不可侵犯的，而恒定资产则经常需要在造成损失时通过赔偿条款得以维持。其观点就是自然资本应是神圣的，而在具有赔偿条款条件下发生损失这个意义的层面上，其他资本则是可交易的。尽管这个概念相当简单，但在实践中很快就遇到困难。随之而来的辩论让规划圈子不再纠缠于环境极限或实现整合途径这些事情，而是对发布相关政策“协定”或尝试实现目标间的平衡这些事情增添了长久持续的敏感度。

采用关键自然资本的方法，除了在“环境承载力”概念上存在一些问题之外，当谈及如何处理绿带时，也遭遇了某种困难。绿带面积广阔，由具有几分秀丽风景或生态价值的农田组成，就以这点而论，绿带一般就不能被视为关键自然资本，也不值得受到强有力的政策保护。近些年来，取消生态价值小的绿带，同时在生态价值高的地方扩展绿带，有关这种考虑的游说声与日俱增。事实上，这些提案认为在“环境资本”范畴内“相互权衡”是可取的，将其他地块指定为绿带以替换被削减的绿带面积。野生动物走廊、楔形绿地等概念被提出，它们贴近城市，具有环境价值，能更好体现对生态状况的尊重，因此被认为是更为合适的途径（Herington，1991；Elson，1999，2002）。区域研究协会、皇家城镇规划学会和城乡规划协会都发布了报告以呼吁对绿色地带的选定持更灵活的态度，而不要认为它们是不可触碰的（Herington，1991；RTPI，2002；TCPA，2002a）。

这些问题出现的同时，区域规划争论也产生了一定的影响力。这些问题和争论中所包含的潜在忧虑是“绿带通常并不是在可持续性标准基础上发展而来的，或者它并不是基于类似公众是否能够接近绿色空间这样的正面标准，它可能会成为开发更多可持续性发展模式的障碍”（文字资料取自乡村机构，约克郡和亨伯的公共评议，2000 年 7

月）。任何降低绿带价值的尝试都会招致广泛的质疑，在进行战略规划时，对于那些在土地开发潜力评估中被指定为绿带的区域，除了接受它们是神圣不可侵犯的之外，其他任何尝试都难以进行。一些主要的环境组织强烈支持这样的方式：

> 鉴于新开发的压力不断增加，跟以往相比，更重要的是保护绿带政策，并使其继续发扬光大……绿带政策履行它的职能已经有 60 年历史了。为了实现政府保护乡村和促进城市复兴的双重目标，在下个世纪的政策上它们也应该保持核心的位置，一如过往。
>
> （《绿带 —— 依然在压力下工作》，简报，6 月，CPRE，2001a）

就政府而言，绿带具有区域重要性。目前，由于楔形绿地覆盖了具有地区重要性的区域，因此在规划指引中已经认可了楔形绿地指定用地的可能性（Elson，2003）。有趣的是，在《可持续社区》（ODPM，2003a）里面，政府介绍了用以维持和强化有关绿带条款的政策，同时还提到了加强保护楔形绿地和绿色走廊的期望。绿色走廊的提出是新奇的，因为在规划保护的层级关系上，以往从来没有弄清楚过究竟政府在此事上的态度（Elson，2003）。

第四节　个案分析：环境承载力和西萨塞克斯郡的结构规划

在 1996 年至 1997 年间，西萨塞克斯郡议会在指定结构规划时，尝试将环境承载力的概念发展成为便于操作的规划工具。当地其他部门都力图发展环境承载力的概念，希望能就匹配当地居住状况的开发数量问题提供专业的解决办法，但都以失败而告终。考虑到这一点，这确实是个大胆的举动。

反思这个经验，西萨塞克斯的规划者们总结道，这种方式从来都无法精准确定本县能承受的开发数量，只不过他们提前走了一步，进行了具体的环境承载力研究；虽然如此，这在呈现开发后果上还是很有用的。

> 回顾反思，把这种尝试评价为“环境承载力的研究”是不幸的，因为这可能传递了错误的信息。不论这个研究将显示西萨塞克郡是“满的”，或者任何特殊的房屋数据已经确认了……切切实实清晰显示出来的是西萨塞克斯郡的环境是下降了……因为这“一种目标的平衡”在选择允许开发时最不能持续的方法时，被认为是必要的。超越满足现在的需求点，这并不关平衡的事：保卫环境资源是势在必行的。
>
> （WSCC，1997，第 2 页）

1996 年西萨塞克斯郡的环境承载力研究代表的可能是一种极其复杂的尝试，它是系统探索了英格兰因环境特征因素导致的开发限制情况，详细绘制了本郡环境的特征，并装订成卷。开发限制的比例一般是 58，范围从风景区、居民区和高质量农田等一般性规划开始考虑，衍生至更多隐形问题，比如安静程度，以及更切实际的公共交通接驳问题。其中也包括地方风景区的指定问题，举个例子说，是为了分割现有城镇的“战略鸿沟”提供保护（表 4.1）。这样研究的具体结论是，西萨塞克斯的环境，尤其是“农村”环境，已经迅速地恶化了，就结构规划前几稿草稿中所提议的开发程度而言，已经是毫无可持续性发展性。郡议会利用这些结论去证实采用比 1994 年东南部区域规划指引低的未来房屋开发程度是正确的。

表 4.1　西萨塞克斯的规划限制

	主要规划限制		其他/潜在规划限制	
	国际和国家层面上的限制	战略和地区层面上的限制	因政策或身份问题全部或部分限制开发的地区	具有潜在开发限制的地区
土地	* 优质农田 * 自然风光区 * 皇家地产 * 自然信托土地 * 普通土地 * 飞机噪声影响严重地区	* 安全防洪区域 * 战略隘口 * 地区差异 * 阿伦德尔/奇切斯特，东北部地区 * 不发达海岸 * 建成区之外的土地 * 矿产土地储备 * 城市公共开阔区 * 污染/不稳定土地	* 地下含水层保护区 * 地下水脆弱地区 * 飞机和雷达警戒区	* 安静区 * 城市安静区 * 风景特色区 * 垃圾倾倒可能有毒区域 * 远离公共交通枢纽和运输通道 * 价值高的土地 * 环境敏感区域
野生生物和地质情况	* 特别保护区域 * 特别保育区 * 拉姆萨尔湿地 * 特殊科学价值区域 * 全国自然保护区 * 地方自然保护区 * 树木保护令 * 海洋特殊保育区	* 具有自然保育价值地皮 * 其他自然保护区 * 古代森林 * 野生动物走廊 * 海洋自然保育价值地皮		* 定义为长期自然资源的栖息地 * 原始多样生物性区域
房屋和农村地方	* 保育地区 * 保护建筑	* 城镇风景保护区 * 其他历史房屋和建筑物		熟悉和备受喜欢的城市环境

续　表

	主要规划限制		其他/潜在规划限制	
	国际和国家层面上的限制	战略和地区层面上的限制	因政策或身份问题全部或部分限制开发的地区	具有潜在开发限制的地区
考古	* 历史遗迹博物馆（和环境） * 已登记的历史公园和花园	未登记的历史公园和花园	考古学敏感区域	
娱乐	交通网络公共权益	乡村公园	* 个体先行权 * 战略性娱乐路线	* 重要车道和小路 * 重要的设施/区域

来源：西萨塞克斯议会（1996）

由于未来房屋数量有限制，并且大范围保护优先环境的方法过于强势，因此西萨塞克斯郡的结构规划不可避免地会受到开发行业的挑战。西萨塞克斯郡越过了大城市绿带的外部界限，因此争论并没有集中在绿带上，而是结构规划中已被确定的22个“战略隘口”（DETR，2000e）。这些地块纯粹由地方指定，实际用来替换绿带的，这种情况当地居民是欢迎的（图4.1）。郡县议会把战略隘口定义为“关键自然资本”组成部分，也就是说，它们非常重要，因此必须加以绝对的保护以抵抗开发压力；事实上这也使得它和绿带具有同等地位。利益相关者对战略隘口的优势地位专门提出质疑。由于大部分战略隘口都位于城市边缘，房屋建造商们埋怨，这些区域并不是未来开发的最具可持续性发展性的地块，因此战略隘口也被描绘成人为的环境限制，所覆盖的地方多半缺乏内在价值（Counsell，1999b）。

公共评议（EiP）专家小组在对结构规划进行深思熟虑后，承认环境承载力研究中所确认的环境限制不是绝对的，当需求非常大时可以放宽条件。如果事情就是如此，就不得不对什么是应优先考虑的问题

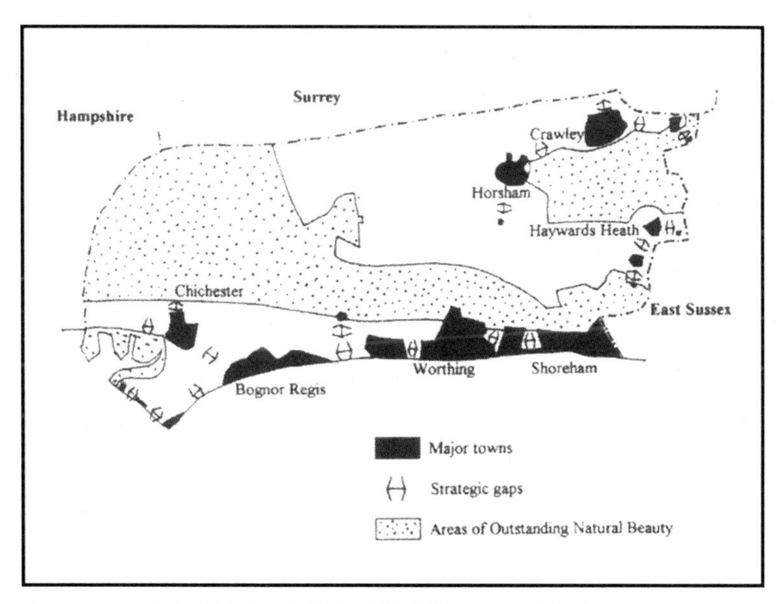

图 4.1　西萨塞克斯郡机构规划的战略隘口。(来源：Counsell，1999b)

进行判定：

> 毋庸置疑，首先应优先考虑维持这些限制，以防止一旦放松会在自然环境中造成不可逆转的环境变化，或者还有维持那些明摆着很重要的国家指定地块……我们考虑到如果必须超过这些临界值……以适应建房开发和就业率的增长，那么这些战略隘口则可能就没有其他景观限制那么珍贵了。
>
> （WSCC，1997，第 10、30 页）

这一结论否定了赋予战略隘口绝对保护，这实际上也将其从关键环境资本中的地位上拉了下来，同时区分了地方指定战略隘口和国家绿带政策（DETR，2000e）。后来，皇家城镇规划学会（2000）也在争论中表明支持取消这些地方指定地块，认为它们会混淆民众视听，影响他们对指定绿带政策的信心。除了弱化战略隘口政策外，西萨塞克斯郡的专家小组还专门总结道：郡县配合未来开发的能力确实极度有限，只能支持低水平的住房规划。这一决定随后遭到中央政府的驳斥，要求郡议会将房屋数量增加至区域规划指引水平。在向法院抗议无果之后，虽不情愿但也不得不去执行了。

遵照中央政府的决策，西萨塞克斯郡议会将目标转向环境承载力，承认这种方式被许多人视为定义开发的绝对限制的一种尝试，并将引发一场观点严重对立的公众评议（Connell，1999）。作为替代物，它选择通过更复杂的方法推进结构规划复核。它是从环境承载力的研究中衍生发展而来，其中包括“战略发展选择研究”（SDOS）。西萨塞克斯郡的规划人员把它看作一种更广泛参与的方法，采用类似将政府保育机构的工作从环境资本转向生活质量资本（下一节将专门讨论）的方式，意图平衡社会、经济和环境考虑。

第五节　从“环境资本”到“生活质量资本”

作为实现可持续性发展整合途径的一步棋，环境工具常常会迫于压力而不得不将经济和社会问题纳入考虑之中。比如在第三章中已指出，在区域规划指引中，“可持续性评估”已经成了政府推荐的政策评估方法，为了实现整体程度更高的“可持续性评估”方法，环境评估又再次启动。

类似的，政府保育机构主导的“环境资本”又以“生活质量”资本的名号重新启动。上个世纪 90 年代中期，政府保育机构（英国自然、英国遗产、乡村机构和环境机构）赋予环境资本方法以强大支持，并认为它可以在规划过程中帮助决定环境中的哪些方面值得保护。从很多方面看来，这都代表了早期如何在规划过程中使用关键环境资本和恒定资产的尝试（英国自然，1992）。由于这种方法过于简单，这些机构就又从这件事情上转移开，开始合作研究一种新的方法。这种方法能够分析各项环境资本的属性，以及可以为人类所提供的服务。同时提出，当所作决策会对环境资本造成影响时，诸如稀缺性、可替代性、可置换性和规模问题都应该纳入考虑范围内。

90 年代后期，国家可持续性发展政策转向注重生活质量，这种方法则迅速被贴上了“生活质量资本”的标签，并将其重塑为使环境、经济和社会利益最大化的一种工具。之前被伪装成“环境资本”时，它考虑的是不同资本部分能给人类带来的帮助和效益（英国自然等，2001）。基于现有状况的评估，它可在不同层次的规划中得以应用；在不同层次上，资本都可能带来不同效益。其具体步骤如下：

- 决定研究目的。
- 确认现有状况。
- 确认受到规划过程潜在影响的利益和服务。
- 评估。
- 决定服务所提供的对象及空间层次。
- 决定其重要性。
- 确认所需量是否足够。
- 考虑什么（若有）能够补偿对服务造成的损失和损害。
- 政策/管理执行。
- 监督。

这个方法的核心问题就是，环境问题上的决策不应该减少环境资本带来的利益和服务。这也包括最初的规划解决办法。这种解决办法能够维持或加强资本的三个元素：环境、经济和社会。和“三赢”概念一样，这个概念因为对生活质量资本“零损失”而为人所知。

因为这种新方法中提出了通过“规划协议”获得赔偿的问题，比如万一开发导致丧失某一类环境资本的情况可获得赔偿，它引起区域规划的利益相关者极大的兴趣。然而，对于“三赢”和“零损失”的概念混淆不清的状况非常明显。一贯在发展和促进生活质量资本方法上保持中立态度的政府保育机构似乎把“三赢”和“零损失”视为是同一论点的两个部分：

为了实现可持续性发展，各类保育机构认为应该优先实现经济、社会和环境目标（三赢），而不是平衡各方不同利益。具体而言，所有开发就应该能显示出总体净收益，或者至少显示出其对任何利益相关者存在中性效应（neutral effect），且没什么损失。

［法定保育机构阵线（Joint Statutory Conservation Agencies）：西密德兰公众评议的文字证据］

尽管有时候在有关是否规划政策应该鼓励可持续性发展目标间的交换这样的区域规划辩论中，它们两者常互相替换使用，但实际操作中，利益相关者却有不同的解读，他们认为“零损失”会比“三赢”让开发游说团更为之担忧。

第六节　区域规划中的生活资本质量，2000～2002

生活资本质量各要素分析是源于约克郡和亨伯区域的区域规划指引草案（RAYA，1999）。尽管其核心策略是以自然资本和社会资本的概念为基础，但也认可这种方法中包括资源之间相互交换权衡的说法。但需要进行这种权衡时，这个策略就提出可持续性评估应该把所有术语都描述清晰，并努力维持或增加人类和自然资本财产的总价值。在这份报告中，公众评议小组（Swain and Rozee，2000）提出这两类资本应该被经济、社会和环境这三类资本替换，以更贴近和适应中央政府可持续性发展方法。

约克郡和亨伯区域的区域规划指引草案中所提及的“相互权衡”在进行公众评议期间招致大量的批评。批评人士认为可利用这个说法将经济考量放在首位，而不是同时满足所有目标。皇家鸟类保护学会（RSPB）和皇家城镇规划学会反对“相互权衡”的想法，专家小组成员认为其目标应该是追求一种能够最大化“三赢”解决办法成果的整合途径。不论专家小组最后的结论是什么，在 约克郡和亨伯区域的区域规划指引的终稿中（GOYH，2001b），中央政府完全避开了“资本方法”，而回归到了可持续性发展的总政策上，提倡基于可持续性评估的、目标引导的政策评估方法。

相似的争论也出现在东密德兰，其专家小组也建议消除可持续性发展目标间相互权衡可被接受这一观点带来的任何暗示（Parke and Travers，2000）。国务大臣以“指南的总体目的”为标题，“提倡改变”区域规划指引草案；包括发表声明“所有的政策应该相互一致，任何一个目标不能以牺牲另一个目标来实现”（GOEM，2001，第 22 页），这是一个打了折扣的“零损失”版本。这个引用在区域规划指引的最终版本中已被删除（GOEM，2002）。与这些辩论相反的情况出现在西南区域，那里的公众评议专家小组对相互权衡做出了刚好相反的说法。他们总结道，“三赢”只是一种例外而不是一种规则，在大多数个案中，一定程度上的相互权衡是避免不了的（Crowther and Bore，2000）。

第七节　个案研究：西北区域生活质量资本的争论

在区域规划问题上使用生活质量资本概念，迄今为止影响范围最广的尝试可追溯到西北区域的区域规划指引（NWRA，2000）。在西北区域的区域规划指引起草过程中，乡村机构格外具有影响力，它协助制定出了倡导加强现有资本的核心政策。这个政策所提倡的内容如下：

> 可持续性发展的总目标应该是提升环境、社会和经济资本。地方政府应该对开发计划执行可持续性评估……以确认环境、社会和经济资本中哪些重要的组成要素易受影响。开发计划应该包含表述清晰的政策：
>
> - 反对由于开发导致危害的资本要素；
> - 总体期望是开发将带来零损失和明确的收益；以及
> - 途径，包括规划的职责和条件，开发的阶段和程序，债券

> 的发行，借此实现必要的赔偿、缓和或替换。
>
> （NWRA，2000，第6页）

这个政策中对“零损失”的承诺之重，在公众评议期间激起了对生活质量资本冗长的和偶尔激烈的辩论。环境游说团通常都支持这个政策，而赞成开发的利益相关者则表现出强烈的担忧。专家小组报告（Acton *et. al.*，2001）指出一个事实，即这项政策让一些参与者深感不安，因为它对于开发的限制太多了。按照英国工业联合会（CBI）的说法就是“因为一个小小的环境影响而阻碍主要经济的发展，这太危险了”（Acton *et. al.* ，2001，第46页）。

开发游说团的主要担忧在于“零损失”政策会使得西北区域在与其他区域争夺投资时处于劣势。这里也许有一点值得注意，那就是全球化和区域间竞争力这种措辞是如何成为反对更强硬环境保护政策的重要论述。住宅建造者协会进一步质疑“资本零损失”的意义究竟是什么，指出整套措施过于学术化，更重要的是，把这个措施作为规划工具，还为时过早。

另外一方面，乡村机构认为：

> 人们需要注意任何类型资本的潜在损失，尤其是经济收益会引发环境资本的损失。这不是可持续性发展的。如果人们打算损失一些他们认为有价值的特征，那么他们就需要注意到损失正在发生，他们就要做一些事情去弥补。目前对任何损失都没有赔偿的要求。
>
> （乡村机构口头证据，西北区域公众评议，2001）

公众评议专家小组接受了生活质量方法作为评估工具——“以及评估的结果，决策者会以一种适当的方式得到结论”（Acton *et al.*，2001，第47页）。然而，在接受了整套措施的同时，它也认可规划决策的政治特性，而对于是否资本某一要素的获益是建立在对另一个的损害上这一观点，要想做出客观决定，确实困难重重。因此专家小组提出重拟政策以支持“在不阻碍基于平衡观念所做决策的情况下提高生活质量”（Acton *et al.*，2001，第 48 页）。这几乎就是没有任何意义的陈词滥调，却有效将“零损失”的概念削弱到几乎没有什么价值了。

不过，中央政府的“拟议变动”和区域规划指引 RPG12 终稿都接受了有关“生活质量资本”的政策以及专家小组的修改稿（GONW，2003）。这一点很重要，因为这是第一次有关生活质量资本的政策能够在层层程序中保留下来并进入这一阶段。但是，对“拟议变动”的书面解释却明确显示出政府依然不相信它可作为有效的规划工具：

> 这些方式无一能充分发展以能够向地方政府提供可靠的、经受验证的“工具包”，去确认并评价社会、环境和经济福利的哪些方面对人们的生活质量有影响，以及这些资产如何能被加强，维护，或必要时，能够真正得到赔偿应对开发和改变。
>
> （GONW，2002，第 11 页）

开拓这种方法的工作还在继续，保育机构依然在不断推动让生活质量资本成为规划工具，这包括开发关于这个方法的网站（http://www.qualityoflifecapital.org.uk）。

“零损失”比“三赢”更可取吗?

这些辩论凸显了规划者和其他各方对“零损失”和“三赢”定义的迷惑。比方说，有个全国环境活动团体觉得生活质量资本方法不可信，是因为这种方法提出了赔偿问题，这看上去就是在进行“交易”：

> 迄今为止，这个概念存在的问题就是，每次提到它时，每个人都会立刻想到它的可交易性……当有了这种可交易性，就会对

居住地的置换产生很大疑问，并对居住地是否能够置换也心存疑惑。

（SE9 访谈）

不过，这个团体，连同其他环境团体都是“三赢”方法的坚定支持者。部分是出于对经济和环境目标之间交易的反感，许多环境主义者都认为这种交易只是以经济收益为目标。不仅如此，由于“三赢”方法对环境团体本身进行环境保护提供了更大可信度，所以这种方法被认为很有价值。比方说，皇家鸟类保护学会曾争论过，不要只支持这个环境方法，更要支持整合途径：

我们认为区域规划指引中的各项可持续性开发原则整合程度不够。若要使开发真正具有可持续性，核心的一点就是可持续性开发的三条腿必须相互整合，而不是维持平衡。

（RSPB 书面提案：东北区域公众评议）

与“三赢”概念相比，支持开发的利益相关者在很多个案中都显出对“零损失”更多的关注，西北区域就是个例子。这其中可能的原因就在于，“三赢”是作为一级政策选项被推广的，当能找到互利的解决办法时，很少有人表示反对，因此就会采用它们。不过，如果找不到的话，这种方法就反映出政策制定者又恢复到维持平衡的决策上。由此看出，“零损失”似乎是更强大的概念，暗示着一旦被采用，那么社会、经济和环境资本就必须至少维持在现有水平上。

第八节　区域规划指引的环境问题处理方式：区域间的比较

1998 年以后，在环境问题上，各种区域规划指引文件都出现了某种程度的相似性。这并不让人惊奇，因为中央政府指南中详细陈述了需要讨论的环境和自然资源问题（DETR，2000a）：农村开发和乡村特色，生物多样性和自然保护，海岸，矿藏，垃圾和能源。

在环境政策问题上，最近的区域规划文件都倾向于切实利用在全国可持续性发展策略上发展而来的全国性政策，即《更好的生活质量》（DETR，1999a）。例如，在垃圾管理上，大部分的区域规划文件都采用了到2010年家庭垃圾回收量达30%的国家目标（见表4.2）。有三个区域还采用了到2010年再生资源将提供10%电能的国家目标。与此同时，东北区域进行了一项地方研究，提出了稍微低一点的目标。尽管全球暖化问题一般较少写入区域规划指引中，但让人意想不到的是，两个区域的区域规划指引中都写了全国温室气体排放的降低量目标（20%），并计划将其纳入可持续性发展的整体途径中。

在某些区域，利益相关者指责区域规划指引中缺乏对气候变化的关注。举个例子，西密德兰的规划指引草案在公众评议期间遭受了强烈的批评，政府保育组织指出应对空间策略予以更多关注和重视（见第七章）。他们还说道，气候变化的处理问题应包括两重目标，比如减少温室气体排放及其影响，比如更大的洪水风险。鉴于规划草案还在评议阶段，这场争论会产生什么影响，就有待于在西密德兰的区域规划指引终稿中窥见一斑了。

还有其他的一些环境话题，不同区域衍生出了许多截然不同的政策，比如：林地覆盖面积的目标，或者开辟新的林地。林地覆盖面积从约克郡和亨伯区域的6.5%到东南区域的15%，截至2021年的林地开辟目标在西密德兰是每年1 500公顷（3 700英亩），而东密德兰则是65 000公顷（160 600英亩）。不过，这些目标只提供了微不足道的环境表现差异，因为大部分还是依靠原始的树木覆盖面积和现有的一些举措。

表 4.2　区域规划指引中的环境和资源效率目标示例
（数据来自于 2001 年 10 月最新的区域规划指引）

	东密德兰	东北区域	西北区域	东南区域	西南区域	西密德兰	约克郡和亨伯区域
林地（目标覆盖率）	+65 000 公顷，2021	7%	+10%，2010	15%		1 500 公顷/每年	6.5%
回收生产总量（%）	+		20/25	+	+	10	
垃圾回收(2010)	30%	30%	30%+	30%	30%	30%	
再生发电能力(2010)	400 兆瓦(2005)	5%～9%		10%	10%		10%
温室气体排放(1999～2010)					20%		20%

注释：东英吉利区域规划指引目标并未收录

为了尝试分析解决环境问题的方法中存在的地区差异，本章余下的部分将会集中讨论两个话题：生物多样性和水治理/洪水风险。二者并不是中央政府专门规定的。这两个话题都在区域规划公众评议中经过了详细的辩论。尽管规划政策指引 PPG11 的区域规划（DETR，2000a）中并没有专门确认这一话题。

第九节　基于区域规划解决生物多样性问题

生物多样性，是生物学上的多样性或生命多样性（DoE，1994b）的简洁说法，目前被广泛使用。它和土地使用以及自然保护政策密不可分，传统上这个政策都具有明确的空间范围（Owens and Cowell，2002）。作为中央政府机构，英国自然最主要的职责是保护和管理生物多样性，不过，它却被排除在土地使用规划系统之外。区域规划指引筹备过程中，英国自然扮演的是咨询及反对角色，努力倡导更强硬的自然保护政策。其结果是，英国自然经常发现在区域规划的辩论中，自己往往和诸如皇家鸟类保护学会和野生生物信托基金这样的志愿团体在同一阵线上，而非只是维护政府的立场。

考虑到存在着具有全国性或地区重要性的物种和栖息地，政府在规划政策指引 PPG 11（DETR，2000a）中提出，区域规划者应该把生物多样性和自然保护目标纳入区域开发目标中。栖息地和物种保护传统上是和由国际协议、欧洲和英国法律确定为具有重要性的保护区域相联系，比如 1973 年《拉姆萨尔湿地公约》指定的国际保护区域拉姆萨尔湿地，《欧洲栖息地和物种指南》中指定的特殊保育区和特别保护区，以及由英国国家立法确定的国家自然保护区、区域自然保护区和具有特别科学价值区域（SSSIs）。这些保护区十分重要，它们只占全国土地面积的一小部分，并且彼此分开。所以，人们普遍认识到，自然保护区必须依赖于更开阔的环境，以保护优先级别高的栖息地（即稀缺的或数量骤降的）以及稀有和濒危的动植物物种（英国自然，1992）。借着区域规划辩论的机会，当地保育组织在生物多样性行动计划（BAPs）中探讨确定这些优先级高的栖息地和物种种类。有些区域通过生物多样性审查以确定该区域的核心栖息地和物种，不过这只是自愿行为，每个区域的区域规划指引在时间尺度内都看不到这种行动。土地使用规划中的生物多样性问题（见规划政策指引 PPG 9，自然保护，[DoE，1994c]）包括栖息地的恢复和重建，也就是说，把那些遭受损失、破坏的土地交还给自然，减缓开发所带来的影响，同时也包括损失发生时的赔偿措施（Eden *et al*.，2002）。

区域规划指引文件的内容评估是本研究的一部分，集中关注区域规划指引的八个步骤中是否都专门处理了生物多样性的七个关键方面。这些评价标准的出处可查看一份政策评论及其文献综述（见图 4.2；更早版本见 Counsell and Bruff，2001）。

总体来说，不同区域在区域规划过程中都对生物多样性采取了调整和平衡的处理方法（图 4.2）。不过，在个别区域，生物多样性似乎没有得到足够的关注。比如，在东北区域，最初对生物多样性的处理仅仅停留在相当普通的水平上。尽管后来采纳了公众评议专家小组建议有所改变（Richardson and Simpson，2000），相比其他区域，这里的区域规划指引草案中有关生物多样性的讨论依然很少。为什么会发生这种情况，答案并不明了，不过部分原因可能是这个区域原有保护区域已经占了相当大的面积，所以生物多样性的压力相较其他区域就小得多了。

	RPG 草案							专家组报告							拟议变动							RPG 最终版						
	a	b	c	d	e	f	g	a	b	c	d	e	f	g	a	b	c	d	e	f	g	a	b	c	d	e	f	g
东英吉利																												
东南区域																												
西南区域																												
东密德兰																												
东北区域★																												
约克郡-亨伯区域																												
西北区域																												
西密德兰															无							无						

★东北区域规划指引草案中未单独确认的政策。

阴影部分代表在区域规划指引政策所包括的下列标准：

(a) 维持和增加生物多样性；(b) 保护和加强指定保护区；(c) 保护和加强非指定保护区和物种；(d) 重建、恢复和管理栖息地；(e) 赔偿和缓和；(f) 栖息地目标；(g) 物种目标。

图 4.2　区域规划指引中不同阶段生物多样性政策比较

这张数量对比评估表格反映的只是部分情况：如果从质量上看，对如何处理生物多样性就会有更丰富的认识。比如西南区域规划指引草案（SWRPC，1999）基于当地生物多样性审查，非常详细和全面地描述了如何保护和恢复 20 个不同种类栖息地的具体目标安排（见图 4.3）。此外，本研究中东密德兰的例子也说明，在处理多样性问题上，也会出现利益冲突的情况。

第十节　个案分析：东密德兰区域的生物多样性与环境组织的角色

东密德兰区域在生物多样性政策如何从草案（EMRLGA，1999）到最终定稿得到切实改善这点上提供了一个非常实用的范本（GOEM，2001）。其中一个关键的推动力量就是东密德兰环境联盟（EMEL），它由多个环境团体组成，专门处理区域规划事宜。

东密德兰现存的生物多样性程度相对较低：区域内只有2%的土地受到法定野生动物指定的保护区域，而全国的平均标准是6%，图4.4中的数据标明得很清楚。对于本地区域规划指引草案中未对生物多样性给予更多的关注，1999年组建成东密德兰环境联盟的环境团体们深表失望。他们的关注焦点是本地区受到法定保护的区域相对太少，这本身也反映出本地的生物多样性水平低。因此，东密德兰环境联盟各个成员都提倡应对本地生物多样性给予和经济发展同样的关注：

> 我们的规划是如此糟糕，事实上这里毫无生物多样性可言，这个区域的情况就是如此独特。自始至终，这儿确实什么也没有……所以关键问题是恢复这里的生物多样性，而不是只保护目前所有的那点东西。
>
> （EM3 访谈）

这个话题最初是在一个整体政策中提出，其中谈及了景观保护问题：

> 应该在本地生物多样性行动方案和物种调查中确认具有自然保育重要性的栖息地和物种，并给予适当保护。应对保护和加强本地特色以及具有自然多样性的乡村和城市予以适当的资源帮助，

以及通过包括开发计划在内的、可用的政策工具，对环境保护，加强或者恢复行动提供指引。栖息地和景观管理应该：

- 维持和加强生态价值和景观价值；
- 优化教育和娱乐设施的使用；
- 保护它们不受旅游影响和不被人关注的变化和开发带来的破坏；以及
- 帮助乡村经济适应和重生。

（EMRLGA，1999，第 53 页）

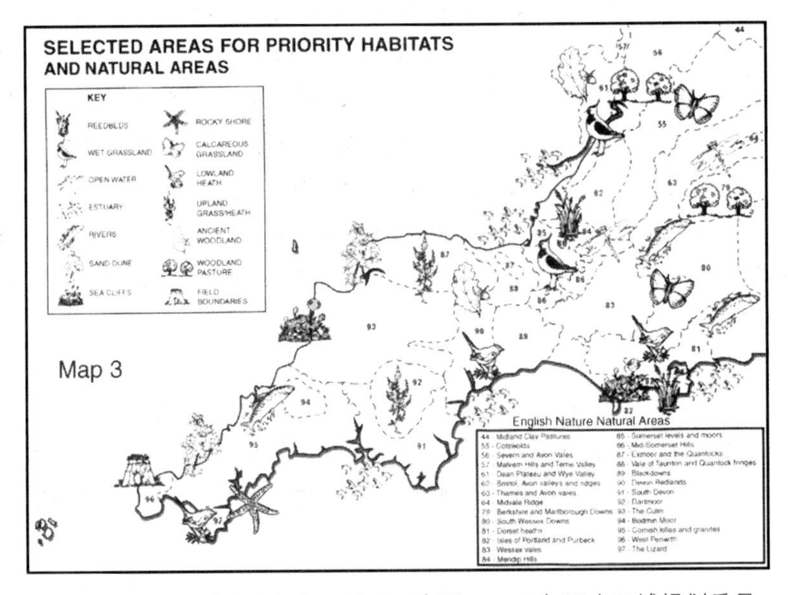

图 4.3　西南区域自然保育区地图（来源：1999 年西南区域规划委员会 经西南区域议会同意印制的副本）

为了回应东密德兰环境联盟的批评，在公众评议之前，东密德兰区域本土政府协会（EMRLGA）提交了额外的材料，其中包括一份记录优先考虑的栖息地和区域生物多样性目标的附录。然而，这些改变并不足以让东密德兰环境联盟感到满意，他们觉得区域规划指引中还是存在较多的经济倾向。

因此，在公众评议期间，东密德兰环境联盟呈交了一份关于东密德兰环境承载力的研究论文，论文中将生物多样性、景观和宁静程度纳入考虑范围内，提出本区域正接近“改变的可接受范围极限”。“宁静”概念的提出是为了测量乡村抗衡城市入侵的自由度，通过视觉或噪音标准来评判。1995 年，英格兰乡村保护运动组织和乡村机构就联合制作了英格兰宁静地区地图，不过在区域规划辩论中并没有经常用到这些地图。

在对这些争论表态时，公共评议专家小组接受了东密德兰区域本土政府协会的附录。相比区域规划指引草案，这份附录在核心栖息地和目标上对生物多样性保护问题给予了更多的关注，同时还提出其他方面也应做出改变以给予这个问题更多重视（Parke and Travers, 2000）。他们所指的改变包括重述解释性的段落，以及将写入一个关于物种和栖息地保护和强化（不仅在指定区域也包括任何地方）、恢复、管理方面的新政策。专家小组的报告中也确认了野生动物走廊、区域间合作的必要性，与区域规划指引草案相比，也已大大改进了实现生物多样性的方法。

因此，区域规划指引终稿中生物多样性政策，相比最初的政策，措辞更加严谨，表述更加明确集中：

> 地方政府、开发者和其他机构应该保留、管理和加强当地的生物多样性。在考虑到应对自然保育利益加以重视，开发规划就必须认识到国际的、全国的、地方的和非正式的指定保护用地的相对重要性。应该对生物多样性行动计划中确认的具有国际、国内和次区域重要性的特别物种和栖息地给予足够的保护和强化，以便为了：
>
> • 保护和强化具有自然保育价值的区域；以及
>
> • 确认实施栖息地管理、恢复和创建计划的所需位置，尤其是能够构成一系列相互关联的区域和缓冲地带。
>
> 如果开发可能会影响到自然保护问题，就应该参见规划政策

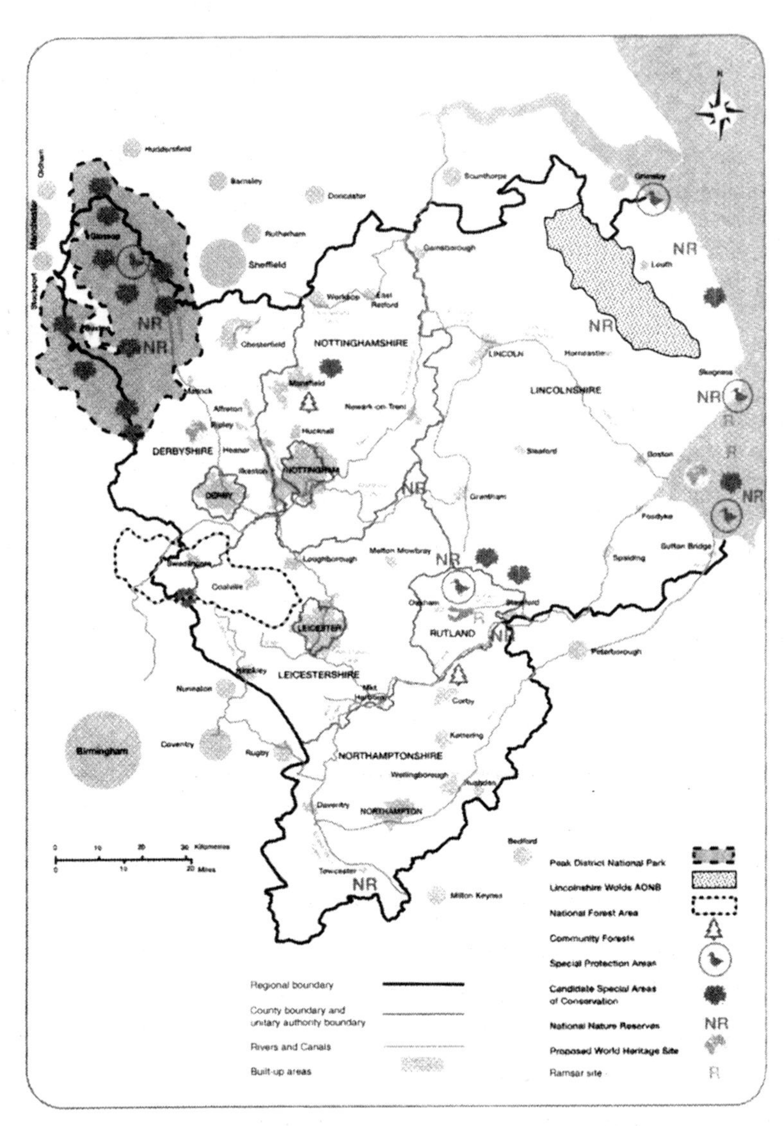

图 4.4　东密德兰核心自然资产。来源：（2002 年东密德兰区域政府办公室。本书所使用的皇家版权资料获得英国文书局管理者和皇后指定苏格兰印刷商的许可［证书编号 C02W0002008］）

指引 PPG 9 中的建议。

（GOEM，2002，第 50 页）

区域规划指引中生物多样性处理方法的改善与其他一些拟议的变动相关联，这些变动解决了东密德兰环境联盟对区域规划指引中的经济偏见的忧虑。区域规划过程中出现的这种重点的转变，让东密德兰环境联盟成员认识到，在环境问题上拿出同等重要的论据，会使他们在规划过程中获得更大的影响力。正如政府保育机构的官方评论所说："东密德兰环境联盟（简称 EMEL）在信息传播这件事情上作用重大；如果我们没有那样做，我们就不可能做成什么。目前，对于真正重要的工作机会和开发问题，我们正在提供替代方案（EM5 访谈）。"

第十一节　区域规划的水资源保护和管理

水资源管理是另一个在区域规划管理范围之外的问题。水资源管理中的环境问题一般由环境机构管理。这是中央政府下的一个机构，而供水问题则是由 1989 年水资源私有化时成立的水务公司负责。

尽管如此，在战略规划中，水资源依然是最重要的考量因素，因为水资源在开发过程中受到的影响非常大：新开发项目需要足够的供水，需要选择在出现溢流而不会导致反复出现洪涝的地方。泛滥平原的开发问题也是衡量区域规划水资源管理表现的一个评判标准。几次区域规划公众评议中争论过这个问题，不过它们并没有出现在众多的原始草案中，大部分区域的区域规划指引终稿中则包含了显示洪水安全区的地图。2000 年秋天的大洪水之后，这个问题终于提上规划日程表。当时几个新修的房地产遭到洪水袭击，比如约克郡和亨伯区域的塞尔比/约克区就出现了洪涝灾害。这让民众和媒体意识到，规划者将开发地选在了洪水泛滥地区。这场洪水的出现也许时机刚好，对撰写《规划政策指引 PPG 25 开发和洪灾风险》很有帮助（DTLR，2001a），它起到了强化作用，在区域规划指引之中强调避免在有洪水灾害风险的地方进行开发，并以可持续的方法处理洪水泛滥的问题。

	RPG 草案					专家组报告					拟议变动					RPG 最终版				
	a	b	c	d	e	a	b	c	d	e	a	b	c	d	e	a	b	c	d	e
东英吉利																				
东南区域																				
西南区域																				
东密德兰																				
东北区域★																				
约克郡-亨伯区域																				
西北区域																				
西密德兰											无					无				

★东北区域规划指引中未分别确认各个政策。

阴影部分代表在区域规划指引政策中包括下列标准：

(a) 泛滥平原的开发；

(b) 破坏河流流向或湿地的开发；

(c) 影响水质量的开发；

(d) 带来供水不足问题的开发；

(e) 更高效率、可持续性发展的水资源利用。

图 4.5　区域规划指引筹备过程中不同阶段水资源保护和管理政策比较

泛滥平原的开发情况是衡量区域规划指引文件的专题范围五个标准之一。图 4.5 显示了水资源管理问题在区域规划中的出现频率，其中在干涸的英格兰东部，水资源管理问题讨论得最为全面，这也反映出当地存在供水问题。比如说，在东英吉利，这里的降雨量相对较低且水资源紧缺，因此在这个区域的区域规划指引草案中，也频繁看到关于水资源管理的讨论（SCEALA，1998），其中有一个章节专门讨论供水和水质问题。公众评议专家小组报告（Acton and Brookes，1999）表示，他们对水道改道和湿地栖息地的分离所造成的影响深感忧虑。此外，强烈的经济需要也要求当地保护水资源，因为湿地是当地非常重要的旅游资源，尤其是在像诺福克湖区这样的地方。

东英吉利区域规划指引的终稿（GOEE，2000）中通过一组政策全面探讨了水资源问题，这些政策包括洪水风险地的开发、用水协调问题、水资源保护问题、跨区域用水问题、水的利用率和循环问题。在东密德兰和东南区域的区域规划指引中，这些问题的讨论也较为频繁。这两个区域都已耗尽了地下水和重要的休养水道。

东北区域的水资源管理问题讨论得最少。这个区域目前供水过量，很大原因是由于这里有建于 20 世纪 70 年代的科尔德水库。东北区域的公众评议期间也讨论过水资源的问题，专家小组建议添加一项专门阐述洪水风险的政策以及自然资源保护的政策，以完善区域规划指引（Richardson and Simpson，2000）。然而，与生物多样性相比，这个问题的讨论依然相对肤浅，五个标准只有三个得到关注。实质上，相较于其他区域，东北区域的开发很少受制于水资源管理问题，然而这又并没有真正地和更大的问题扯上关系，比方说经济发展用水的可利用量。不仅如此，国家空间规划的缺乏意味着，虽然东北区域的水资源比其他区域更充沛，但彼此之间缺乏联系，因此东南区域和西南区域的用水问题依然非常严峻。正如我们将会看到的，未来水资源的利用应该是伴着开发而开展的，反之则不行。

第十二节　个案分析：供水是开发的限制因素抑或有待克服的障碍？

在南部有些郡，水资源稀缺的问题越来越让人担忧，斯温顿地区的情况就证实了关于在有关未来开发的争论中，核心问题就是供水限制。斯温顿位于西南区域，但又比邻东南区域，是一个主要的人口密集和就业发展中心。区域规划指引草案（SWRPC，1999）中指出，如果按照以前的速度持续开发，到 2015 至 2016 年以后，该区域很可能会出现供水问题。泰晤士水务公司（供水公司）倡议提供一个新的战略供水源供水，也就是水库供水，以满足需求。然而，环境机构反对这个提案，他们并没有考虑去证实这个需求，而是让泰晤士水务公司进行需求管理来说明这个事情。需求管理包括了限制未来开发。区域规划指引草案中相关政策强调的需求管理如下：

> 为了实现长期可持续性用水，应通过以下方式对水资源需求、供水基础设施以及开发新的水资源的需求降到最低：
>
> - 最大化需求管理；
> - 在本区域选择适合的地址、规模和开发过程。
>
> （SWRPC，1999，第 29 页）

在公众评议中，就供水和开发之间的关系问题，出现了非常热烈的辩论。房屋开发利益方认为新开发中的供水基础设施应该配合战略规划决策。他们针对水务公司的法定供水义务争辩道，如果开发需求一旦被证实，就应该供水。另一方面，例如地球之友和英格兰乡村保护运动组织等环境保护团队认为，基础设施供应困难应该被当作开发的限制条件。借用这个说法，如果没有把这个当作限制条件，那么该区域的环境承载力就会冲破极限。

这个区域的辩论集中在斯温顿地区，那里将会建造一座新水库以满足长远的供水需求。泰晤士水务公司首次提出兴建新水库是在 1990 年，建在西南的牛津郡，为了满足该地区的需求，其中也包括斯温顿的用水需求（Hunter *et al.*，1996）。与此同时，为了表示对赋予需求管理方法更多关注提议的支持，西南区域公众评议专家小组认为这只会延迟而不会消除对兴建新水库的需求（Crowther and Bore，2000）。因此，专家小组总结道，新的战略供水资源要能够服务当地，同时也能为东南区域的部分区域供水。更为普遍的是，专家小组认为在区域规划指引草案中，开发的分布位置和规模由供水情况来决定的政策并不合适："区域战略中应决定开发的位置和规模，基础设施建设的投资决策该配合开发战略，反过来是行不通的。"（Crowther and Bore，2000，第 124 页）在区域规划指引 RPG 10 的最终版本中，中央政府认可了这个方法，其中包括以下政策：

> 为了实现长期可持续性用水，需要更高效地使用水资源。同时，水资源和水处理基础设施必须安排在正确的地点，在正确的时间为区域指引中所提到的某一阶段的开发计划提供支持……当地政府、环境机构、水务公司及其他机构都在力图：
>
> • 计划供水基础设施和水处理投资项目以配合区域空间战略；
>
> • 旨在通过需求管理保护水资源。
>
> （GOSW，2001，第 99 页）

区域规划指引 RPG 10 似乎已经同意通过强调供水问题时向多项开发项目施加压力，不过该文件还继续以一种潜在矛盾的方式阐述，开发规划应该“力图避免那些可能无法持续供水和/或者使用排水设施的位置”（出处同上，第 99 页）。

供水问题是否应视为是开发的限制因素抑或是可以通过投入资金进行基础设施建设就可以克服的困难？西南区域各个公共组织在这个问题上截然不同的态度，在区域规划争论中凸显出来。这直指国家可持续性发展政策中“资源的高效使用”目标核心：是否开发应该选择一地后“用尽”目前基础设施的剩余承载力，并且当基础设施会对环境带来破坏时就对它加以限制呢？

就西南区域的规划指引最终版而言，如何去解读“避免……可能无法持续供水……的选址”这句话依然让人不惑。似乎目前正在谈论的是，基础设施承载力，作为环境承载力辩论的一个组成部分，在实现可持续性发展上比允许在高需求区域持续开发的重要性要小得多。

斯温顿的例子阐明了规划过程中实施“三赢”解决办法存在诸多困难。为实现更多的经济回报，在英格兰南部建设一个大型新水库，将不可避免地增加当地的环境和社会成本。无可否认，要评价区域规模的这类开发所付出的全部成本和收益并不容易，因为公众评议缺乏具体情况。打个比方，支持水库建设的人声称那会带来重要的环境收益，会抵消所造成的损失。如果不知道具体的情况，就不可能判断出他们的话是否可信。不过这又带出了另外一个问题，即损失掉的环境特色的价值与所能获得价值的比较问题。之前曾提过，不同团体对哪些价值可构成自然财富的观点不同：在这个例子里，收益大都是城市相关利益者所得，而大部分的损失则是由乡村利益相关者承担。这个争论强化了一种观点，即实现“三赢”规划的简单化途径掩饰了事实上复杂的决策，只有在考虑开发提案细节时，才不可避免地分出了胜利者和失败者。当把所有的利益都考虑在其中时，区域分析中看似“三赢”的情况也许就变得不清不楚了。

第十三节　更加有效地保护环境?

新的环境概念和方法在很大程度上没有提出可接受的决策方式，即自然的哪些方面应该受到保护，为谁而保护。最后，找寻有效而独立的科学方法被证明在政治上行不通，其衡量环境资产的根本科学假设面临争议，在经济或社会议题下评估环境价值时尤为明显。

环境方法起初受到环境和乡村机构的欢迎，因为它们似乎能够帮助保护乡村不受城市威胁，让这种保护变得合理。相反，开发团体又对它们存有异议，认为新的方法不科学，并且也不可行。住宅建造者协会花了大力气去批评环境承载力这个概念，这说明其成员确确实实看到了这种新概念的魅力，它就是未来对开发选地的威胁。不过规划者们则下了定论，认为许多方法根本行不通，也承认规划本身本质上就是公开的政治问题，参与者自身的各种显性或隐性的价值体系渗透其中（Blowers，1980；Healey，1990）。

近来，政府承诺采用整合途径实现可持续性发展，再次提到要找到一个全民受惠的、合理的解决办法是可能的，但是，规划过程中所有可持续性发展的目标都能平等实现的情况很可能少之又少。即使标榜这些解决办法已经找到，有不同观点的人们还是对它们不予理睬，情况总是可能如此。皇家环境污染委员会的环境报告中写道“要同时实现经济、社会和经济目标，实际操作上确实存在困难”（RCEP，2002，第 38 页）。这份报告还说道“实现环境的可持续性发展意味着保护，以及在适当情况下提高环境质量的途径，实现合法的经济和社会目标”（出处同上）。

新的规划方法发展过程中未探讨的一个问题就是规划过程向公众参与开放的重要性。这对新方法的早期成型中的潜在假设提出了新挑战，引起了一些变化，并且在有些情况下会快速遗弃某些概念和方法。除此之外，具体的个案研究揭示出，传播、批判和验证过程跨越了不同层次的规划体系。最有趣的是，中央政府、游说团体、咨询顾问等中介人扮演了系统中知识传递的核心推手。这对区域规划指引而言非常重要，在短时期内，全国范围内开展了一系列的规划评议，这其中所涉及的关键性评论和一系列决定将会影响其他各地的辩论方式。

第五章　为新建住房寻址

区域规划的角色

区域规划指引最引人争议的条款可能就是住房规划的标准，至少在英格兰南部是如此。一些人认为增长趋势应是构成住房规划的基础，而另一些人则因为环境和邻避效应等原因反对这种观点。两种观点间的矛盾在这些年愈演愈烈。与此同时，可持续性发展的概念使得问题更加扑朔迷离，因为争论的双方都试图使用此概念来证明己方观点是正确的。

（Gobbett and Palmer，2002，第 216 页）

第一节　住房在区域规划中的重要角色，区域规划在新住房建设中的重要角色

有这样一种想象，它形容英国是一个过度拥挤的小岛，其中伦敦和英格兰东南部尤其人满为患（Evans，1991）。住房开发商和其他一些人对这种观点提出了质疑，指出东南部约占 19％的一部分区域最近才被城市征用（Evans，1991；HBF，2002）。试图推动住房开发的一部分人所面临的问题是，现有居民认为在他们的居住地建造新的住房

是一件令人憎恶的事情——它会逐渐改变村庄、城镇和郊区的特质，剥夺珍贵的乡村生活并操控房产的价格。因此，当地居民极为重视规划管制政策，认为那可以帮助他们抵制那些他们不想要的开发项目。这尤其证明了一些地区正面临的难题，这些地区因为新的住房规划而压力重重，而该地区抵制开发的行为和结果又会增加邻近地区的压力。但限制住房开发又会导致住房缺乏，其结果就是土地价格上涨，住房租售价格上升，压力就会转嫁到那些低收入的人群身上，同时引起工资通胀。

与这些地区的经历完全相反的是，在北部很多城市，大规模废弃或放弃住房的现象越来越常见。自 20 世纪 90 年代后期，英格兰北部的工业城市和乡镇都开始出现此现象时，问题就变得明显起来。大量公共居住区的住房经历了前所未有的搬家潮，同时业主和私人出租屋的房东们发现他们被困在不断下跌的价格中无法自拔。虽然有些问题地区试图恢复居住区活力并取得了一些成功，但在其他地区，即使二次翻新了住宅并改善了当地环境，问题依然持续。值得乐观的是，在英格兰很多地区，随着对旧有工业、医院和学校区域的大力发展，以及部分以前的商铺转换成市中心住房，成功吸引了越来越多的人回归到城市中心。在第六章“迈向城市复兴”中，我们会重新探讨此主题。

各种压力作用下，在过去十年的政治议题中，住房问题依然高居榜首，而区域规划作为这些争论中的一个重要议题日益引发关注。自 20 世纪 90 年代早期，区域规划的作用主要体现在全国新住房开发的数字上，从那时起它就变得愈发重要。但是，政府在 1995 年对于新住宅建设规划的放宽使争论愈加激烈，因为这意味着到 2016 年，新住宅的数量将达到 440 万（Breheny，1999）。住宅数量的快速增长的部分原因在于人口的增长以及区域间的人口流动，但大部分可预期的增长则源于社会发展趋势，例如晚婚、离婚以及寿命延长（Breheny，1997，1999；Murdoch，2000；Vigar *et al.*，2000）。住宅建设规划提议新住房的需求应高于新住房开发的现行比率，尤其是在伦敦和东南区域。

该规划体系主要试图通过等级层级规划来分派预期增幅数字，从国家层次到区域规划指引，然后再到地方规划。由于在个别地区，尤其是英格兰南部的一些郡县，反对新发展的情绪强烈，使得住房规划分配常常遭到地方的抵制。不仅居民团体抗议这些规划，地方议会也已经做好准备随时向政府提出质疑，在第四章西萨塞克斯有关环境容纳力的讨论中我们已经提到这点。区域规划指引将住房建造数量分派到区域内的战略规划权威部门，并且在20世纪90年代后期开放该体系以吸引更多的公众参与进来，这两者的结合意味着区域规划的迅速崛起，而在这个舞台上，这些辩论引得万众瞩目。

第二节　区域规划方法与新住房开发

本章主要考察目前英格兰对于住房建设的争论，主要集中在现有的以及新的规划方法上，主要涉及如何选择新住房建设的位置，包括长期以来的绿带政策（见第四章）以及一些新的方法例如序贯检验、棕地选择以及城市容纳力研究（表5.1）。在诸如“如何更好的规划城市发展”，“如何平衡城市发展和郊区发展”等争议中，这些方法都成了争论的焦点，并为某些途径的合理性提供了依据。

从20世纪90年代初期开始，历届政府都寻求棕地最大限度的开发，尤其是城市中现存的棕地。最初的目标是新开发区域有50%将位于已开发土地上，但在保守党政府出版了绿皮书《住宅增长：我们应该住在哪儿?》（DoE，1996b）之后，这个目标遭受到重重压力。即将就任的工党政府反应迅速，提出了60%的全国棕地发展目标，并不顾环境保护团体施压，要将该数值提高到75%。

支持棕地开发的政策工具还包括序贯检验，以此将发展的各种选择纳入考虑范围，目前已广泛应用于住房开发和就业发展中，而绿地则只有在其他所有选择都考虑到并排除以后才允许开发（表5.1）。为确保地方规划部门不会忽视其他选择，城市容纳力研究提出了新的要求——考察现有的棕地哪些可以用于二次开发。除了现有区域外，还要对未来可能成为棕地的地区进行预测，例如可能关闭的工厂、仓库、学校和医院，以及废弃的铁路沿线等。

表 5.1　棕地土地目标、序贯检验与城市容纳力研究

内　　容	来源及应用范围
棕地目标 “英国政府提出国家发展目标，要求到2008新建住房中至少有60%是源于已开发地区现有住房的改造。每个区域规划机构（RPB）都必须制订计划，确定能再利用的目标地区，在适当情况下，在区域规划指引中制订次区域目标，为最终达到国民目标而做出努力…… 区域规划机构应利用城市住房容纳力研究来提出该区域可进行二次开发的目标比例。” （DETR，2000c，第5-12，5-13段）	于20世纪90年代中期首次提出，当时的目标数字为50%。新工党政府在规划政策指引PPG 3中将该目标提高到60%（DETR，2000c）。 在区域规划指引中的区域层面设定总体目标。发展规划部门被要求选定当地可供重建地区目标，为达到区域目标或次区域目标做出努力。
序贯检验 在确定住房建造地址的时候，应遵循以下次序：首先，基于城市住房容纳力研究，重新利用市区内已开发过的土地和建筑（棕地）；只有在棕地已全部利用以后，才能顺次考虑城市扩张；最后才基于公共交通走廊开发节点周边地区。 （DETR，2000a）	从1996年开始应用于零售业发展，2000年规划政策指引PPG3修订版发布后应用于住房建造中。 与各层面规划均相关。
城市容纳力研究 “为确定城市内有多少额外住房可供入住，以便计算需要开发的绿地面积，所有地方规划部门都应进行城市住房容纳力研究。该研究必须考虑到各种可能的开发密度、停车标准、居民区布局以及各种住房类型的搭配。”（DETR，2000c，第24段）	在规划政策指引PPG3中提出，被认为是可行的实践指引（DETR，2000f）。 应用于地方一级，但为区域内棕地开发目标奠定了基础。

从这些不同的方法中，我们能够看到政府正试图寻找不同的途径来强化其规划的合理性。在涉及通过区域规划来分配住房建造数量的

体系中，这些方法已经得到探索并取得了一些成功（Murdoch，2000；Murdoch and Abram，2002）。凭借这些治理途径（例如 Foucault，1991a，b；Dean，1999），默多克（2000；同见 Murdoch and Abram，2002）认为住房数量分派体系是一种方法，它代表了基于数字化目标和数据使用之上的政府行为合理性的一种特殊形式。不同层次的规划住房数量分配使参与者们在行为模式上趋同，这种模式通过遵守相应目标得以加强。事实上，通过区域规划体系，给地方一级的规划部门下达分配数量，也是加强中央政府决策的一种方法。通过对东南部的个案研究，默多克还提出，该数量体系的反对者们尝试利用可持续性发展的说法提出另一种合理性以破坏这个体系（Murdoch，2000）。

插图 5.1　城市填充：利兹棕地上的高密度住宅区开发

在可持续性发展以不同方式介入后，各区域的辩论方式会有所不同，这也是本章所强调的。此外，这种方式还显示出，争论的过程并不总是基于等级划分，而是包括了一些复杂的循环往复过程，在不同的层次和不同参与者之间以递归方式交叉运行。为了更全面地理解关于区域性住房建造的争论，这里的分析不仅仅针对住房建造数量的争论，还会考察过去十五年政府所采用的各式各样的方法，因为他们一直试图通过系统的不同层级来强化特定规划方法。

值得注意的是，当个别手段的潜在可行性成为主流时，阴影效应就会发挥作用，其他可行性则被边缘化，这就佐证了诸如新的定居点是否可行之类的想法。例如，一旦序贯检验之类的方法被采用后，为现有的城市结构之外的大规模土地开发做规划就变得难以想象了。当然，一些特例并不包含在内，例如剑桥，和最近报道的东南部的一些发展地区，这些本章稍后会继续讨论。

第三节 数字并不合理：区域住房分配

“预测和供应”，这个短语被用来形容新住房和新交通基础设施的传统规划方法。就住房来说，中央政府根据最新的人口预测制订住宅预测，以便计算未来住房的需求水平。正如我们先前注意到的，国家层面的预测依照规划等级一层层进行，首先进入结构规划，然后是地方规划。在第一轮区域规划指引和 20 世纪 90 年代结构规划审查过程中，中央政府严格地执行了住房分配政策，尤其是在东南区域。政府没有给那些近畿诸郡不情愿的郡议会留多少余地，比如，由于地方环境对开发构成了限制，则相应减少住房数量（Counsell，1998，1999a）。

1997 年工党政府上任不久，便意欲摆脱住房数量“预测和供应”的方法，而转向“规划、监控和管理”的办法。这种转变尝试剔除“预测和供应”体系中僵化之处，赋予区域规划更多的余地去考虑住宅预测之外的因素，例如区域间的人口流动（Gobbett and Palmer，2002）。这种新的方法写入了国家规划政策指引 PPG3 中，其中指出：

> 在规划新住房供应过程中，应列入考虑的因素包括：政府最新出版的住房规划、区域经济的需求、城市容纳新住房的能力、

环境影响以及现有的或规划的基础设施容纳能力。

（DETR，2000c，第 5 段）

这一新方法在“监控和管理”方面要求区域规划机构监控住房供给，在每年的报告中公布结果，至少每五年对住房分配做一次正式审查，由于“在住房用地方面可能会出现过低或过高供给的情况”(DETR,2000c，第 8 段)。在这一新方法中，每年都需要公布建设速度，而不再诉诸二十年来的住房需求预测。这些改变受到保护团体的热烈欢迎，但规划者们开始担忧这些可能导致新住房规划的短期效益主义（Gobbett and Palmer，2002)。

也许在不经意间，这种住房分配的新方法导致了区域内利益相关者之间的矛盾增加。在由中央政府确定和分配住房数量的时期，这些数字具有相当的确定性，可以满足住房需求预测。与之相反，新的因素的介入，区域在住房数量的调整上留有余地，这些都带来了某种不确定性。通过区域规划机构，地方当局目前在住房分配数量方面可以明确表达其倾向性。由此，南部的区域规划指引草案表现出谨慎和抑制的倾向，其住房分配数量低于政府预测。此外，在密德兰和北部的一些地区，新住房的分配数量是要高于国家建议的数量，这可能会导致未来住房供应过剩，以及本可避免的对绿地的侵占。

中央政府承担了住房数量仲裁者的角色，就如同曾在“预测和供应”方式下扮演的角色一样。政府尝试寻求一种妥协，使得住房数量既能满足住房需求预测，又能给不同区域的发展留有一些余地。经过最新一轮区域规划指引准备，在中央政府下达的最终版本中，所有地区的住房数量和之前区域规划部门的草案相比，都有所改变（见表 5.2)。具体来说，三个增长势头强劲的区域（东南区域、东英吉利区域和西南区域）分配数量增加，而在北部三个相对落后区域中，有两个区域的分配数量减少。

我们选择了下面两个个案进行研究，不是为了总结八个区域的相关辩论，而是为了更直观地展示在以抵制开发为主导方式的区域不同种类的辩论，这里选取西南区域为代表，以及以赞成开发为主导方式的区域，其代表为东北地区。

表 5.2　区域规划指引（RPG）草案和最终版中住房数量的变化

	RPG 草案	专家组报告	拟议的改变	RPG 最终版
东北区域（RPG1）	5 950	5 500	5 000～6 000	5 050～6 000
东英吉利区域（RPG6）	9 738	11 624	9 650	**9 900**[a]
东密德兰区域（RPG8）	14 000	13 600	13 900	13 700
东南区域（RPG9）	33 300	55 000	43 000	**39 000**
西南区域（RPG10）	18 650	20 350	20 350	**20 200**
西密德兰区域（RPG11）	15 680	15 375	n. a.	n. a.
约克郡和亨伯区域（RPG12）	13 983	14 611	14 650	**14 765**
西北区域（RPG13）	15 035	15 035	12 790	12 790

注释：以上所给数据均为年度建设的平均数。粗体数字表示和草案相比有所增长的数字。

a 表示该结果来自于剑桥次区域研究。

西南地区争先限制住房数量

这些年来，在经济比较活跃的西南区域东部，一直承受着进一步开发住房的压力。然而，一名当地的政府规划者告诉我们，这些地区潜在的矛盾在于，“地方当局热切希望能吸引更多的就业机会，但没人需要房子”（SW12 访谈）。随之而来的政治压力，致使区域规划指引草案中提出的住房分配数量要低于中央政府预测所建议的数字。

正因为如此，区域规划指引草案（SWRPC，1999）受到支持开发的团体的强烈批评。他们不接受区域规划指引草案中所提出的住房分配数字，要求推进公众评议，将住房分配的数量提高到 480 000 至 506 850 之间，而此前区域规划机构起草的数字只有367 000。

公众评议专家小组在报告中接受了这些团体的质疑，承认区域规划指引草案中提出的数字确实过低，建议将住房总数提高至 407 000，但仍然比开发商们提出的数量要低得多。国务大臣接受了评议小组结论中发布的“所提议的改变”，将住房数量转换为年度建设速度为 20 350/年。一经提出，就遭到地方部门主导的规划会议的反对，认为该数字不合理，在国家城市复兴政策中也站不住脚。随后，在最终的区域规划指引 RPG10 中，该数字略微下调，降低至 404 000（20 200/年）。

新住房的分配数量问题引发了诸多争议。公众评议专家小组建议住房数量的增长应主要集中在格洛斯特郡、威尔特郡和前埃文郡（该区域东部），这样可以满足这些地区的就业机会增长的需求。然而，这些地区的反对发展的情绪强烈，甚至南格洛斯特郡的地方当局试图使其地区摆脱区域规划指引草案中住房分配的标准，理由是该数字太高，因此是“不可持续的”（SW12 访谈）。

在此个案中，区域规划指引中的政策下达到地方的方式尤为有趣。早在 1994 年“旧式”区域规划指引出台时，南格洛斯特郡和埃文郡的地方当局就和国务大臣有所争论，争论的焦点就是住房替换结构规划草案中的建房数量标准（战略规划和交通联合部，1998）。埃文区的地方当局在中央政府的指导下，将住房总数从结构规划中所建议的 43 600 增加到区域规划指引第一版中所建议的 54 300（时间持续到 2011 年）。经过冗长的研究和评议以后，当地部门不情愿地发表了声明，称该地区新住房建造的最大容纳力为 50 200。这种迟来的审议引起对中央政府和住宅建造业的广泛关注和忧虑，因为没有经过认可的结构规划会阻碍地方规划通过认可，尤其是其中关于开发的提案：

> 这些所提议的改变……不仅不符合（国务大臣的）指导方向，更远达不到新区域规划指引的要求。他们只是延迟了关于开放绿地的艰难抉择。他们说他们将通过监控来处理这些问题，但我们认为，监控不应该成为供应不够的借口。
>
> （SW11 访谈）

结果是在商讨新区域规划指引过程中，埃文郡的住房规划在“旧式”区域规划指引中的定位问题依然没有得到解决。新区域规划指引RPG10建议，到2016年，埃文区需要的额外增加的住房数量为74 000（3 700/年）（表5.3）。这个数字再一次在当地引起激烈争议，因为这比结构规划中确定的最大容纳力的数字多得多。国务大臣代表中央政府最终接受了埃文郡结构规划中所提议修改的住房数字50 200，事实上这只是将新区域规划指引中数量差异问题推迟到下次结构规划审查时再去解决。

第四节　新住房建造作为解决东北区域居民外迁的良药

增加住房数量的提案引起了西南区域公众强烈抗议，而东北区域的辩论却没发出什么声音。当地的政治领袖和规划者们表示，当地需要获得更多的住房分配数量来建造新的住房，尤其是增加高档住房的数量，以实现当地建筑的更新换代及多样化，他们的言论获得广泛的支持。公众认为现有住房主要是一些廉价住房，无法满足人们追求高品质住房的需求。如果不改善高端住房市场，该区域居民外迁的趋势将持续下去，在鼓励对内投资方面所作出的努力都将付诸东流。

表5.3　区域规划指引RPG10与埃文地区结构规划中住房数量比较

“旧”RPG10	结构规划草案	结构规划修改建议	“新”RPG草案	RPG10最终版
54 300[a]	43 600[a]	50 200[a]	69 000[b]	74 000[b]

注释：a表示到2011年，b表示到2016年
RPG＝区域规划指引

尽管增加住房数量的观点有着广泛的政治支持，但东北区域的区域规划指引草案（ANEC 1999）还是受到环境团体，如地球之友、英格兰乡村保护运动组织的批判。最主要的担忧在于，政府预测的住房需求数量为74 000，但提案的住房建造数量为119 000，远高于政府预测。在该提案的解释中，东北议会委员会指出，需要支持东北区域经

济战略的宏图大志，以使东北经济得到好转。住宅建造者协会在书面提交公共评议的提案中呼吁，在新开发项目中贯彻可持续性发展原则："可持续性发展必须要为东北区域民众未来经济的发展提供保障，遏制由于环境破坏造成的居民外迁，并提供充足的住房。"

有趣的是，在区域规划指引 RPG1 的最终版中，政府不顾该区域对提案的广泛支持，决定削减该地区住房数量，使其与国家政策相接近。住房的总体分配数量减少了，但对有卫星城市的大都市以及已使用过但可以再次开发的地区，其分配比例却有所上升。除此之外，在之后的《可持续性社区》（ODPM，2003a）文件中，政府利用此决定来表达他们愿意通过此种干涉手段确保北部有卫星城市的大都市的城市复兴（见第六章）。

就政策下达而言，地方规划机构再次抗议中央通过区域规划指引强行分派住房数量。例如，以堤斯瓦利（Tees Valley）的结构规划筹备为例，规划者们对政府的最初住房增长规划提出了质疑，并使用之后的数据为其结构规划中的住房增长展开辩护。他们提出的数字比区域规划指引草案中提议的数字高出了 20%（Counsell and Haughton，2002c）。换句话说，规划者们在战术上选择首先采纳政府的合理提案，然后利用规划指引修订的机会要求得到比政府最初计划更多的住房分配数量。

西南区域和东北区域的案例形成了有趣的对比。在西南经济相对活跃的地区，作为国家经济政策放松管制的主要受益者，规划者们反对国家分配住房数量，要求严格执行土地使用规定来限制住房开发。另一方面，东北区域的工业区，可能源于经济管制放松的国家政策，规划者们则要求放宽土地使用的区域划分，进一步开发绿地区。甚至更荒诞的是，也许正是国家政府插足反对西南区域减少开发土地数量，而与此同时，东北区域则呈现出允许提供更多的土地来鼓励进行额外的新开发。

第五节 可持续性发展作为多元化、竞争性的规划合理化依据

若基于宏观层面观察住房辩论，我们可以发现可持续性发展对于所有有关住房开发的方法来说都是合乎逻辑的，尤其是涉及对绿地的态度上，为区域的住房辩论营造了浓厚的地域特色。在西北和东北区域，当地规划者们致力于推动进一步释放新绿地，以满足开发高档住房的需求。这种观念是“可持续性的”，因为它强调两个区域的社会和经济的需求，在经济机会有限的背景下，创造就业机会比保护环境更加重要。媒体对此保持沉默，使环境组织在获取媒体报道和公众支持方面遭遇了困境，尽管如此，政府都介入其中，限制绿地地块的开发规模。与之相反，东南区域的地方规划者们在起草区域规划草案时则强调保护绿地，防止绿地受到开发提案的影响，环境保护经常成为重要的阐述依据。

表达自己的主张：游说团体的角色

第三章中曾讨论过，游说团体通过界定及改造可持续性发展的概念为自身在开发问题上的不同立场寻找依据，以此强势介入到规划问题的辩论中来。自 20 世纪 90 年代初期以来，这种情况在住房规划上显得尤为明显。

在区域规划领域，在住房方面塑造“故事情节”的主要力量之一便是英格兰乡村保护运动组织。多年以来，该组织通过推动各种政策的落实，使乡村地区的开发降到最低程度，并积极游说反对“城市扩张”，赞成将开发限定在城市内的各种政策（如 CPRE，2002a）。他们尤其反对任何放宽绿地开发的政策。然而，他们的争论远不止“城镇拥堵”，该组织同样强调限制城市的集约化，以及建议从高质量的城市规划着手解决此问题。例如，在他们的宣传材料《城市足迹》（CPRE，1994）中，提出了一个明确的观点，“露天空地对城市环境来说至关重

要。我们城市的公园、活动场所和分散的林地不应该为新建筑做出牺牲”（第6页）。近些年来，英格兰乡村保护运动组织接受了政府关于“城市复兴”的说法，为了寻求“三赢”的解决办法，他们一直坚持自己的观点——保护乡村环境并不需要以牺牲城市环境为代价。

其他各个层次的环境团体，从地方层面到国家层面，都积极游说保留诸如绿带之类的规划以便保护这些地区的“自然本色”。通常，抗议者采取的相应手段无非两种，一是指出开发商使“乡村混凝土化”，二是指控开发商试图避开城市难搞的二次开发地块，而选择购买未受限制的乡村土地并等待其被规划为住房建造地。在这些资料中，开发游说团成为了反面角色，时常在软弱的政府帮助下通过规划政策迫使地方执行。例如，在游说团体杂志《共同观察》（*Corporate Watch*）《为社会住房行动起来、保护绿带》的社论中，表达了对政府即将放松绿带政策的担忧：

> 开发商们多年前就大量购买了廉价的农田，现在正因为长期等待的财富即将到来而兴奋地摩拳擦掌。在食槽里嗅闻寻找食物的声音则被淹没了……
>
> 斯蒂夫尼奇地区的反对开发商的人们不知疲倦地抵抗着他们的计划（绿化带开发提案）。他们得到英格兰乡村保护运动组织、地球之友以及一群环保卫士的支持，由威廉·黑格（William Hague当时的保守党领袖）领导的托利党，配备绿色的长筒靴和旗帜……
>
> ……一旦开发商得逞，20年后我们将看到在这片美丽土地上所残留的，只有让人震惊之至的开发商的胡作非为。
>
> （Deluce，1998）

这里使用的语言露骨而感性，对这种情景的描述没有丝毫的回旋余地。相反，却诉诸传统主义观点“这片美丽土地”和对开发商的中伤——他们“胡作非为”，“在食槽里嗅闻寻找”。这些引用也有效的说明了这个时期出现了一些不同寻常的“话语同盟”。

和这些观点正好相反，住宅建造者协会——一个由行业赞助，依然保持着良好的公众形象和专业素质的游说团体，通过规划草案的公众评议、媒体和其他方式举出实例，希望更多地开发绿地地块，认为限制政策会减少消费者选择，从而可能导致高房价以及无房可住的现象。在这些资料中，住房问题显得和开发产业毫无关系，而是和各种抗议团体以及政府惰性息息相关：

> 赤裸裸的事实是：反住房建造游说团体三十年的运动，连同公众住房投资的崩溃，一起造就了一个无处安置自身的社会。城市扩张每50年才占到英格兰面积的1%，远远达不到“乡村混凝土化”的程度。
>
> （HBF，2002）

像英格兰乡村保护运动组织一样，住宅建造者协会信奉中央政府的“三赢”哲学以及城市复兴和可持续性发展言论。然而，对住宅建造者协会而言，最大的问题在于它的对手会无视可持续性发展中的经济层面。换句话说，争论并不仅仅在于环境保护的“消极”方面，更多的却在于高比例开发的“积极”方面——大多数人都想购买城镇外绿地上开发的住房。

环境组织及某些政治党派试图反对开发绿色未开发地块，因而被对手描绘成极端主义者。我们采访中最常听到的就是有关抵制开发的隐蔽性社会议题。对此表达最多的并非开发商，而是政府保护机构，他们认为这些郡县反对大都市之外的开发是因为“他们不想城市的穷人弄乱了他们的绿地”（EM7访谈）。

在推进未来住房开发的舆论中，最突出的可能就是城乡规划协会了（TCPA）。这个强大的团体积极游说国家政府（Hardy，1991）参与区域规划指引的公众评议并展开媒体攻势。城乡规划协会起源于花园城市化运动（Garden City movement），长期以来一直在呼吁选择新的定居点，根据其提议创建一个所谓的“可持续性社区”，“中心区足够大，能提供就业、服务和各项设施，一切繁而不乱，平衡相处，但同时它也足够小，小到有社区的感觉，就好像人们所熟知的乡村一样”（TCPA，2002b）。直到目前，它的观点看来都没什么说服力，遭到其他团体的反对。然而，东南区域关于新住房建造的政府通告显示，这种情形可能会有所改变（见第六章）。

开发管理的全国辩论：东南区域的特殊角色

对绿地和棕地开发的辩论，并未在国家、区域以及地方之间摇摆不定，因为它一直是以多种复杂方式在不同层面展开。有必要强调指出的是，源于东南区域规划草案以及公共评议专家小组报告，媒体的注意力都放在了住房数量上，规划政策指引 PPG3（DETR，2000c）的住房部分做了修正。

1998 年 12 月，东南区地方当局联盟——东南区域规划委员会（SERPLAN）发布了东南区域规划草案，提出住房分配数量要低于政府的官方预测（Williams，2002）。这在某种程度上借鉴了“区域容纳力研究”，该研究尝试对区域环境和土地资源做出评估，以此明确不同程度的开发活动所造成的影响（Murdoch and Tewdwr-Jones，1999；Murdoch，2000；Murdoch and Abrams，2002）。这项研究，以及对住房预测数字假设的质疑，二者作为理论参考，促使东南区域规划委员会做出了反对大范围住房开发的决定。值得注意的是，东南区域规划委员会的政治理念随着时间而改变（于 2000 年解散），但由于委员会由各郡县议会主导，其选民都持反对开发的态度（Allen *et al.*，1998）。在东南区域规划委员会内部，伦敦地方当局与东南区域其余各部（ROSE）之间存在矛盾，例如伦敦地方当局试图加大东南区域的开发力度，但东南区域其余各部的意愿并没有那么强烈（Williams，2002）。

公众评议专家小组在报告中驳回了东南区域规划委员会建议的住

房数量，提出该地住房实际需求量要高于其提案，因此应该对数字进行增改（见表5.2）。专家小组还提出了其他建议，包括将以棕地为目标的开发从60%减少到50%。即使如此，反对者还是认为对绿地造成了威胁。非同寻常的是，该规划登上了国家和地方新闻的头条，媒体对于专家小组的报告反应激烈，出现了如下新闻标题：

- “所有人都憎恨对家园的背叛”（《每日电讯》1999a)；
- “英格兰中部的哗变”（《独立报》1999)；
- “新住房吞噬了绿带”（《伦敦标准晚报》1999）及
- “永远的混凝土家园”（《泰晤士报》2000）。

媒体报道直接引用各游说团体和政治党派的新闻稿。在各自的新闻稿中，各组织团体都试图将自己的论点公之于众，或保护特定类型绿色空间，或维护城市和乡村开发之间的某种平衡。保守党政治家约翰·雷德伍德（John Redwood 当时的影子环境大臣）指责该提议是“对绿地的残害”（《每日电讯》，1999b)，萨里郡议会的环境发言人则声称，专家小组的建议预示了“绿带的末日”（《伦敦标准晚报》，1999）。英格兰乡村保护运动组织负责人的助理托尼·伯顿（Tony Burton）则认为该报告展现了“城市衰败、交通拥堵、无计划开发噩梦般的未来”（《伦敦标准晚报》，1999）。

电视新闻节目也播出了类似栏目，邀请不同人士表达自己的观点，讲述他们的亲身经历，或四处寻找能买得起的房子，或反对在该地区开发新住房。除了对绿带和绿色未开发区域的担忧以外，还包括政府是否应该通过限制东南区域住房增长数量来支持北部区域，当时的保守党环境发言人和东南区域规划委员会负责人等对此做了辩护。

当然，关注环境是辩论的主线。地球之友的新闻稿（1999a）如是说：

如果副首相约翰·普雷斯科特（John Prescott）强迫地方议会

> 接受专家的建议，那么接下来16年内，东南区域的绿地上可能建起200 000所住房，这意味着建造两个和南安普顿一样大的新城。
>
> 如果坚持执行此规划，地方议会不得不选定绿带区、自然风光区甚至野生动物区来建造住房。这也许将成为工党政府的选举噩梦。
>
> 地球之友的住房运动参与人托尼·博斯沃思（Tony Bosworth）指出："一旦约翰·普雷斯科特强迫地方议会规划超过一百万所新住房，那么几乎有20多万所将建造在乡村地区。这将破坏英国风景优美的区域，在本来就已拥堵的土地上造成巨大的交通堵塞、人口拥挤和污染问题。这将招致边缘选区里市郊社区的强烈反对。"

这里需要注意为首相和媒体提供的政治化数据，他们自己可能还真算不出来。同样请注意，在描述新的住房提案对环境保护可能造成的影响时，使用了策略性语言"可能"。结果就是，引发抗议的提案只涉及绿带区，没有提及其他保护地区，这些地区的假定性风险却得以强化。

大多数新闻报道的基调和公众评议专家小组的提案都是相对立的，这些报道支持抑制性政策，认为高密度城市是解决未来区域内住房问题的方式。这并不是说没有不同的观点，只不过此类观点在当时没有成为新闻头条。例如，城乡规划协会为专家组报告做了强有力的辩护，住宅建造者协会以及开发行业同样试图为报告的观点提供支持。例如，一位住房建筑团体的顾问在《规划》（1999年10月15日，第7页）中提到："这份报告反映出东南区域规划委员会的提案是不充分、不可靠的。规划从业者应该关注这份报告，不要成为'邻避'地区的代理人。"

2000年3月，政府发布了区域规划指引所提议的改变，将住房数量调整到东南区域规划委员会的提案与专家组报告建议之间的水平，在2001年区域规划指引最终版中，又进一步下调了该数字（表5.2；Howes，2002；Williams，2002）。这里有三点需要强调。首先，东南区域最终的住房数量远非协商论证的结果，与交往性或合作性规划理念相差甚远。这是一个媒体活动高度政治化的过程，持不同政见团体公开恶意中伤，其中最典型的当属公众评议专家小组遭受的攻击：

> 东南区域的区域规划指引……碰壁了。自私的近畿诸郡为了抵制人口流入，将孩子、离婚者和老人迁移到其他地方（任何其他地方），无耻地反对东南区域专家小组报告。专家小组成员遭受了肆无忌惮的恶意诽谤，不光针对他们本人，还针对他们的专业素质，而国务大臣软弱无能，应诺了暴徒的狂吠而否定了专家组报告。自此以后，他再也不可能为东南区域安排切实可行的区域规划指引了。
>
> （Lock，2002，第 155 页；David Lock 彼时为城乡规划协会的主席）

其次，对住房开发游说团体来说，最终妥协的数字却没有达到他们的预期。不过，如果新住房最终得以开发，他们的努力便没有白费。尽管当时状况仍不甚明了，开发商可以有自己的选择，即继续持有已经购买且有改变用途预期的土地，而不接受政府要求在其他地方建房的指令。他们的行为有事实支撑——市场偏爱那些有大量土地储备的公司，这一点从股票价格就能看出（Hutton，2002）。

第三，东南区域规划指引的影响力远超出该区域范围，其中的辩论极大地影响了国家规划政策的制订。

正是在此背景之下，规划政策指引 PPG3 的住房部分（DETR，2000c）提出，未来的住房开发应集中在城市地区，降低绿带和绿地的开发需求。他们的建议包括引入序贯检验来确定开发规划中住房建设的分配地点，优先考虑开发棕地、高密度区及混合开发，并将国家新住房开发总量的 60%都建于已开发土地上（见表 5.1）。

事实上，反对城市入侵乡村的活动也有一些收获。首先，乡村环境得以保护，同时迫使城市未开发土地不再闲置，转为住房建设用地。在实现这些目标的过程中，一些新的规划方法被引入了国家机制——不仅仅是指序贯检验，还包括城市容纳力研究以及棕地目标的运用。

保留绿地和绿带的政策支持意味着组织有序的乡村游说团体在事实上实现了他们的目标。另一方面，也许有些令人惊讶，实力雄厚的开发游说团体最终没有达到他们的预期，但可能促使他们今后更为积极地参与地方和区域规划辩论，以实现自身的目标，即绿地开发方面更大的灵活性、绿带政策放宽、增加住房数量、降低棕地门槛等。

第六节 地方开发管理在行动：赫特福德郡斯蒂夫尼奇西部

背景

斯蒂夫尼奇是一个非常有趣的个案，不仅因为它在 1946 年 11 月成为英国第一个指定的新城，具有象征意义，还因为它在过去十年里成了扩张提案角力的舞台。斯蒂夫尼奇位于赫特福德郡，是 2001 年从英格兰东南区域重新划到东英格兰区域的三个郡县之一。就规划来说，当地的战略规划是在郡县层面上展开的。包括斯蒂夫尼奇在内的 10 个地区议会负责制订规划和执行地方规划决策。

帕特里克·艾伯克隆比（1945）在他的大伦敦规划中，提议将斯蒂夫尼奇划为新城，以缓解伦敦的压力。对艾伯克隆比来说，这个“北方大道上古老而小巧的以农业为主的宜居城镇”（第 161 页）是伦敦卫星城的理想选择，它距离伦敦 30 英里（50 公里），尤其是“交通极其方便”（第 161 页）。虽然帕特里克·艾伯克隆比提议的大多数地点都没有被采纳，但斯蒂夫尼奇却被接受了。

在被划定为新城前，斯蒂夫尼奇的居民人数只有 7 000，计划中建议其人口应该增长到 60 000。该提案在当时遭到当地的强烈反对。在一次解释该提案的公众集会中，当时的政府部长，刘易斯·西尔金(Lewis Silkin)

所受到的礼遇是，“盖世太保”！“独裁者”！他的汽车轮胎被放了气，油箱撒了沙。当地车站的站名也被重新命名为西尔金格勒（Silkingrad）。当地居民“保护协会”发起了一场激烈而旷日持久的反对运动。

（Schaffer，1970，第 28 页）

在经过当地激烈的质询后，该提案获得了批准，但依然遭到质疑，西尔金在早先的激烈会议中的评论屡被提及：“‘斯蒂夫尼奇’，西尔金先生说，‘将扬名世界’（笑声）。”“全世界的人都会来到这里，看我们如何在这个国家建立起新的生活方式。”（Schaffer，1970，第 29 页）

事实上人们确实来到了斯蒂夫尼奇，热切地希望看到和谈论欧洲第一个只允许步行的商业中心，并拍照留念（出处同上）。在这个战后国家开创的经典中，开发权主要掌握在国家指派的、有财力的斯蒂夫尼奇开发集团手中。该集团于 20 世纪 90 年代解散，那时斯蒂夫尼奇已经崛起，成为一个相对繁荣的城镇，拥有 75 000 人口。

从 20 世纪 90 年代早期开始，向斯蒂夫尼奇西部扩张的规划提案在赫特福德郡议会中占据了主导地位，各区议会也卷入其中。值得注意的是，在政治上斯蒂夫尼奇经常和该郡其他地区发生争执，这也许反映了它特殊的起源——城市的大型定居地。在该郡结构规划的草案中，西部扩张的提案最初是作为“保留地”被计入在内，有需要的时候再提出。原本的计划是通过开发现有的城市区域，根据政府的要求，到 2011 年提供 21 000 套住房。然而，在经过公众评议后，专家小组的报告对结构规划的建议是，把这种开发纳入正式的提案中。1998 年批准的规划中，开发斯蒂夫尼奇西部的提案被包含在内。最初阶段的 5 000 套住宅预期在 2011 年完成，第二阶段则可能提供另外 5 000 套住宅。由于选择的地块跨越了两地——北赫特福德的乡村和斯蒂夫尼奇自治市，这两地行政部门如何分配具体的住宅数量则留给相关地方规划决定（赫特福德郡议会，1998）。

经过审查，赫特福德郡结构规划被推至 2016 年，由此这些规划很快便被搁置。在这一过程中，斯蒂夫尼奇的开发再次成为争论的主要议题。这个地区的未来前景成为结构规划审查的焦点，一名郡议会官员告诉我们："在结构规划审查中只有一个最重要的问题，那就是住房问题，尤其是斯蒂夫尼奇西部开发的提案。"对这名官员来说，审查的主要目标可以简化为两个方面："一个是将绿地开发规模控制在最小限度内，另一个是推进城镇的复兴。"（EE10 访谈）

结构规划的修订必须考虑到 2001 年颁布的东南区域规划指引，其中建议赫特福德郡的建设速度为每年 3 280 套，从 2001 到 2016 的 15 年间，新住房总数将达到 49 200。这个速度和赫特福德郡获准的结构规划中的数据大致相同，所以从表面上看，该提案就是先前批准的建设速度的延续。然而，该区域规划指引并没有明确指定赫特福德郡新住房建造的地理位置，这个任务被委派给了地方结构规划去完成。

推进结构规划审查的中心工作就是全面的城市容纳力研究（见表 5.1），该研究和城镇复兴运动有关，也为相关辩论开辟了更广阔的视野。赫特福德郡容纳力研究的初步结果表明，到 2016 年，赫特福德郡现有的城市建成区能供应 62 000 套住房。这比区域规划指引中分配给赫特福德郡的数字 49 200 还多出了 12 800 套，这实际上意味着该郡能够通过提高城市密度来容纳开发，没有必要去开发斯蒂夫尼奇西部。

斯蒂夫尼奇扩张提案得到了斯蒂夫尼奇自治市的支持，提案中的部分区域就位于自治市内，然而剩下的区域位于北赫特福德的乡村，遭到了当地强烈的反对。北赫特福德最初极不情愿将扩张提案包含在其地方规划中。也许因为受到公众反开发情绪的鼓舞，他们改变了主意，这让开发行业惶恐不安。斯蒂夫尼奇自治市议会对城市容纳力中期研究质疑之处，却正是北赫特福德支持之处。有趣的是，北赫特福德使用城市容纳力研究来表明开发斯蒂夫尼奇西部并不符合规划政策指引 PPG3 住房部分中修订过的政府政策，比如，只有在棕地不够的情况下，才能考虑开发绿地。最重要的是，规划政策指引 PPG3 允许对现有的绿地开发安排进行重新考虑甚至推翻。

当地对斯蒂夫尼奇扩张提案的反对经过了反开发团体 CASE（反斯蒂夫尼奇扩张运动）的精心统筹，该团体联合了大批地方环境团体和环境运动组织，其网站（www.case.org.uk）显示出了他们获得了从国家到地方的新闻报道以及全国环境团队的广泛支持。网站上一再出现的引用包括“如果该提案得到执行，将导致从斯蒂夫尼奇到希钦之间肆意的城市扩张”（《观察者》，2002 年 7 月 23 日）、“这对绿带政策是一个不公平的、毁灭性的打击。它将给人们一个信号——全国各地都可以修建住房”（《韦林和哈特菲尔德时报》，1998 年 6 月 12 日）。就其所涉及的方方面面，斯蒂夫尼奇个案不仅仅对地方有重要影响，它的时间安排和敏感性关系到新国民政府如何对待绿带区域。

与之相反，住房建造者对再次开放对该提案的辩论感到愤愤不平，因为他们已经在现有结构规划分配的土地上投入巨资，而且已经提交了两份规划申请。一位开发游说团体代表告诉我们：

> 尽管经过了相当冗长的过程，该提案才被列入 1998 年结构规划，但依然还有一些不确定性，为开发这些区域而建立的财团认为这是在浪费他们的时间。如果这个规划主导的体系最终倒塌的话又该何去何从呢？
>
> （EE13 访谈）

在提到当地对城市复兴和城镇复兴的关注时，该代表继续道：“市区的资源差不多挤没了，供给正在一天天减少。”

第七节　可持续性发展的社会发展维度

传统意义上，区域规划并未在社会住房（也被称为保障性住房）的供应中起到特别重要的作用。区域规划指引文件涵盖了保障性住房需求的估算，但政府认为该数字只是象征性的，因为对此类需求的评估是地方当局的工作（DETR，2000c）。各地政府、当地住房协会志愿部门与政府办公室一起制定《区域住房报告》，确定社会住房供给政策。这些政策并没有和区域规划有机地结合在一起，不过新的区域住房战略体系将改变这一点（ODPM，2003a）。

在1998年后的区域规划指引制定的早期，争论的焦点主要集中在环境和广义的“开发”之间的矛盾上。然而很快，情况就开始改变了，社会住房在议程中变得越来越重要，涉及各种不同的团体。这其中包括了住房建造者，他们利用社会辩论，希望在可开发土地的指定方面更加宽松；此外还有为无家可归者以及社会住房奔走的游说团体，比如英国社会救助服务组织（Shelter）、国家住房联盟（National Housing Federation）和约瑟夫·朗特里基金会（Joseph Rowntree Foundation）。约瑟夫·朗特里基金会于2002年4月发表了一份颇具影响力的报告，强调了公共行业低收入工人面临的住房问题，以及修改规划政策、加快住房开发的必要性。通过发掘问题根源，鼓励政府在遇到反对意见时不要怯懦：“我们都允许反开发人士发表观点，在他们看来，反对他们意见的人是想让东南区域成为钢筋混凝土的世界，他们可以持这样的立场。”（肯·巴特利特，约瑟夫·朗特里基金会，摘录于《规划》，2002年7月5日）。这份报告吸引了媒体大篇幅的报道，在接下来几个月引起了声势浩大的争论。该事件不仅关乎对规划和住房的担忧，关注的焦点在于主要公共服务面临的冲击——在东南区域住房市场过热的情况下，如何吸引和留住足够的教师、医护人员、警察和消防员，这些都是问题所在。

基于区域维度的观察非常重要。有关“环境与开发”的辩论促成了一份多方妥协的东南区域规划指引文件，但在开发商看来，该规划指引并没有释放足够的土地以供开发。事实上，私人开发商并未实现区域规划指引所预期的住房开发，购房者青睐的绿地缺乏充足的供应。这种观点在某种程度上也是来自媒体的引导。

根据委托研究结果，住宅建造者协会（2001a）在一份新闻稿中声称：“除了1940～1946的战争年份，2000年建成的住房数量比1924年以来的任何一年都要少。”一年后的新闻稿中，这一说法继续得到强化，并和当时东南区域问题的新闻报道相关联：“截至2000年，伦敦地区家庭数量比住宅数量少4.2%，而东南区域家庭数量比住宅数量

少 1.4%。”（HBF，2002）

插图 5.2　诺维奇周边的绿色未开发场所。图片显示开发商们正寻找更多的土地，不管有没有规划许可。

对住房建造者来说，问题直接指向了中央政府、地方规划者和反开发压力集团。反对者习惯借助媒体来发表不同的观点。例如，为回应住宅建造者协会新闻稿中提出的观点，地球之友的反驳意见受到媒体的关注，其中指出开发商应该受到谴责，他们囤积土地，将规划体系玩弄于股掌之间，追求利益最大化（《观察者》，2002 年 5 月 12 日），这个观点受到诸如威尔·赫顿（Will Hutton）在内的资深评论员的支持（2002）。

政府发现自身不可避免地处于仲裁者的位置——他们要协调对未来住房问题不同观点之间的矛盾，而这些观点貌似是水火不相容的。同时，还要周旋于中产阶级有房一族与低收入群体之间，前者担心绿地开发，而后者则需要保障性住房。2002年7月，副首相约翰·普雷斯科特回应了东南区域公众对于住房问题的担忧，宣布将在该区域四个地区提供200 000套新住房，包括：米尔顿凯恩斯、埃塞克斯的斯坦斯特德、肯特的阿什福德和伦敦东部的泰晤士河口地区。如果议会对此提案不给出肯定回复的话，将会面临严重的后果，虽然他们没有说明后果是什么。除此之外，一系列针对低收入工人的住房援助津贴被批准发放，这主要是针对东南区域（ODPM，2002b）。

插图5.3　绿地上的住房开发项目，约克郡东部。

2002年，英国社会救助服务组织针对政府的提案提出，通过区域规划推动更多社会住房的开发：“欢迎中央政府介入到各区域的规划中，这将确保地方议会完成他们建设新住房的责任，而不在乎邻避游说团体的活动。”（Shelter，2002）这反映出权力关系复杂的梯状重塑过程。针对地方层面的阻力，住宅建造者协会也经常呼吁加强区域干预和国家干预，对中央层面的干预的担忧可能有些出乎意料。可预见的是，住宅建造者协会的潜在目的是通过克服来自地方层面的阻力，推动土地控制方面放松管制。

环保运动者一直在指控政府试图使乡村混凝土化。该指控得到环境及乡村事务影子内阁，保守党人士，埃里克·皮克尔斯（Eric Pickles）的支持："政府规划将使混凝土淹没肯特和埃塞克斯的绿色未开发区域。"（BBC，2002）该观点得到媒体的引用。

插图 5.4　诺维奇复兴区域的新建社会住房

有趣的是，相较于英国社会救助服务组织在新闻公报中对中央政府干预的欢迎，皮克尔斯认为政府的干预手段是"对中央规划的赞颂"，并将约翰·普雷斯科特比做斯大林。这是保守党反对工党规划的批评文章中反复出现的主题。例如，在 2001 年竞选期间，绿地运动巴士启动的时候，复兴影子内阁成员，蒂姆·劳顿（Tim Loughton），指控工党和自由民主党阴谋策划毁灭乡村地区。他声称："工党及其密友自由民主党计划在全国范围内用混凝土淹没乡村地区并推平绿带。约翰·普雷斯科特向地方议会下达了苏联式的强制命令，强迫他们在绿色未开发区域兴建起几百万所住房。"

（BBC，2001）

我们再次感受到其语言的趣味性，它试图将政府政策和臭名昭著的苏联时代计划手段联系在一起。中央政府被其政治对手指控为中央集权主义和独裁主义。这是中央政府为只下放部分权力给区域规划付出的政治代价，希望通过牢固的中央控制权在最终规划版本方面达成区域共识。

第八节　棕地开发目标

在最近有关区域规划的辩论中，探究棕地上开发住房的途径成为一个重要议题，因为它能阻止城市人口的外迁，同时降低释放绿地的压力（插图 5.5）。该观点有其吸引人的一面，但也存在许多障碍，例如棕地污染清理的费用，政府对绿地免征营业税但对棕地却征收营业税（增值税目前是 17.5%）（英国城市工作组，1999）。除了开发的难度和高昂费用等常见问题外，购房者对于棕地上所开发住房的兴趣远低于绿地区域。

政府对棕地开发目标设定和住房数量分配问题一样，成为区域规划中极其具有争议性的问题。尽管如此，在辩论进行过程中（2001～2002），一系列的内阁声明透露出对棕地开发的强烈支持。下文中规划大臣洛德·法康纳（Lord Falconer）的声明就非常具有代表性：

我们知道我们能做得更好。过去十年土地被大量挥霍，尤其是用来建造住房，并在棕地还大量闲置的时候就开始开发绿地。

插图 5.5　利兹附近工厂旧址高密度住宅区的开发，包括瑟斯川环路 66 号，利兹-利物浦运河区。

> 而乡村土地被占用更是极大的浪费……不要再犯错误了。我们的意思是在开发绿地之前应先开发棕地。
>
> (DTLR，2001c)

意料之中的是，住房开发和住房建造游说团体抓住了区域规划协商和公众评议的机会，寻求增加绿地开发分配比例的可能性。另一方面，英格兰乡村保护运动组织之类的环境和乡村团体认为区域规划文献草案中最初设定的棕地目标没有什么挑战性，后来支持政府增加棕地开发分配比例。

增加棕地开发的主要目的是缓解在绿地使用方面出现的矛盾，这个问题经常打着最“可持续性”的旗号被提出。持异议人士则认为，开发目标的问题可以将辩论纳入推进可持续性城市形式的不同选择范围内。例如，一名支持开发团体的代表在约克郡和亨伯区域专家组评议中抱怨“将棕地配置和可持续性画上等号，这是非常危险的”。

在西南区域，棕地开发目标引发了一场公众辩论，地球之友在1999年国家新闻发布（地球之友，1999b）中对此有所阐述：

> 如果住宅建造者协会取得成功，到2016年西南区域的绿地上将建造起大约300 000所住房。根据地球之友今天公布的数字……仅有35%建在棕地上，剩下的65%（总数为299 000）都建于绿地之上。住宅建造者协会是一个有钱又有权的组织，和新工党联系紧密。
>
> 迈克·伯金（Mike Birkin），西南区域地球之友运动协调者，指出："一旦住宅建造者协会获得成功，西南区域几千英亩的绿地都会被混凝土覆盖以建造新的住房……"
>
> 一些住房建造者甚至提案修建更多的住房。某财团呼吁修建536 000所新住房，这比西南区域议会建议的数字高出了44%，他还拒绝选择该区域的任何棕地作为开发目标……
>
> 托里·博斯沃思，地球之友的住房运动人士，说道："这些数据表明了绿地被开发来兴建住房的威胁不仅仅局限于东南区域。住宅建造者协会只对其成员自身的利益感兴趣，他们不会允许英国乡村成为他们实现其自私目标的阻碍。"

这里使用的语言和策略依然非常有趣。棕地的大面积利用的原因在于绿地受到"被混凝土覆盖"的威胁。开发商被描绘成具有权力、财富和政治影响力的团体，自身的利润远比乡村环境重要。但是，住宅建造者协会更愿意以一种友好的姿态示人，向那些四处寻找保障性住房的民众示好。同样有趣的是，此处引用的内容和本章前面引用的地球之友针对东南区域绿地的新闻稿非常类似（本书第138页）。

西北区域围绕棕地开发的辩论同样热烈，区域规划机构将棕地开发的最初目标设定为65%。公众评议专家小组接受了这一目标提案，但国务大臣似乎注意到了来自英格兰乡村保护运动组织等环保团体所施加的巨大压力。在专家小组报告公布后，《规划》中引用了该组织区域规划官员的话：“对于那些希望在默西塞德郡推动城市复兴的人来说，今天是令人遗憾的一天。新住房中的三分之一被允许建造在绿地上，这是不可原谅的。”（《规划》，2001 年 8 月 17 日，第 6 页）在“所提议的改变”中，该目标被提高到 70%。

插图 5.6　米德尔斯布勒原工业区上修建的生态公园

另一方面，一些环境组织对于棕地开发目标的高比例持保留意见。例如野生动物基金就反对这种不假思索的假设——开发棕地是正确的，开发绿地是错误的。他们指出很多棕地区都具有很高的自然价值，并且靠近人们的居住地（Shirley，1998）。一名来自知名的全国环境保护团体的官员也向我们表达了他的担忧：“在 60%甚至更高比例的（棕地）开发目标之下，我担心我们将失去一些具备高度社会价值和环境

价值的区域。”（SE9 访谈）

在英格兰近期区域规划中，频繁协商的结果就是八个区域中有六个区域增加了棕地开发的目标比例。整体来说，随着政府负责接下来的区域规划指引制定责任，各区域决定棕地开发目标的自由裁量权变小，整体开发目标有 10%的浮动余地（见表 5.4）。换句话说，在这个规划中所使用的新方法虽然直接，但却推动了高密度城市建设的进程。棕地开发目标使得辩论从一些情绪化的言论，如城市野生动物保护区的开发，转移到了技术层面，进而关注目标的可行性分析，这实际上平息了争论，并使“开发目标”变得越来越常态化。

表 5.4　区域规划指引（RPG）中“棕地”开发目标

	RPG 草案	专家组报告	拟议的改变	RPG 最终版
东英吉利区域	40	40＋	50	50
东南区域	60	50	60	60
西南区域	36[a]	44	50	50
东密德兰区域	45	60	60	60
东北区域	60	60＋	65	65[b]
约克郡-亨伯区域	60	60	60	60
西北区域	65	65	70	70
西密德兰区域	65	70[c]	n/a	n/a

注释：a：在公众评议之前，西南区域规划委员会建议将该数字提高到 44%。
b：2016 年之后
c：2011 年之后

第九节　绿地开发的选择

与棕地的激烈争论有所不同，在八个区域的规划过程中，有关绿地开发的战略性选择很少被拿出来进行详细的公开讨论（Counsell，2001）。政府制定的国家目标是 60%的开发将在棕地上实施，也就意味着预计40%的开发将位于绿色未开发区域。东北区域规划指引的可持续性评估中就指出了这一点：

> 为满足发展的需要，35%的住房开发将位于现有的定居点之上或是绿地地块。区域规划指引RPG 1对这些土地的确认方式以及开发实施保持沉默。开发的具体方式将极大地影响可持续性发展的实质进程。
>
> （Baker Associates，2001，第30页）

整体而言，序贯检验使绿地问题得以解决（见表5.1）。较之新的独立定居点，国家指南（DETR，2000c）更青睐沿公共运输走廊的城市扩张。

在西南区域，区域规划草案涵盖了大型城镇集中开发的政策，这些地方被确定为主城区（PUAs）。目的在于推动主城区的开发，主要是棕地和靠近交通网且有较多就业机会的地块开发。这种方式得到了序贯检验早期版本的支持，在公众评议中引起了一系列有趣的辩论。在报告中，公众评议专家小组表达了对序贯检验的担忧，认为在土地使用方式测试方面，序贯检验并没有多大用处，这还不包括“社会排斥，满足所有土地使用需求和实现平衡发展”（Gobbett and Palmer，2002，第219页）之类的问题。除此之外，专家小组还认为，有限的棕地开发计划需要将更多目光投向高密度、混合式的土地利用和复兴方面。有一篇论文涉及这些辩论，其中两位区域规划机构工作人员认为，棕地最好的利用方式并不一定是建造住房，其后才认识到，区域规划机构“受到西南区域政府办公室（GOSW）的观点影响，认为序贯检验方式是确保可持续性发展的灵丹妙药（Gobbett and Palmer，2002，第220页）”。

对于我们来说，这一辩论的重要性在于它阐明了这种新的手段是如何介入区域规划过程中的，以及被质疑和重塑的方式。

回到如何更好地引导绿地开发问题上来，西密德兰区域的区域规划草案是唯一一个明确将城市扩张的可能性排除在外的。其依据是“根据过去的经验，这种针对城市边缘的条款将导致人口外迁，与城市复兴的利益相违背”（WMLGA，2001a，第 10 页）。其他区域规划草案虽然没有排除考虑城市扩张，但没有一个草案提出具体的提案，这让支持开发的游说团体设法为绿地开发寻找更高层面的指引。

在全国范围内，由于乡村、绿色组织和地方保护组织的联合反对，那些想寻求绿地开发宽松政策的人并没有多大斩获。实际上，大多数情况下，国家预期的 40％的绿地开发将如何进行管理并不明朗，因为区域规划草案中大部分提案不是被拒绝，就是被推至次区域研究或是地方开发规划中再去考虑（见下文剑桥个案）。事实上，针对一些艰难的决策，政府表现出拖延和回避的倾向。

第十节　个案研究：剑桥新定居地提案

斯蒂夫尼奇成为新规划体系中新开发夭折的范例，英格兰东部的剑桥也成为一个范例，主要体现在新定居点在满足未来住房需求方面的辩论。该地区的区域规划指引已经制定，剑桥郡属于东英吉利区域，该区的区域规划指引（SCEALA，1998）提出了在大剑桥区进行更大程度开发的可能性问题，该地区面临着巨大的开发压力，以及由于绿带紧张所致的严重限制。因为剑桥不是一个老牌工业城镇，缺乏容易辨识的棕地，人们担心如果实施高密度城市政策，“城镇拥堵”可能会对这座历史名城造成严重的后果。

新定居地在区域规划过程中仍然是一个模糊的提案。该提案没有确定任何明确的地点，在考虑将该问题推给剑桥的地方及彼得伯勒结构规划：

> 预期于 2006 年开始建设的新定居点提案应该由剑桥郡和彼得伯勒结构规划来提出。该规划应该明确界定该定居点在次区域中的角色定位、初步的选址及大概的方位，并为其早期的贯彻实施

提供指导。如果必要的话，它的设计应该是为长远的扩张留有余地。

（GOEE，2001，第 34～35 页）

东英吉利官方常务会议委托的次区域研究中，对新定居点在结构规划完成之前的各种选择做了评估（Colin Buchanan，2001）。该研究考察了三种开发选择的可行性，每种选择的最初定居规模都是6 000户：

- “以剑桥为中心”的开发选择，实现城市集聚规模最大化，包括城市内部和周围的区域以及其中的绿带。
- “混合战略”选择，将城市和绿带上部分住房分散到市镇……
- 市镇/走廊选择，将更大比例的增长配置到这些地区。

（第 iii 页）

在这些提案的影响下，相关研究由地方当局委托陆续展开。市议会和郡议会之间有着明显的矛盾。一方面，郡议会支持将开发集中在剑桥东区的绿带上；另一方面，南剑桥区议会则反对所有绿带的开发。这些研究证实了地方当局的原有估计。首先，剑桥机场地段能建设大约 10 200 所住房，附近的村庄也能做进一步开发；其次，这些开发会对绿带和剑桥的环境造成严重破坏。

剑桥郡结构规划选择了开发剑桥东部地区，主要是机场和村庄，这遭到由生活福利团体和南剑桥区的强烈反对。意料之中的是，从 2002 年 10 月到 12 月，长达六周的公众评议对这些提案展开辩论。公众评议批准了剑桥机场土地的开发，以及郡议会提案的部分绿地的开发，但却没有批准最初提案中所有的建议。

剑桥开发的有关辩论中可以发现众多发展主线与力量联盟，这在其他地区的新住房选址博弈中都可以发现。正方认为新的开发项目是可持续性的选择，可以解决住房短缺和高房价问题。反方则认为新的开发项目会对城市和绿带造成彻头彻尾的破坏。最大的不同在于，在剑桥，支持开发的提案是由当地的两个相关机构推动的，开发游说团体则居于次位。然而在其他高增长区域，在推动绿地新住房开发上，住房建造团体会表现得更为活跃。

第十一节　结论

在过去十年间，住房问题一直是区域规划指引的中心问题，为规划方式的变革提供了最具公众争议性的辩论和试验场。在对此章进行总结的同时，我们要关注四个重要问题，这些问题在本书其他章节中都有提及。

首先，住房政策的安排在不同规划层次上都存在明显的张力。大多数陈述都强调中央政府在政策贯彻过程中的控制和监督，其中涉及规划方法的选择性（Murdoch，2000），发布最终文件的职责（Baker，2002；Williams，2002），以及在区域规划指引准备过程中政府官员的监督作用。后一观点来自参与该过程人士的评论，他们指出和政府官员一起工作极其重要，因为能获得好的建议和有效的方法，同时他们觉得这是在“监督”自己的行为（Gobbett and Palmer，2002，第 211、221 页）。虽然中央集权占据主导，但不能忽视地方、区域乃至全国层面对中央政府政策的抵制。区域规划过程中的许多辩论会对政府产生影响，在没有大范围反对的情况下，政府也可能会根据辩论所设置的具体参数修改区域规划指引文件。从这个意义上讲，有必要仔细考察这些辩论，辩论超越了简单的“自上而下”掌控（有益）和“自下而上”反抗（无益）之间的二元对立。相反，也有必要考察治理的多标量性，各种跨越多个层面的不同辩论和压力循环往复的运行。从理论层面上来说，有必要运用国家选择性理论，以观察中央政府政策是如何受到影响的，如何在其他治理层面与既定政策进程相关联。

其次，区域规划面临的很多问题都反映了国家空间战略的匮乏。

若无此类国家战略，政府指导机构的功能就局限在区域政策制订的内省方面，而不是利用政策去平衡国家和区域之间的利益。当谈及将住房开发从压力较大地区转移到其他地区是否可能或可取这样的问题时，事情就变得格外难以处理。尽管各区域规划机构之间有一些相互交流，但交流的范围和内容非常有限。在这种情况下，区域规划成为一个只关注自身需求的过程，很难应对重大事件，如国家层面的定居模式、国家住房和经济增长模式等。

第三，棕地目标的确立和序贯检验等政策成为未来规划的中心逻辑，对此我们必须要关注。这些方法能否解决一些可持续性方面的问题，还不甚明确。除此之外，这些方法能否创造更高品质的城市环境仍需拭目以待（见第六章）。通过一系列相互关联的手段（住房配置、城市容纳力研究、棕地目标、序贯检验），政府实际上搁置了此类争论，但同时又公开其规划体系，以引入更大范围的公共辩论。一些住房建造的代表提出了和我们同样关注的忧虑，即城市棕地的供应会日益减少；但是就于何地、以何种方式实施未来大规模的绿地开发，仍缺乏相关指引。

最后，再次提及的是环保议题出现在区域住房辩论中的问题。正是基于不同区域、问题以及游说团体的关注，环保议题被纳入到辩论之中。虽然对可持续性发展被不同游说团体“劫持”感到有些绝望（Gobbett and Palmer，2002），但是它能帮助我们看清这个概念是如何开启一些重要辩论，并使辩论明晰化的。从社会、经济和环境标准来考察政策有助于从简单的“开发对抗环境”的论争中跳出来，进而关注住房开发在不同地域造成的影响，当然这种影响好坏不一。

第六章　迈向城市复兴?

新世纪和核心政治挑战之一便是让英国的城镇不仅变得适宜居住，同时成为人类活动繁荣之地。

（约翰·普莱斯考特，副首相，《迈向城市复兴》前言，城市工作组，1999，第 3 页）

第一节　重塑城市

推动可持续性的城市形态作为规划的中心内容，引发了有关可持续性发展的辩论。本章将着重检验区域规划所扮演的角色，它试图通过更优秀的城市设计来指引区域形成更为开阔的聚落形态，以及提升对城市环境的关注。就聚落形态而言，如何最佳地利用发展地区的发展惯性，长期以来引发了诸多辩论：究竟是应该通过抑制政策，将这些地区的发展转移至欠发达地区，还是应该鼓励所有地区的发展，寄希望于其所带来“扩散”效应？尽管从短期来看，鼓励地区发展看似是一个显而易见的解决办法，但长远看来，也会带来危险，其消极的后果会动摇成功的根基，如薪酬、房价和地价飙升、交通拥挤、城市扩张、通勤交通出行时间延长、社会分化，以及生活质量恶化等等。

换言之，不加控制的发展存在破坏区域发展成果根基的风险。

为了寻找双赢手段，现阶段较为可取的方法便是避免抑制政策，并设法以“更精明”的方式控制发展（方框 6.1）。在这种背景下，出现了一些辩论，一是关于如何最好地提升城市内的生活质量，二是如何更好地在更大的区域背景中处理城市发展的问题。

在美国，这些辩论通常与“新城市化”“新区域主义”等运动联系在一起，而这些源自可持续性发展辩论的概念被用于为规划提供标准框架，并为区域聚落形态和城市形式制订关键原则（Wheeler，2002）。精明增长（Smart Growth）致力于提升推动回归紧凑的发展形势，以替代无序扩张（见方框 6.1）。

方框 6.1

美国的精明增长

城市扩张和内城居民的迁徙问题引发关注，作为对关注的回应，如波特兰等城市一直在思考，是否可以在城市边缘建设新的基础设施，同时在主城区放弃学校等基础设施。同样的，人们也广泛关注因为居住地和工作地之间越来越远的距离所造成的社会和环境成本。英国规划亦是如此，在进行新开发时对棕地置之不理却直奔绿地而去，人们对此忧虑不已。

其结果就是向“精明”政策迈进了一步，这种政策能帮助将开发集中在恰当的地区同时保护敏感地区。有了精明增长，发展将会集中于现有的乡村和居住区，而资源富足地区则会得到保护。经济发展则是实现这些目标的一个良好方式。另外，配备公共交通和行人设施，以及提供居住、商业和零售相结合的使用等设计也会受到青睐。同时也会积极地创造和建设开阔的空间和其他环境设施。

来源：Burchell and Shad（1998）以及安德森国际城乡管理协会（1998）

自 20 世纪 90 年代早期，澳大利亚的联邦和各州政府也同样在寻求办法应对低密度的郊区扩展所带来的风险，采用了“生态可持续性的城市发展”作为总的主题。联邦政府的政策力图通过政府的“建设更美好城市”这一项目，鼓励该地区的创新发展。这个项目鼓励当地政府提升城市密度，进行郊区内外混合开发的大范围实验（见Haughton，1999b）。这不单纯是一个可持续性发展的责任，更是国家逐渐完善对标准的低密度增长补贴程度的一个过程，而国家也要修建新的道路、医院、学校等等。因此，在寻求减少占用乡村土地的程度时，澳大利亚的议程中一大部分都是基于提升郊区发展的成本回收。

在许多方面，低密度的城市无序扩张都是不可持续开发行为模式的一个重要特征，对它的忧虑使之成为国际性的辩论。因为它代表的是一种在多数情况下表现为土地低效和能源低效的城市形态。特别是城市无序扩张与对车与日俱增的依赖紧密相连，因而也引发了汽车污染问题。典型的独立式和半独立式住宅造型，在热量损失和建筑材料的消耗方面，相对于其他住宅造型，被认为能源利用率低。此外，越来越多的空间按照不同的城市功能被分隔开来，与之而来是修建大型服务基础设施（大型购物中心、大型超市、学校和医院）的趋势，在公共交通配套有限的情况下，这些对建造单一功能住宅区，以及对汽车更大程度的依赖性上产生了影响。对规划者而言，这些辩论点明了增加居住密度，促进混合功能性地区的分区制和完善公共交通配套的重要性。

正是基于这一关注，首次出现了有关可持续城市、可持续社区以及可持续居住的辩论（Owens，1986；Breheny，1992；Haughton and Hunter，1994；Barton *et al.*，1995；Roseland，1998），其中包括了对其他城市聚落形态相对环境友好程度的述求与反述求与日俱增的批评。然而早期阶段开始，人们都很清楚，有必要超越环境保护考量而关注城市的经济和社会职能，以及城市与更大区域范围和全球范围内偏远腹地之间的关系（Haughton and Hunter，1994；Rees，1995；Satterthwaite，1997）。不仅如此，认识到有关可持续城市形态辩论中的政治生态状况也十分重要，这涉及对一系列问题的关注，例如为什么要推动某种特定的城市形态，哪种聚落形态选择——例如新型聚落形态——在很大程度上是根据政策制订的（第五章），是谁执行的，基于谁的利益。

第二节　城市外的扩张与城市内的衰落息息相关

竞争性地方主义在规划过程以及地方经济发展中促进了城市外部的无序扩张，对这种情况的担忧演变成了次区域和区域层次规划中最激烈的辩论之一。尤其是20世纪80年代间的更为自由放任的方法出现之后，国家政府坚持支持开发，这使当地规划机构难以顶住来自开发者们计划在城外建设新设施所施加的压力。这一点在大型零售和休闲开发的快速增长上体现得尤其明显，具体例子有谢菲尔德的麦德霍尔购物中心，但这一现象在一些具有分量的城镇中也同样明显，这些地方现有的城市中心之外的大规模商业开发项目如雨后春笋般出现。许多地区似乎都存在一种最不普遍的标准方法，它目睹着当地规划当局为这些开发项目提供许可，即使他们预期了这些开发对城市内设施产生的消极影响。

这一方式的征兆表现为，全国范围内有一些规划当局曾允许在市外建立大型零售中心，同时也尝试制订政策，对投资、开支和就业情况恶化的零售中心进行革新。那些没有现成的交通工具帮助到达市外购物中心的人意识到他们所面对的是数量更少且通常更加昂贵的本地商店，这尤其给无车族以及老年人造成不便。然而，允许这种规划也引发了关注，即开车的购物者可能单纯为了消费要到城外其他地方去。对于那些能够去到城市边缘购物中心的人来说，他们是实实在在受益了，例如停车费用较低，而且可以将车停在离购物地点较近的地方。

基于这样的理由，需要加以强调的是城市向外扩张并非被普遍认为是国家自由放任的政治气候所带来的消极结果。确实，一些地方当局将城市外的新区域发展视为一种可以将大量急需的工作岗位和投资引入当地的方式。实际上，20世纪80年代期间，由于地方当局担心中央政府推翻任何正在上诉中的被拒规划许可而可能产生的代价，加上当地的投资竞标激烈，两者之间相互影响。这种复杂的相互影响的结果造成了城市向外加速开发的情况。总而言之，这不仅仅是源于投资本身的超级流动性，也源于高度流动的消费者和工人，地方当局在制订规划决策时应当牢记，如果他们不支持某一项开发，那么政府当局很有可能允许类似的发展项目，其结果是，好胜的地方主义破坏了规划者利用规划申请的条件来提升发展质量的努力。一些开发建成区域，尤其是那些沿着高速公路的区域，所受的影响要远大于其他地区。由于当地政府在试图抵制开发时缺乏区域规划框架指引，那么便可能会发现它们所做出的努力都会被另一个处于公路交会点的另一边或交会处上游的地方当局所破坏。——西约克郡和 M62 走廊便是经典的案例，这里的零售业与批发商店在这些年以来做得有声有色。此外，需要强调的是一些当地政府之所以能比其他地区更好地处理这一发展平衡难题，有时是因为他们处在相对繁荣的地区，可以更容易地对抗低质量的发展方案。

随着 1998 年之后的那一轮区域规划指引文件对更显著的空间特征的倡导，区域规划机构有可能互相合作以应对这些忧虑，这点在官方观点中得到验证，因为政府承认了城市内部的衰落有可能与允许城市向外发展的宽松手段有关（DoE，1996a；DETR，2000g，第 43 页）。

第三节　个案研究：西北区域的“南部新月”提案

在围绕着后来被称为“南部新月”的地方周边创建新经济开发区的提案很好地阐明了利用新区域安排应对这一焦虑的可能性。“南部新月”是为西北区域发展署（NWDA，1999）提供区域经济战略（RES）时引入区域辩论中的。这其中包含了一个以北柴郡（Cheshire）为中心的地区，这一地区早已出现了强劲经济价格回升的信号（图 6.1）。然而更重要的是，这是坐落在曼彻斯特和利物浦之间的城市化的主要地区，被称为都市“默西河带”（图 6.1）。

这些尚在起草过程之中的区域经济策略在阐述的过程中十分注意

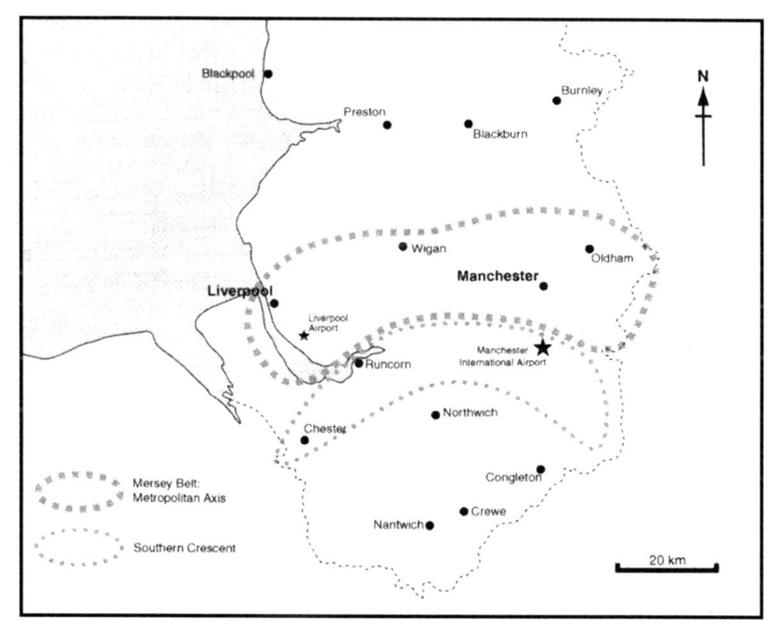

图 6.1 “南部新月”和都市“默西河带”(来源：NWDA，1999)

遣词造句，以便为所选的新开发项目辩护，使之不必在可持续性发展的原则上妥协而得以创造性地释放其潜能（NWDA，1999，第 42 页）。虽然也提出了一些其他需求，包括改善交通状况和巩固城市形式的需求，但这一阶段的提案似乎有些粗略。这种粗略形式的提议，并未招致大量反对，写入了区域经济战略中。

为了体现对区域经济战略的补充，西北区域的（NWDA，2000）区域规划指引草案最终对“南部新月”采取了颇为反常的方法。“空间发展框架”部分建议道，应当抑制柴郡的发展需要，以此支持主要大城市地区复兴，并将交通拥堵情况减至最小。然而在经济政策中表明，“包括‘南部新月’在内的充满经济机遇的地区中，发展规划和当地经济战略都要以那些关键部门为目标……要增加价值，提升区域竞争力，吸引投资，否则这些投资则会落户于西北区域之外”（同上，第 18 页）。这些内部的不一致很可能反映了这样一个事实——西北区域的区域规划指引草案是由一系列讨论组制定的，他们中通常包含了不同的利益方，提出了意见大不相同的议程。

在区域规划进程中，“南部新月”概念得到了商业开发利益相关者的大力支持，他们认为面临的竞争并不仅仅局限于西北区域的大都市圈，那些自由投资者们也可能会迁往欧洲的其他地方。然而，当地政府规划者们（在北柴郡和大都市圈地区）和环境团体对此表示反对，他们均认为北柴郡的发展抑制政策是推动城市区域重建的一个有力武器。其核心论点是，给“南部新月”下定义是没有意义的，除非这一举动是为了促进区域中的大型开发项目。公共评议小组对这些观点也表示赞同，并做出结论：“我们认为，区域规划指引把‘南部新月’确定在‘默西河带’之外，将不会有任何现实作用。”（Acton *et al*.，2001，第 67 页）。同样的，在国务大臣给西北区域的区域规划指引的“修改建议”中，也并未提及“南部新月”，而关于北柴郡的总体政策作为一个强有力的抑制得以保留。当地政府也按照指示，立即对他们现有的住宅用地分配情况进行仔细审核，以确保：

> 它们完全正当合理，并符合了核心发展原则……仅需保留的这些分配，它们应具有可持续性特点，会对国民经济发展做出巨大的贡献或者比在区域层面上的意义更为重要。
>
> （GONW，2002，第 20 页）

有趣的是，在这些辩论之后，西北区域的第二版区域经济战略（NWDA，2003）选择了避免提及“南部新月”的概念，实际上，这表明这个概念已从区域规划进程中剔除了出去。

令人好奇的是，在西北地区，政府更倾向于用限制城市向外发展这一方法来推动现有城市核心区域的城市重建，但在国内其他地区却采用了不同的方法。例如在东英吉利，其区域战略更倾向于通过分散开发那些需要重建的社区来支持经繁荣地区的发展。（见第七章）

第四节　城市移民与城市复兴

值得强调的是，新建的城市外部住房所面临的压力不仅源于近期的住户发展速度，它还反映了长期以来人口从城市内部区域迁离的趋势。人口流动性的增大与拥有汽车有关，个人财富的增长，再加上造成人们对城市生活的不满以及对类似“宁静的田园生活”的追求，都促成了这种人口迁移现象。很难在此充分地总结出所有的影响因素。有时这仅仅只是一个存在已久的生命周期模式，即年轻的家庭想找到位于郊区带花园的房子；但通常会和更广泛的因素有关，例如城市地区的学校质量，以及房价波动的差异。这些在某种情况下会陷入惯有的种族成见和歧视等更广泛的问题中。再者，将具有竞争力的本地规划有时也会起一定作用，因为这一些地区的当地政府强烈地感到应该做出规划许可，以便在城市周边建设新住宅，因为他们担忧人们会搬去邻近的地区居住，仅仅回来上班。此外，一些提倡高密度城市解决途径的人们利用民众持续自发地从城市中迁移出去的状况证明他们的替代方案是合理的。例如，城乡规划协会（TCPA）认为“近些年来在英国出现的反城市化显示出人们更青睐于非城市的生活”（城乡规划协会在西南区域公共评议中的书面证据，2000）。

到20世纪90年代中期，随着在许多北部城市出现了住房遗弃现象，我们可以清楚地发现，除了渴望在新兴郊区或城市外部住宅开发区中拥有一套房子，还有更为根深蒂固和难对付的问题产生着影响。最初这些情况被视为孤立的例子，直到20世纪90年代末期，情况已变得十分清晰，即尽管存在大量公共部分的“重建”投资，整个地区仍然出现了全弃置或半弃置的老旧私人出租房以及政府资助的住房。理由十分简单，越来越多的人觉得自己尚未准备好要住在某些城市中的特定地区中，而且这些地方供应的住宅、环境条件、教育和医疗设施以及社会结构都非常糟糕。这些地方名声不佳，又是被遗弃的，这使得它们成为投资个体或机构眼中的落后地区，因为有可能存在投资

插图 6.1　赫尔废置的住房

却得不到什么回报的风险。或许同样重要的是，甚至是居住在这些地区多年的人们也同样认为，这里是落后地区。他们担心犯罪率上升，这和毒品泛滥和青少年团伙到处滋事欺负弱小有关。这种看法与现实情况一样重要，因为当地媒体力图传递复杂的有关社区所存在的大量问题的信息，以及该社区对这些信息的抵制所带来的积极方面。但在住宅投资方面，盛行的说法仍然是“位置，位置，位置”，而那些处在“差”地段的则会发现，要进入功能齐全的住宅市场中，操作起来变得更加困难了。其结果就是，在约克郡的城市，比如赫尔和利兹，有可能会在2英里（3千米）房地产繁荣的地区里，出现大量弃置住宅，并且房价也不断下降。

然而，投资资金、工作岗位和人员的外流，这并不是一个简单的不定向且普遍的现象。在过去的二十多年中，有大量人返回城市内部居住，部分是受如索尔福德码头（Salford Quays）和伦敦船坞区（London Docklands）等实验的刺激，这也揭示了“生活方式”公寓的市场化程度。重返城市趋势也是对一系列人口趋势和劳动力市场趋势的回应，以及对育儿与双收入无儿家庭人数之间不断扩大的差距，但他们对于文化设施也十分向往。这些问题的趋同性与“后工业化时尚”的出现紧密相关。“后工业化时尚”特别喜好改建仓库，以及相关的美化原工厂旧屋和旧街区。选择性是很重要的。越大越繁荣的城市会优先从这一趋势中获益，例如伦敦的部分地区，加上如伯明翰、曼彻斯特和利兹这些区域首府的部分地区。富有同情心的当地政府帮助消除原工业地区的规划限制，这些地区曾被划分为仅限于“工作使用”，同时政府还通过法律允许的态度，鼓励发展这些地区的夜生活。例如利兹的“24 小时不夜城”计划，也许这个名字似乎不太恰当，但它确实帮助这座城市改变了形象，如同曼彻斯特运河大街区上日益繁荣的咖啡馆与酒吧那样。

插图 6.2　让人们重返城市：赫尔深海水族馆

在区域议程中很有必要强调这些城市问题的重要性。区域主义的兴起有部分取决于人们的一种认识，即一些城市区域的衰落与更广泛的区域问题相关，某种意义上，缺乏战略性的区域主义造就了具有竞争力的地方主义，而这种区域主义则导致了众多的投资从城市内部地区转移到了城市外部地区。

第五节 高密度城市、城市复兴与可持续社区

高密度城市政策在英国的规划中越来越起到核心的作用。在区域层次内，目前的主流观点认为，支持已拥有大量就业机会和更完善的基础设施的城镇进行进一步开发，而不是强硬地在小型居住区实施新开发。从政治角度来看，尤其是在 20 世纪 80 年代时期，随着东南区域私人部门主导的计划夭折（见第一章），新型的居住群也已经不受欢迎了。从城市层面来看，占主导地位的主题就是在寻求如何提升现有城市区域的吸引力的同时反对城市的无序扩张。它通常涉及一系列推动完善规划的相互联系的政策，这种规划采用混合用途规划分区制，而非过去死板的分区布局（插图 6.4），追求更高居住密度（插图 6.4），完善楼房和公共空间设计以及鼓励人们选用公共交通工具来替代汽车的方法。这些政策反映出的主要观点是，过去那些影响力不足

插图 6.3 利兹的高密度混合用途开发项目

插图 6.4　格林威治千禧村：高密度开发项目

的规划导致最糟糕的情况出现，即城市的无序扩张吞食了乡村，同时在城市内部，投资和就业情况恶化，也加剧了社会分裂。这一观点由英格兰乡村保护运动组织这一全国性环境团体发表在其新闻稿中：

尽管新政府规划政策试图停止破坏性的开发行为，但是房屋的无序扩张仍在持续地对乡村地区造成破坏，削弱城市的复兴。保护英格兰乡村保护运动组织助理主任托尼·布顿称：“当地政府及其区域办公室的惰性，共同阻碍了政府的王牌政策获得成功。”

（CPRE，2001b）

尽管高密度城市政策获得了广泛支持，但支持这两个政策的论点仍存在两个主要问题。第一个问题是人们怀疑那些住房和邻近区域是否具有足够的吸引力来鼓励人们在城市内落户（Breheny，1997）。第二个问题则是，目前的证据并不能一致证明高密度城市政策有助于达

插图 6.5　格林威治千禧村

成预期的规划目标。这一问题并不是指高密度城市政策（见 Stead 的评论，2000）未能获得相关研究的支持，而是政策决策者们似乎低估了存在的一些问题—— 究竟这种方式是否能够达到预期的效果以及产生非预期的消极影响 —— 许多问题其实已经由来已久（Evans，1991；Breheny，1992；Haughton and Hunter，1994；Williams *et al.*，2000）。比方说，目前依然不清楚，究竟高密度居住本身是否足够使人们远离汽车。（插图 6.5）

然而，对于近期历届英国政府而言，高密度城市政策具有相当的吸引力，象征了一种可以同时满足两方的方式，一方面力图保护乡村地区，而另一方面则希望能促进城市重建。特别应提到的是，这种高密度城市途径似乎提供了一种有助于减少在处理国家对更多住房建设需求时所产生矛盾的方法。通过对优质城市设计的重视，政策制定者们可以证明是完全有可能吸引人们重回城市内部区域居住，占用棕地而不牺牲城市环境质量。在这个双赢方案的尝试中，乡村地区的开发压力减小了，而新住宅也得以建造，城市环境也将得到改善。

第六节　规划高密度城市

英格兰高密度城市的出现源自开发规划建议机构，它们倡导更高的居住密度，对混合使用开发给予更多关注，提高“棕地”而不是新场地（“绿地”）的利用率。20 世纪 90 年代中期，保守党政府就表明具有这种政策导向，并且决心日益坚定。《可持续性发展：英国战略》（HMSO，1994，第 161 页，第 24.20 段）中清晰明确地阐述了这一决策的合理性：

> 在大部分具有可持续性的聚落形式中，都鼓励城市开发。城镇密度非常重要。密度越高的城市开发所占土地也越少。还可通过例如分区供暖等有效再生技术，或通过减少出行需求，如从家到学校、商店、工作单位等，来降低能源的消耗率。减少出行机

会，尤其是汽车出行，这取决于发展的规模和密度，以及配备良好公共交通工具和可步行到达的市中心所提供的公共设施类别。

这种政策导向在政策指引中得以实施，它要求当地政府要在它们的发展规划中探讨这些问题。

随着1997年新工党政府的上台，这一政策不仅仅是被确定下来，还在许多方面得到了强化。关于可持续性发展的国家战略修正版有助于准确地说明新政府对该政策是如何设定这一问题持有的观点。（DTLR，1999a，第61～62页，第7.56段）：

为了创造更具可持续性的开发模式，我们应当：

- 将大部分新开发集中在已有的城市区域；
- 在规划新开发地区位置时减少出行；
- 对先前开发过的土地进行再利用，重新使用空置住房，改造建筑的用途；
- 扩展现有的城市区域，而不是建造孤立的新居住地；以及
- 鼓励发展具有绿色空间的高质量环境。

这个战略中相同的部分也提出政府应鼓励在临近现有交通走廊和城镇中心地带进行高密度开发，并为推动更具有混合使用特点的开发，使之可容纳各种类型的住房（包括社会住房）、零售商店和办公楼。

在对区域规划指引进行的修改中，政府的建议（DETR，2000a）使得可持续城市形式的成果变成了一个中心目标。政府的规划绿皮书中（DETR，2001b，第1页，第1.4段）也提到了关于可持续性的中心性和城市形式等问题，说明了实际上规划的主要任务是什么：

一个成功的规划体系，会在合适的时间和地点，为发展提供土地，以推动经济的繁荣发展。它将确保新发展是针对现有的城镇中心而非采取城市扩张的方式，并以此来鼓励城市重建；它将

帮助保护绿地，并对城市棕地进行再利用。虽然认识到时代在改变，但也会珍视乡村遗产和我们所继承的文化遗产。它在实现政府关于可持续性发展的承诺上发挥着至关重要的作用。

第七节　城市工作小组报告和城市白皮书（2000）

1997 年，布莱尔政府上台后不久，一个由建筑师洛德·理查德·罗杰斯（Lord Richard Rogers）担任主席的工作小组成立了，他们关注有关如何让城市变得更迷人的复杂问题。其最终的报告《迈向城市复兴》（城市工作小组，1999）将城市形态、城市设计、建筑、高质量公共设施和降低犯罪率问题集合在一起，以提出让城市变成更具吸引力的居住地与工作地的方法，同时也推动可持续性发展的目标。这一报告源于具有长期传统的欧洲思维，特别是欧洲委员会的《城市环境绿皮书》（CEC，1990）。城市复兴报告中的重要性在于，它把城市设计看作是一个新的焦点，将其视为城市规划中以及在可持续性发展中对整合途径要求的关键因素："应当基于以下原则，如卓越的设计，经济实力，环境责任，良好的管理和社会责任，来实现城市复兴。"（城市工作小组，1999，第 25 页）

城市工作小组的结论在政策行业内引发了大量辩论，也获得了广泛支持。对于该报告中所提到关于充满活力且富有美感的生活的设想，大量新闻报道均表示赞同。毫无意外地，曾一直倡导类似途径的英格兰乡村保护运动组织（例子见 CPRE，1994），变得尤为热情："看似相互矛盾的是，我们城镇与城市的重建，是解决部分最紧迫的乡村问题的关键因素。就英格兰乡村而言，履行这一报告要比新乡村立法重要得多。坐以待毙不是办法。"（Kate Parmister，CPRE，引自《每日电讯报》，1999c）像住宅建设者协会这样的拥护开发的团体也同样支持这一报告。不过在这种情况下，他们也强调了存在诸多问题的棕地开发资金问题，以及随之而来的公共补助的明确要求："在此前未开发过住房和那些饱受破坏的地区创建住房市场，需要大规模的开发，设

想，政治领导力，以及来自公共财政的大量资金投入。”（住宅建设者协会发言人，引自《每日电讯报》，1999c）

对工作小组报告的主要批评来自于像城乡规划协会这样的组织团体。他们反对高密度的城市生活，主张回归到新住宅区的建设上，以应对住房危机（见第五章）。它阐明了一个城市化英格兰的替换设想，提出新的“可持续”居住的观点，即“集中在新住宅区和扩张区域住宅区进行房屋开发，这样才能真正地反抗城市无序扩张，保护乡村地区”（Graeme Bell [城乡规划协会主任]，《规划》，1999 年 10 月 15 日）。

自 1978 年起，在第一本城市白皮书制定完成之前，政府一直等待着工作小组报告的交付（DETR，2000g）。它陈述了城市生活的新设想（方框 6.2），即试图把关注与促进城市生活质量结合起来，这是对避免城市社区中过去分裂隐患的关注，是不因支持城市无序扩张而失去乡村地区强劲的政治选票的愿望。这一新设想在转变城市政策的重点时尤为显著，即坚定地支持与社区接触，而不是期望私有部门带头制订新的开发提案。象征性地说，也许，自下而上的提案，“人们塑造他们所在社区的未来”，应该排在首先考虑事项列表中的第一位，而经济投资则名列第四，排在城市设计和环境可持续性之后。

加强政府对高密度城市发展形式的现有责任，白皮书中多次强调了要将棕地和空置建筑重新投入建设用途中：

> 目前它们是被浪费的资产。我们要采取恰当的措施：
>
> • 充分开发它们的潜能，让它们帮助提升城市生活的质量，而不是贬损它们的价值，以及
>
> • 使用先前开发过的土地，以避免城市无序扩张和分散的开发。
>
> （来源：DETR，2000g，第 9 页）

方框6.2

2000年城市白皮书设想

我们的设想关乎城镇、城市和郊区，它们能为每一个人，而不是很少一部分人提供高品质的生活与机遇，我们希望：

- 人们塑造他们所在社区的未来，有强悍且能够真正代表当地的领导者给予支持；
- 人们生活的市镇和城市美丽迷人，保存完好，并能充分利用空间与建筑；
- 卓越的设计，良好的规划，使人们居住方式更具环境可持续性，噪音、污染和交通堵塞也更少；
- 市镇和城市能创造与分享繁荣的发展，并帮助其居民发挥出最大潜能；
- 高质量服务——医疗保健、教育、住房、交通、金融、购物、休闲、安保——无论人们或公司位于何处，都能满足他们的要求。

这样的城市复兴会让所有人受益，也会使城镇和城市充满活力与成就，同时保护乡村地区不受发展的压力。

来源：DETR（2000g，第30页）

第八节　区域规划和城市复兴议程

在区域规划筹备期间，关于城市复兴的辩论主要关注高密度城市、可持续城市形式、住房数量和位置、就业点地点位置和交通提案中的核心战略政策问题。

城市复兴议程的要素出现在了近期所有的区域规划文件中，而这些文件均包含力图实现可持续性城市形式和高密度城市发展的政策。

然而，作为对城市开发和管理的清楚明确且全面的概念和手段，城市复兴在部分区域文件中起到的作用远比在其他区域文件中的大（表6.1）。然而有趣的是，正如可持续性发展那样，城市复兴也许被当作政治策略和政治资源才是最恰当的。它是观点的集合，有选择性地集合了各种开发途径的观点。

表 6.1　区域规划中的城市复兴议程，2003 年 4 月

区　域	城市复兴/重建
RPG1：东北区域	并不是城市复兴，而是城市重建作为空间战略中四个核心主题之一。城市复兴问题将在不同主题下进行谈论
RPG6：东英吉利区域	发展战略的第一政策是以“城市复兴”为题。它包含了城市设计，建筑保护，城市空地，重新使用空地或未充分利用的土地，增加住房储备，处理贫困和社会排斥问题，社区安全
RPG8：东密德兰区域	尽管城市重建是空间战略中的一个核心因素，但并未包含对城市复兴的具体引用
RPG9：东南区域	关于生活质量的章节首先介绍了城市“复兴和集中开发”。该政策使城市区域成为发展与二次发展的首要焦点，并探讨了设计和重建问题
RPG10：西南区域	尽管其他政策中提及了首要主题，但并没有特别针对城市复兴的目标或政策，城市重建也并未被认定为核心问题
RPG11：西密德兰区域[a]	城市复兴是空间战略中四大核心主题之一，也是首要目标和首要政策的主体。该政策谈到了工作和居住环境的多样性及各种选择；就业、教育和培训的多样性；现代城市交通，重视公共交通；城市、市镇和当地中心区恢复活力。有一章名为《城市复兴》的单独章节介绍了更多与上述内容相关的政策细节
RPG12：约克郡和亨伯区域	“城市与乡村复兴”是空间战略四大核心主题之一，它包括了：城市设计；高密度城市发展；土地利用与交通运输的整合；城市交通运输最小化；解决社会排斥、遗弃和衰退问题

续 表

区 域	城市复兴/重建
RPG14：西北区域	城市复兴是战略中的核心目标，也是下列问题的核心原则：土地利用和建造中涵盖的经济因素；提高生活质量；新发展的质量；推动可持续性经济增长，竞争力和社会包含性

来源：观点取自区域规划指引的最终稿，而不是西密德兰区域规划指引
注释：a.：RPB准备的草案

第九节 可持续社区？

早在2003年政府发布了《可持续社区：为未来而建》（ODPM，2003a）行动方案。在此过程中出台了一些激进的提案，以解决东南区域和东英吉利区域城市扩张，和尤其是北部城市房屋弃置所共同带来的双重压力。行动方案提议在房屋弃置较为严重的地区增加新的干涉力量，包括建立地方当局和其他重要利益相关者的伙伴关系，发展整个住房市场的战略规划，创造九个低要求的探路者方案。

除此之外，该方案宣布了政府在南部区域的新住房方案，并利用一些次区域审查中初步发现作为区域规划过程的部分内容。在2001年的区域规划指引RPG 9中，政府将东南部区域规划公共评议小组所提议的新住户数量减少了约200 000户（东南区域政府办公室，2001），仅仅两年之后，政府又反加了200 000户，达到之前期望的到2016年的建成数目。这种政治上的巧妙举动旨在赞成次区域研究中的提议，即在四个新“发展地区”—— 泰晤士河口区、米尔顿凯恩斯—南密德兰、伦敦—斯坦斯特德—剑桥，以及肯特郡的阿什福德（图6.2）——是可以容纳这么多新住户。在《可持续社区》发布后的一次讲话中，副首相约翰·普莱斯考特阐述了决策理由（ODPM，2003a）：

我不想要我们过去那种胡椒罐似的开发。我也不想城市无序地扩张。

这就是为什么我用张保证书来保护绿带，这就是为什么我增加新开发项目的密度值。

这同样也是为什么我们集中在四个开发地区——阿什福德、米尔顿凯恩斯、斯坦斯特福德和泰晤士河口区。

我们的焦点是增加这些地区的住房供给，达到临界值水平，并使这个系统获得肯定。

（ODPM，2003a，第 7 页）

这些提案中包括了许多重要进展。尤其值得注意的是，其中关注了社会住房的解决事宜，为达到期望与社区合作的明确承诺，改善扩大公园和空地的新资金，改善本地基础设施的承诺，以及应由地方政府而非未经推选的商业领袖作为所提议的新执行机构的核心这一事实。

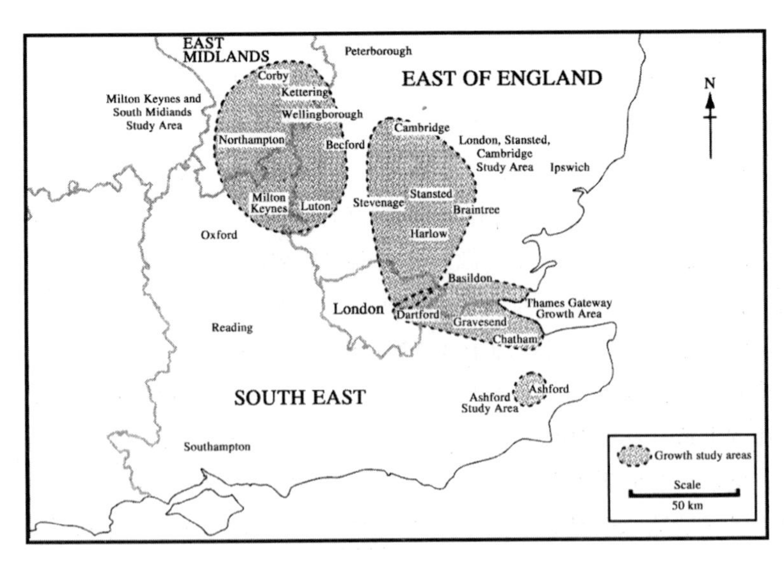

图 6.2 “可持续社区”发展研究地区。来源：基于副首相办公室 2003a。英国文书管理局和皇后指定苏格兰印刷商的许可件副本（证书编号 C02W0002008）。

也许更加重要的是，提案所在的层次在一定程度上正好能解决该层次上的问题。另一方面，假设很少关注到这些地区诸如水资源匮乏等问题，而且为了提高住房的生态效率而提出的明确措施仅仅是为了社会住房而非私人住房，那么这些提案能否符合其标题《可持续社区》仍有待商榷。（见 Haughton，2003b）

第十节　泰晤士河口区：改写东南区域城市地理

在接下来的几年，政府的可持续社区展望中心是在泰晤士河口地区，它是一条贯穿东伦敦和邻近的埃塞克斯和肯特郡的 30 英里长（50 千米）的走廊。其发展速度似乎比文献中提及的其他三个发展区速度更快。政府于 2003～2006 年间，财政支出 446 000 000 英镑给泰晤士河口区提案，用在汇集土地、整治棕地、运输装置、增加额外经济适用房和本地关键基础设施方面。在项目发布之后的一次部长讲话中，副首相说道：

> 发展区给了我们重新设计社区的机会，按照过去规划新城镇的方式继续前进。机会就在眼前。仅仅泰晤士河口区就能额外提供 200 000 套住房，300 000 份新工作，而且基本上所有都建在棕地上。
>
> （ODPM，2003b，第 7 页）

我们对此地区感兴趣的地方在于可通过区域规划过程追溯其历史，尤其是它发布于 1995 年那份独一无二的补充区域规划指引。保守政府试图依靠 20 世纪 80 年代东伦敦港口码头区的成功重建，加上伦敦及东南区域规划委员会的努力，于 1991 年出台了一份提案，即在伦敦东面 30 英里走廊指定新的大型重建区（Haughton *et al*.，1997；Hall，2002）。这片地区最初名为东泰晤士走廊，但随后又被命名为泰晤士河口区，它深受经济和环境问题困扰，其中包括大规模厂房弃置问题。

提案中还说道，这片地区曾有大量的野生动物，生态呈多样性。从社会意义上来说，现有的人口基本上没经历过经济繁荣，而东南区域其余地方都经历过，尤其是伦敦西部 M4 走廊。

东南区域的区域规划指引第一版（DoE，1994d，第 8 - 167 段）说到：

> 东泰晤士走廊呈现出发展的契机。从长远看来，伦敦这一区域、南埃塞克斯和肯特郡都有潜力……随着环境质量的提高，能承受住房和就业发展的显著水平。有了经过规划后的交通情况和基础设施的投资，加之其地理位置靠近伦敦正中心而又连接英吉利海峡隧道，走廊地区受益良多。

为了促进此地区的发展，出台了泰晤士河口区（RPG9a）规划纲要（DoE，1995）。东伦敦的“皇室和斯特拉特福德”，达特福德和格雷夫森德旁的“肯特·泰晤士河岸”被设想为主要发展中心，希望以此来为东伦敦和泰晤士河口区的进一步城市重建提供动力（表 6.3）。同时在纲要中确定了包括一些在泰晤士河口和沼泽的重要生态地的保护区，还对现存的绿带保护区加以确认并提供保护。对本区域的交通基础设施的改善对其发展成功至关重要，包括改善从伦敦到英吉利海峡隧道之间的新轮渡以及建设高铁线。

尽管为了推进这些提案，建立了高级合作关系，但它并不像早期的港口码头区提案那样建立独立的发展机构，负责区域重建（Haughton *et al*.，1997；Hall，2002），相反，它大部分是依靠个别地方当局和机构。由于本地区的进展并不如人意，致使伦敦及东南区域规划委员会（伦敦及东南区域规划会议，1998）在东南区域规划指引草案中提议通过抑制伦敦西部经济活跃区的经济增长等显性政策来帮助这一地区（这些提议在第七章有述）。这是有争议的，在公共评议期间吸引了相当多的辩论。公共评议小组随后的报告中表达了他们的立场，他们反对抑制任何地区的发展（Crow and Whittaker，1999）。中央政府试图以妥协的方式解决此问题，在区域规划指引 RPG 9（GOSE，2001）的最终版本中，政府选择支持经济活跃区的发展，同时大力支持泰晤士河口区的发展，并称“重建泰晤士河口是区域和国家优先战略”（第 14 页）。本地区的重建中尤为吸引人的是它能够在伦敦绿带之外的棕地上建设大量住房，而这些棕地又如此靠近伦敦。

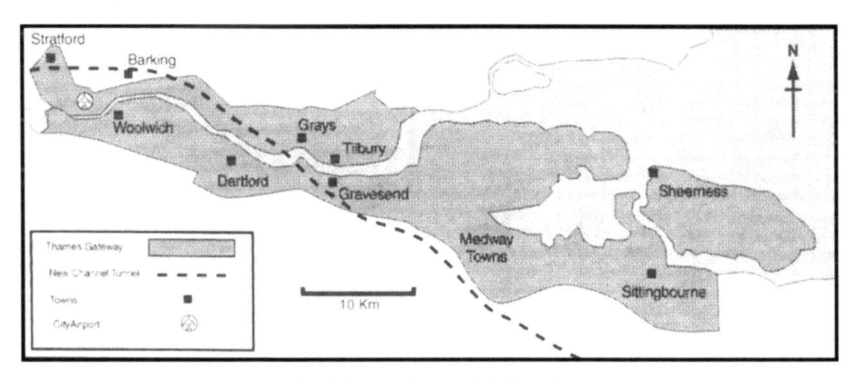

图 6.3　泰晤士河口地区（来源：DoE 1995）

《可持续社区》（ODPM，2003a）极大推动了一项提案，这项提案在中期审查中不仅显示出成功迹象，又显示了人们对促进因素和环境影响的担忧。（Roger Tyms and Partners in association with Three Dragons，2001）。在《可持续社区》中一共提议了总共 14 个位于泰晤士河口区内的“改变区”，并期望它们建立定制型运输机构。尽管之前文献中信誓旦旦地称需要反对之前的运输模式，改为支持当地可接受的模式，随后又窘迫地称政府正在和合作伙伴协商建立新的机制，将利用城市发展公司在伦敦泰晤士河口区和瑟罗克的影响力（第 50 页）。

第十一节　为城市复兴打通交通督脉

1998 年的区域规划中引进了一些改革安排，其中包括了一种期望，即每份规划文件里面都将包括一份区域交通规划总结，以作为更好地整合规划政策和交通政策举措的一部分（DETR，2000a）。毫无疑问，区域交通规划中至关重要的相关问题就是，关注焦点从20世纪80年代期间的新道路建设上，转向了自20世纪90年代中期起对道路交通实行管理的逐步认识。同一时期，人们逐渐意识到了将土地利用规划和交通政策进行更优整合的需要，这其中包括了，在短短的五年间，两个相关的部门整合成了一个政府部门。交通白皮书（DETR，1998d）提出了更好地整合交通模式的需求，同时对更具可持续性的交通形式，如公共交通，骑自行车和步行，给予更多优先权。通过一系列被称为多模态研究（MMSs）的交通研究，促成了部分的整合。首要部分就是在《英格兰干道新政》（DETR，1998e）的出版后制定的。多模态研究的目的旨在提供一种新方式，用于确定规划以及交通选择（DETR，2000b），这涉及了成果的审查，即每一项交通模式都能达成尚在讨论中的区域、地区或走廊可持续性发展的目标。

尽管多模态研究（MMSs）往往是《区域交通规划》（RTPs）发展中的关键因素，但在其中任何文件没有出版前，大多数研究掌握的时机意味着大部分区域的区域规划指引或区域交通规划相互联合的过程会大大提前。最终研究的缺失必将严重限制目前政策背景下任何有关交通的辩论。也值得注意的是，在所有区域经济战略中，完善交通基础设施都被视为其关键目标。当大部分人都在强调可持续交通的必要性时，在一些区域，人们依然认为更重要的仍然是道路，而不是完善公共交通。在大部分区域规划文件中，完善交通基础设施也是推动城市复兴，尤其是帮助推动向公共交通转变的一个关键因素。这一情况在西密德兰区域十分明确，其中对城市复兴主题的论述广度尤为有趣。

第十二节　个案研究：方向上的根本转变？城市复兴在西密德兰区域空间战略中的角色

城市复兴和完善交通基础设施是构成西密德兰区域规划指引草案中四个内部相关主题中的两个，另外两个是乡村复兴和区域经济的多样化和现代化。西密德兰区域是唯一一个在区域规划指引公共评议之前就发布了多模态研究的区域，这意味着其内容会影响如城市复兴等问题的辩论。

西密德兰区域的区域规划指引草案（WMLGA，2001a，第 14 页）将区域的新空间战略描绘成一个“方向上的根本转变”。在阐明其新案时，区域规划机构承认，以往的规划政策导致了“人口、就业和投资的分散”，需要在方法中“改变步调”（第 14 页），并采用 2001 年新空间战略。新方法更加明确地聚焦于一系列措施，即能同时使人们重返城市地区，也就是说使它们变得更具吸引力，以及能抑制外部乡村地区的未来发展——这正是城市复兴战略。

旨在使区域的主要都市区（伯明翰/索利赫尔、黑人乡村、考文垂和北斯塔福德郡）恢复活力的政策提供了城市复兴政策的主要关注点。在八个地方当局中，五个拥有主要都市区的政府当局经历了 1991 年至 2000 年期间的人口减少问题，这也为创造“一个人们选择居住、工作和投资的环境”（WMLGA，2001，第 15 页）来改变这一趋势的政策愿望提供了背景。

西密德兰区域的区域战略提案接受了国家规划指引，通过整合有关主要都市区的政策解决城市复兴问题，以促进：

> a. 各式各样高品质的，健康以及经济上承担的可持续性居住和工作环境的选择；
>
> b. 适应就业需求的大量岗位及其种类，以及相关教育和培训机会；
>
> c. 重视公共交通的现代城市交通网；以及
>
> d. 市镇和当地中心区的复兴，为社区提供高品质服务，提升认同感和社会凝聚力，并推动经济转变。
>
> （WMLGA，2001，第 15 页）

尽管城市复兴的核心政策做出了有力的承诺，要将主要都市区放在西密德兰区域行动中的首要位置，一些参与我们访谈的区域利益相关方，以及其他一些在 2002 年 6 月和 7 月参加公共评议的人士，对区域规划指引草案是否会始终贯穿所有的政策地区并追求这一主题，均提出了他们的疑问。特别是环境团体提到了住房、经济发展和交通方面的政策，他们觉得这些并非一直都支持城市复兴的主题。

住房标准和分配

区域规划指引草案提议，政策应从原有的发展模式中进行转变，即从以往在郡县地区支持将绿地用于住房建设，转变成强调主要都市区的棕地，而之前的区域规划指引早已预示了这一转变。然而，在提议这一转变的过程中，该文件承认，由于现有发展计划分配和建筑许可，要实现这一重大转变还需要一定的时间。不过从长远来看，新战略试图大量减少在乡村地区的开发数量，以专门帮助大都市圈恢复活力。

尽管在公共评议中人们普遍支持城市复兴的广泛概念，一些利益相关方（主要为支持开发的利益团体）仍质疑是否应该或者可以通过土地使用规划政策，将人口从主要城市地区分散，而这些政策均旨在抑制区域中上升部分的增长。住房开发商们在公共评议中的典型评论是“你不能与市场背道而驰”以及“人们以传教般的狂热接受城市复兴……我们必须脚踏实地”（均来自 Redrow Homes 的证据）。支持开发的游说团体，其主张的中心主题是，区域规划指引草案中试图减缓分散的尝试太过突然，在可预见的未来，它应该对位于主要都市区附近的郡县地区所面临的强劲增长压力的持续性给予更大的关注和认识。

因此不出意料，住房开发商主张反对在处于上升势头的郡县地区实施严苛的住房开发限制，认为这些做法会抑制西密德兰区域的住房市场，并最终影响区域的经济发展。环境团体也同样对住房的数量和分配表示不满，但是原因却大不相同。他们担心所提议的空间战略仍会导致大量的绿地在早期就被开发。对这一立场的支持源于可持续性评估（WMLGA，2001b），其中建议“要考虑减少对［现有］结构规划［住房］分配的比例”（第 15 页）。人们认为如果没有这个政策，附近乡村持续存在的住房可得性问题就可能挫败城市都市区的复兴的转变。

公共评议小组在其报告中接受了区域规划指引草案中应对住房供应的总的方式，总结为“西密德兰地方政府协会有理由寻求修正长期的区域内的移民趋势，以支持空间战略”（Swain and Burden，2002，第 56 页）。然而，该小组同样认可“要显著提升主要都市区的吸引力，仍需要一段时间”（同上，第 39 页），因此在中短期内，有必要在这些地区外部维持一个建设项目。

经济复兴

重建区在西密德兰区域战略中被视为一种机制，通过它集中相关行动，帮助改变就业岗位和人群从大都市圈中分散出去的状况。备受争议的是，在此前的区域规划指引（Vigar *et al*.，2000）所介绍的发展交通走廊的概念，也同样被人们寄予厚望，在区域经济发展政策中发挥关键作用。“高科技走廊”（HTCs）是沿着交通路线确定下来的，比如考文垂、索利赫尔和沃里克之间的地带，这些地方的产业集群发展常与研究、开发和先进技术相关。这一观点源于罗孚工作小组的工作，它们曾确定要仔细研究就业资源而不是汽车产业。“其他战略性运输走廊”（OSCs）也因为有要将机会区域与需求区域联系起来的需求而被证实合理。

该战略草案强调走廊地区的发展主要集中于主要都市区，现有的城镇和由公共交通供给的关键节点。此外，其目的也专注于在棕地上进行新发展。尽管这些努力预先考虑了批评意见，但提议也在利益相关方中引起了广泛关注。关键问题包括了没有提及任何针对就业用地的连续测试，而更具争议的是，区域规划指引草案中指出“尽管是作为最后的手段”，出于就业目的，将会使用一些绿色用地（WMLGA，2001a，第 68 页）。事实上，还不至于认为以顺应经济发展而对绿带政策边界进行调整。

交通走廊中的经济发展政策，最初出现在先前版本的区域规划指引中，在公共评议期间饱受批评。例如，共同法定保护机构（政府保护机构，在公共评议中倾向于偏袒环境团体）将区域规划指引草案中“走廊”政策的过剩描绘成代表“一个将不会长期服务于城市重建的遥远的走廊”（公共评议的口头证据，2002）。与环境相关的辩论也十分重要，由于在主要的城市区域外部出现了大量中短期的开发，这使要改变人口分散这一问题变得十分困难，因而反对城市复兴。环境团体尤为担忧的是，走廊政策会鼓励人们选择开车上下班，“地球之友”也认为“区域规划指引在确定走廊政策中犯了一个错误，[因为]它鼓励了出行也包含在内这一想法”（公共评议中的口头证据，2002）。政府保护机构同样指出了在想法上存在的不成熟，即认为把机会地区与需求地区用走廊连接起来，就意味着人们出远门时会选用公共交通工具。

乡村游说团体英格兰乡村保护运动组织也认为，经济发展政策，特别是走廊政策，有可能敞开了被滥用的大门，并可能导致地区带状发展，除非发展的目标强烈地指向棕地。也许几乎是不可避免地，英国工业联合会不赞同这一评估，认为“许多棕地对雇主们并不具有吸引力”（口头证据，2002）。对于抑制该区域南部和东部机会地区的发展可能造成的后果，住宅建设者协会对此也表达了它的担忧，鉴于“为了让主要都市区对雇主们更具吸引力，我们还有很长的一段路要走”。实质上，抑制政策的对立面是基于它们不会导致发展移向区域中的城市这一想法，而并非认为发展会局限于其他区域或国家。以往参与者完美地总结了关注外部环境和区域规划中存在的抑制的需要。他表达了他的关注，“就业情况变糟，不仅是出现在地区内，也会出现在全国内，除非有一组平衡组合的地址”（规划顾问的口头证据，2002）。

由于一些发展团体认为新的上班地点需要配套相邻的居住区，以减少上下班路途距离，环境游说团体和支持开发的一些利益集团也在是否工作与居住距离近就能带来较短的工作路途这一问题上产生了分歧。住宅建设者协会确信这一观点：“如果允许发展增长却没有相匹配的住房发展，将导致不可持续的发展。”（公共评议的口述证据，2002）而其他人则指出，研究表明通勤模式要比这个更复杂：“认为把新住房和工作地点放在一起，人们就会在居住处附近工作，这真是痴心妄想。”（英格兰乡村保护运动组织在公共评议中的口述证据，2002）

交通运输

在西密德兰区域的区域规划指引草案中，其区域交通战略的首要目标是要为本地区创建一个整合各种交通设施和服务的高效网络，从而能够完全支持空间战略中的城市复兴目标。特别之处在于，它确认了在主要都市区中改善公用设施和服务的要求，以防止人口进一步分散以及随之增加的出行距离。它包括了一系列提议，旨在减少出行要求，鼓励向公共交通方式的模式转变，并鼓励步行和骑自行车出行以及要求管理。

也许是不可避免地，交通战略也同样确定了新的道路提案，再加上伯明翰国际机场的发展规划，不过这两者都存在争议。另外，由政府赞助的多模态研究也将接受公共评议（Aspen，Burrow and Crocker，2001）。西密德兰区域地区的多模态研究将西部的间道提案放进了伍尔弗汉普顿和斯陶尔布里奇进行实施，越发让人们普遍觉得它恢复了有争议的西城环城公路，而这个项目在 1996 年被政府撤销（Swain and Burden，2002）。这些区域规划指引草案中的间道提案，提供了“区域交通运输战略（RTS）草案中，也是整个区域规划指引意见中最具争议且备受质疑的因素，招致了 6 000 多项抗议”（Swain and Burden，2002，第 105 页）。

我们与来自西密德兰区域的利益团体的晤谈情况表明，人们普遍将交通运输视为推动城市复兴中一个极为关键的问题，并认为阻塞的道路和不完善的公共交通服务导致了交通不便，其中不完善的公共交通服务被指控严重地削弱了使主要城市的城镇恢复活力的努力。不同的利益相关方，对于要采取什么措施来解决这些问题，也有着大不相同的偏好，商业和发展团体倾向于强调新道路发展的需求，特别是迫切地要修建一条西部间道。西密德兰区域发展署（the RDA）同样认为，尽管缺少高质量向东通往大都市圈的路线会限制获得更多的利处，但是道路建设也将会为次区域的复兴带来好处（Swain and Burden，2002）。

相反，环境游说团体则倾向于强调推动需求管理和更具可持续性交通运输重要性。典型的环境个案便是，环境团体认为，没有证据表明建设新的间道可以促进城市复兴。“没用的，与之相反，它还会导致分散。无论在何处修建间道，都会有购物区和商业区。这谈不上复兴!”（访谈，2002）

人们对于主要的新建道路能否带来所预想的复兴之利的怀疑，可能会影响公共评议小组。小组建议不考虑西部的间道，并指出，相反地应更多地关注在交通模式选择中促进行为转变，以及在区域战略中更好地整合规划和交通因素。

环境提升

区域规划指引草案中的环境政策专注于为人们恢复环境退化的地区，努力创造高质量的新环境，以及创造高质量的建筑环境。有趣的是，正是可持续性评估（WMLGA，2001b）首次强调了对自然环境在城市复兴中所发挥的作用认识的缺乏，认为“政策应当认识到自然环境在城市地区的重要性以及保护环境资产的重要性”（第11 页）。

在西密德兰区域，利益团体广泛认识到环境的提升是实现城市复兴的重要前提。因此，大多数公共评议参与者表示支持创造高质量的城市环境，并特别强调绿色空间的重要性。不过这一肤浅的共识，掩盖了在面对大量选择时优先权的观点。例如英国工业联合会，赞同“环境在城市重建中的重要性”，但在如何推动政策（公共评议的口述证据）中极力主张要“灵活和谨慎”。同样地，商业财团指向了“应对环境问题中的专制主义趋势……那些经济和社会资产应优先于环境考虑”（口头证据，2002）。

作为对这些辩论的回应，公共评议小组认为“应该着重强调改善主要都市区的环境”（WMLGA，2001b，第 24 页）。这一强调的重点，应当涵盖“保护现有的环境资产，比如开阔空间、绿色走廊、自然栖息地和在主要都市区范围内的文化遗产方面等。它也应该突出开展绿色项目的重要性”（同上，第 24 页）。

第十三节　结论

让人们回想在过去 40 年中城市区域手段发生了多大改变是件很有意义的事。从 20 世纪 70 年代早期开始，英国规划政策的焦点便开始从盛行观点上转移开，而普遍认为通过把“过剩”人口分散到新开发和扩张的城镇来减少大城市的交通堵塞是十分重要的。随之而来的是，越来越多地关注通过吸引更多就业机会与人员重返该地区从而重建城市内部区域。除此之外，那些大型去工业化城市，尤其是位于北部和密德兰区域的那些城市被视为区域规划中要通过国家帮助就业活动来解决的一个主要问题，现在人们认为大多数更大型的区域城市已成功地凭借自己的力量开始了具有充满活力的文化和商业中心。这些城市现在被认为是所在区域的经济“推动者”，将区域再创造为“世界级”十强，或者任何一种由广告或重建顾问们建议的溢美之词。

伯明翰、布里斯托尔、利兹、伦敦、曼彻斯特和纽卡斯尔，这些城市的中心在夜晚充满活力，在白天则是商业中心。然而这些城市成功的外表之下，一直存在着双重社会甚至双重经济这一问题。这里的主流社会中存在着大量社会排斥问题，依然是一些社区的真实写照。如果这一规划想要主张自身是推动这些城市积极发展获得成功的因素，那么它也必须承认它在对这些城市所面对的某些长期问题也产生了影响。

从很多方面来看，将城市复兴政策列入到区域规划中这一行为，填补了国家规划政策指引和在当地规划和结构规划中对这一手段日益增加的关注之间的缺口。但是，随着最近一轮具有更大空间特性的区域规划对区域整体聚落形式，以及一个区域的政策影响另一个区域事件的方式，进行了更细致的考虑，新的区域手段给辩论提供了一个新的思考维度。这不是高深莫测的事情。但是，在 20 世纪 80 年代区域规划基本缺失，以及 20 世纪 90 年代期间基本不谈空间方向的背景之下，它给部分人带去了极大的挑战。而这些人曾辩论过替代方式，即应关注哪一处的发展，以及哪些规划政策和技术最能引起发展。

表面上看，城市复兴议程似乎应该在这些争议中担任核心角色，它同时强调重建城市核心和减少城市外无序扩张。尽管人们广泛赞同普通的城市复兴手段，然而在细节上却变成了棘手的“恶魔”。中央政府将城市复兴视作一个减少相关政治性附带影响的有效途径，其方法是通过鼓励在棕地进行高密度发展和抑制人口分散（有个别例外）来许可绿地发展，同时又声称关注更好的城市设计意味着发展会跟随着城市与市镇的环境质量而变化。这会让我们认为应将“城市复兴”视为一项政治战略而并不仅仅是一套政府政策，这与我们所讨论的可持续性发展情况很相似。那些身处区域规划工作之中的相关方越来越有必要接触一些有关城市复兴的逻辑合理性和语言表述，以获得中央政府的支持。这样就为试图对术语的用法进行有选择性地使用、抗辩和再定义提供了条件。

代表这一手段的最确凿的例子就是西密德兰区域的核心战略。它与其他的区域战略相比，更为强调城市复兴，并使之成为核心战略中的一个关键因素。关于西密德兰区域城市复兴的争议，其焦点集中在争议不断的规划问题，涉及住房和就业用地、交通和环境。因此，与其他地方一样，支持开发的游说团体指出“城市复兴”强调要在棕地上集中进行新开发存在问题，而乡村和环境游说团体则往往会拒绝“城市复兴”合理化手段，认为会因为开发而失去更多的乡村土地。城市复兴，与其说它是一种有益的重塑城市发展进程的中立手段，倒不如说它是一项战略，一种政治资源，以及一个争辩的场合。

所以，尽管人们在“可持续性发展”和“城市复兴”等问题上存在肤浅的共识，实际上各个团体也在力图根据他们自己的长期政策偏好，在重新定义其意义的进程中，有选择地使用这些术语，同时也对他们对手的替换解读进行反驳。特别是在他们谈到如何制订最优政策以推动“城市复兴”的议程时，会频繁地出现大量的差异。因此，几乎所有的利益团体在谈论城市复兴时都会使用高度概括的正面积极的术语，而当论及他们是否愿意改变自己对这些问题的立场时，则会言辞平平那样。换句话说，许多力图影响规划政策的相关团体会把可持续性发展和城市复兴当作一种手段，以试图改变其他团体的成见、观点和青睐的手段，而同时却坚定地拒绝改变他们自己的看法。

第七章　区域经济发展、区域规划与可持续性发展

分散法与聚合法

区域规划指引的首要任务是在整个区域，尤其是在资源匮乏的区域推行合理的土地使用方案并完善通讯基础设施，以此最大限度地创造就业机会和支援经济的复兴工作。

（北方商业论坛，东北部区域规划指引草案向公众评议提交的书面材料，2000 年 6 月）

第一节　引言

过去二十年来的“竞争性地方主义”所造成的诸多不良影响让人们一直感到忧虑。在此背景下，基于区域方法来推进经济发展和规划实践备受推崇。新自由主义政策为在全球市场内增进投资而加剧了各区域之间的竞争，并使其日趋具体化。因此，对地方和区域经济发展管理者而言，与其企盼政府伸出援手以减轻投资收缩所带来的负面影响，倒不如寄希望于一个全新的政治信条。这一信条坚称可以创造出

持续吸引私人投资的环境：一个商业友好型的环境、低廉的商业成本、众多可利用场地、适宜的方法、灵活的劳力市场以及优质的环境（见第二章）。然而，从所有知名的成功案例来看，各竞争性区域为争取高速流动投资资本和政府补助造成了诸多不良影响，比如，它变相地鼓励了各资金流动公司为争取额外的补助、获得更有利的规划条件或其他特权，纷纷与其他区域之间展开激烈角逐。就区域和国家两个层面而言，此类竞争对经济发展而言是一场代价高昂的零和博弈，与此同时也大大削弱了规划当局强制推行高发展标准的能力或者从开发商手中获取更大集体利益的能力。在此，我们期望相邻地方当局之间能展开更好的区域战略规划与合作，不断降低此类反向性不良发展，并促进人们生活质量的提高。

国家战略和空间选择性的概念（见第二章）表明，国家能通过新生管理机制有选择性地进行权力、职能和资源分配，进而维护其权力。倘若新生机构在某些方面不尽如人意，国家则保留将职责与资源再次分配给其他机构的权力。此外，近来国家为保障政策发布的有效落实也为自身量身定做出一套最新方案。然而，正如我们在第二章所探讨的，我们反对将此视为一种在地方状况和地方突发事故调和之下，一种简单的自上而下的权力强制实施的过程。相反，我们必须看到其他机构，诸如地方级、区域级和国家级的机构形式在与国家机器打交道的过程中是如何对其施加压力的。而这也将成为本章节需要集中探讨的主题之一，即充分研究地方参与者们是如何致力于对区域经济战略的方方面面展开辩论，并最终影响区域和国家政策的过程。此外，本文认为，狭隘片面地看待区域经济发展是毫无益处的，这不仅不利于理解其他区域性政策，而且在区域规划的理解方面也是极为盲目的。

第二节　由“政策分割”向区域经济发展和区域规划整合的艰难转变

近年来，区域经济发展在方式上产生了重大变革，主要特征具体体现在如下五个方面（见表7.1）：第一，实现了由拼凑型地域覆盖向全国范围覆盖的转变，尽管各区域资源机构不尽相同；第二，实现了由国家公务员高度集权制向大范围地下放权力至地方参与者的转变；第三，实现了由国家干预主义政策向其他方式的转变，以实现奉行“追赶”政策的各区域间的平衡发展，从而鼓励发展欠佳的区域与发展较好的区域之间展开竞争；此外，在这一转变的过程中，越来越多地强调了“世界级”的竞争以及在全球范围内与其他区域竞争的意识；第四，更为强调非经济因素，比如教育、住房和生活质量等；第五，更为关注地方复兴和社区自主权等相关问题。

然而，这其中也蕴含着某些重大的关联性。首先，中央政府在授权、资源、区域机构委员会等方面均保留了强大的控制力。其次，倘若将20世纪70年代的文案与20世纪90年代的相关文案相比，我们便能得知，对内投资仍占据有力的主导地位。再次，大范围的实体方案仍然饱受青睐。例如，有关约克郡和亨伯海运业的提案与1970年亨伯赛德郡战略在针对1999年区域经济战略中有关亨伯河贸易区的提案中便存在诸多相似相通之处。最后，倘若我们投眼于战略方案之外，我们便不难发现，当前地方政府在某种程度上仍然对区域机构谨小慎微，生怕它们会削弱其地方自治权。

表7.1　区域经济发展方式的转变

区域经济政策的主要特征	
开拓时期（1930s～1950s初）	拟定需要援助地区的名称（如：发展地区）；约束活跃地区工商业的扩张（工业发展证）；国家补贴，包括为工业重置津贴
空挡时期（1950s）	遵照先前安排，但进行适当约束，并降低津贴福利。自1960年后，对发展地区采取更为灵活的战略
区域复兴（1960s～1970s中）	加强区域政策的应用，如扩大地方对政府机关的控制力。设立区域经济规划委员会。注重通过国家强势干预工业的办法，实现国家经济的平衡发展

续　表

区域经济政策的主要特征	
区域政策的衰落——第二次空挡期（1970s 末～1990s 初）	大范围地废除推行区域经济战略的国家机构；再次转向对市中心地区的援助；出现为获取投资而展开竞争的新气象。“以邻为壑”政策强调各地区之间的“地方竞争”
第二次区域复兴（1990 至今）	高度关注欧洲结构规划；继续为吸引对内投资展开竞争；全国信奉“追赶”主义哲学；将部分资助权和规划权下放至区域发展署

然而，自 20 世纪 40 年代以来，贯穿区域经济发展的特点主要体现在“政策分割”思路上。这一思路导致历届政府在区域政策方面，均倾向于将经济发展与具体规划问题分离开来。新工党曾强调，我们亟须运用整体思维和实行整合治理，这也使得人们一度对此寄予厚望，以期政策的两个方面能紧密地联系在一起。诚然，就某种程度而言，他们也的确一直朝着这一理念迈进。然而，事实上，近年来新工党政府仍保留了经济发展与规划的功能性分离。它一方面将区域经济发展的职责分拨给各区域发展署，另一方面又促使区域规划继续履行对不同区域规划机构的义务。这两大政策共同体之间矛盾重重。区域经济战略与区域规划指引之间的矛盾更是成为本章的重中之重。就主题而言，有关大量未开发土地的分配以及交通基础设施的改善等方面的提案中所出现的矛盾和分歧最多。鉴于交通问题已在第六章中进行了较为详尽的介绍，因此本章节将集中对就业场地选址和机场扩建等提案进行探讨和分析。

在创立新区域机构的过程中，工党政府力求赋予区域规划指引与区域经济战略以平等地位，并声称给予其中任意一方特权均可能适得其反。然而，这两种战略本质上可谓相辅相成，例如区域经济发展署往往为区域规划指引提供法律支撑。尽管这中间存在多重问题，或许也正是基于这些问题，不同政策共同体之间总是隐含着诸多潜在性的冲突。其中，运作程序上的差异，尤其是两套战略之间的不同时间尺度以及政策制定者之间所存在的文化差异均有可能加剧这些困难和冲突的恶化。

在整合区域经济发展与区域规划的过程中，时间是一个特殊要素。这两大进程的起始点截然不同（区域规划指引在第二轮，区域经济战略在第一轮），并且政府的建议与立法也出现在不同时期。此外，区域规划指引的筹备耗时更长。而这些时间问题也造成了诸多不良后果，例如，在东南部和东英吉利，等到各大区域各自的经济战略相继筹备好之时，区域规划指引的筹备工作早已率先结束。因此，这些区域的经济战略对区域规划指引草案内容的直接影响可谓微乎其微。在其他区域，区域经济战略与区域规划指引草案几乎是同步进行的，而这也为整合的更好进行提供了更多的契机。不过，协商与“赞同”的时间尺度不同也意味着区域规划指引与区域经济战略的方法有时会相应地产生分歧，而这一变化也将作为协商和公众评议的结果。同时，该类问题有时也会引起人们的忧虑。比如，我们的受访者之一便如是说道：

> 西北区域发展署战略的率先出炉让诸多合作者忧虑重重。他们认为，区域规划指引本应当为西北区域发展署战略的制定和实施构建大体框架，而非反向而行。
>
> （NW8 访谈）

同样在东密德兰，一位来自某政府保护机构的官员也曾指出，正是这些时间问题阻碍了政策整合的进程：“是的，区域经济战略的位置很难安排，这中间有太多问题……而且这类问题将不断涌现，着实可恶至极。与此同时，我们还必须得拿到环境战略的最终草案。”（EM5 访谈）无疑，此类进程上的差异以及时间尺度上的不同的确会为战略的联合筹备设置多重障碍。接下来，我们还将为大家分析另一个相关案例。而这一案例是有关东密德兰区域为机场建设要求批放土地的提案。这其中也同样牵涉到了时间问题，即区域规划与其他区域规划进程之间所存在的时间差异（见 Marshall，2002）。

在实现整合方法的过程中，可能会进一步诱发多重张力。这些张力则源自区域发展署委员会与区域规划机构，前者受制于商业利益，而后者则受制于地方当局。例如，在推行可持续性发展的早期，许多区域发展署工作人员及委员会委员对可持续性发展这一理念知之甚少；然而，许多地方当局的规划者们在区域规划指引工作的筹备过程中便早已对此熟知，并设法贯彻实施可持续性发展（Benneworth，1999）。

第三节　区域发展署与商业议程

倘若城市发展集团于撒切尔政府而言，是其“地方竞争力”提升的代表性制度产物，那么于新工党政府而言，区域发展署则是其实现“竞争与合作型区域主义”的代表性途径（表 7.2）。新工党于 1997 年上台之际，便把其有关英国的区域政策打造得格外引人注目。协商制度的快速引进一方面加速了区域发展署 1998 法案的生成，同时也为八大区域发展署的设立扫清了障碍。其后，伴随着伦敦发展署的创立，数量随之增至九个（伦敦发展署作为向大伦敦政府下放权力的一环）。区域发展署的设立，旨在向英国各大区域传递了一个强烈信号，允许它们通过创新以及其他具体的区域性方法来处理区域经济的差异性问题（Tomaney and Mawson，2002）。

区域发展署委员会的成员由中央政府任命，同时也受资金分配的影响。虽然私人部门利益团体仍占据主导地位，但其他众多利益相关者同样会在区域发展署委员会中占据一席之地。此外，政府通过赋予各区域国民公会以政策审查权，以使各区域发展署对其所在区域的利益相关者负责。与此同时，政府也期望向各区域国民公会咨询区域发展署的相关提案。

表 7.2　新地方主义与复苏的区域主义指导下的地方与区域经济发展

	竞争性地方主义： 推出新自由主义“撒切尔主义”	复苏性区域主义： 第二波新自由主义（第三种方式）
对过往政策的批评	集权的“保姆式国家” 繁文缛节，官僚主义 规划意味着扼杀和抑制 没有所谓的社会	缺少政策整合 缺乏证据基础 剥夺了当地社区的权力 以邻为壑政策
首选话语	市场万能论 市场无界限 市场规范 全球竞争	循政政策与最优实践 合作政府 政策整合 竞争与社会凝聚力
标量政策机制	全球化的修辞与国家高度集权有关 谨慎对待欧盟委员会的任何议程 有选择地对地方“半官方机构”放权 抑制地方政府 削减区域和次区域机构的职权	全球化修辞与权力下放与国家高度集权有关 对欧盟委员会思想持相对开放态度 重申（改革）地方政府的职权 扩大区域机构和战略机构的作用范围
与杰索普理想模型——SWPR 的关系（见第二章）	新自由主义与新国家主义有关	新自由主义与新合作主义以及新社群主义有关
负责发布和落实次国家经济发展政策的主要机构	城市发展集团 培训和企业委员会 市中心任务强制中心 公私合营企业	区域发展署 当地战略合作企业与社区规划组织 城市复兴集团 邻域复兴基金，社区新政
主要地方复兴项目	伦敦港口区 麦德霍尔，谢菲尔德以及地铁购物中心，盖茨黑德	千禧社区 城中村 新东曼彻斯特

1998 法案对设立区域发展署的主要目标进行了概述，具体内容如下：

- 促进经济发展与复兴；

- 促进商业效率与竞争力；
- 促进就业；
- 提高就业相关技能的发展与应用；
- 在相关情况下，应促进可持续性发展在英国的贯彻落实。

在上述五大“目标”中，最后一项值得一提：它表明区域发展署对可持续性发展的贯彻落实负有法定责任，虽然仅限于“相关情况下”。同时，班纳沃斯（Benneworth，1999）指出，该项条款一方面暗示在某些情况下区域发展署则不需要考虑可持续性发展；另一方面，它也加深了不同的可持续性发展方案之间的裂痕，因为负责工业和规划的中央政府部门的可持续性发展实施方案往往不尽相同。显然，主要政府部门也承认如下观点：

> 将可持续性发展置于第五条中，“且位于经济发展的‘实体’产业之后而非作为经济发展的一种大背景或情境”。这意味着区域发展署能为可持续性发展做出的实际贡献会是极为有限的。
>
> （Benneworth，1999，第13页）

为实现既定经济目标，区域发展署亟须筹备区域经济战略（RESs）。同时，区域经济战略理应与其他部门的战略进行有机结合。中央政府的相关建议表明，该类经济战略应当为可持续性发展（DETR，1999b）的顺利进行做出应有贡献。比如，一套评估方案（可持续性评估）便能充分显示出该战略是如何促进可持续性发展的顺利进行的。当然，各大经济战略在处理可持续性发展这一问题的方式上可谓参差不齐，而这也导致各大区域活动以及地方战略之间均可能存在某些潜在性的矛盾或冲突（Benneworth，1999；Gibbs and Jonas，2001）。

虽然在整合区域经济战略的过程中需要进行多次协商，但证明利益相关者所有权的过程往往与区域规划指引的过程大相径庭。例如，就协商周期而言，前者明显更短，且一般仅需六个月，而相形之下，大多数区域规划文案至少需要两年之久。与此同时，其差异性在很大程度上还体现在区域发展署的术语表达上。例如，他们往往会选取场地、说话人和协商议题等。他们虽然可接受各类书面提案，但却不一定将此公之于众。更重要的是，由于各地方当局均是依照区域发展署的权力机制创设的。因此，于商业支持小组以及其他团体而言，其在公开场合太过激烈的言辞往往绝非明智之举。也就是说，与区域国民公会进行协商的法定义务是我们前进道路上的重要一步，而且从某些典型案例中我们亦不难发现，它显然已经在各大经济战略草案的内容上产生了重大影响（Tomaney and Mawson，2003）。

第一轮区域经济战略发布于20世纪90年代末，其中大多数战略在空间战略方面都是极其欠缺的。此类区域经济战略往往罗列出宏观目标和政策优先权，并运用地方案例研究的相关图示加以论证说明。而这些战略一旦被采用，例如西北部的南部新月理念（见第六章），那么各大提案则纷纷设法将其穿插其中，以求尽量减少争议。然而，颇为有趣的是，其中某些待解的理念往往需要经历正规的区域规划审查程序。同样，区域规划对于经济发展的重要性不容小觑。正如许多促进区域经济发展的政策一样，倘若其涉及土地使用或交通运输等方面，那么它们必定具有一定的空间需求。因此，某些有关重大经济政策的争论，不仅关乎就业土地使用分配问题，在区域规划的进程中逐渐成为公众瞩目的重大问题。

第四节　可持续性发展与区域经济战略的“双赢”措施

权力向区域的不断下放为试验、创新以及异化等活动提供了可能性，但它也并非总是如此。事实上，区域发展署本质上倾向于采用可持续性发展的相关方法，从而将经济的发展置于首要地位，而这主要基于以下几点考虑：首先，它们是由中央政府任命的机构；其次，受其主要资金来源分配的影响；再次，受其当选委员会成员以及新进成员或从先前机构中留任下来，并参与过其相关活动的人员的影响。

然而，也许所有有关区域经济战略的远景声明都将不可避免地将经济的发展置于首要突出地位。同时，可持续性发展被用来佐证，而非质疑其立志发展成为全球竞争性区域的可能性。在英国原八大区域发展署中，其中四个均抱有成为“世界级区域”的宏愿，还有三个则渴望成为欧洲范围内首屈一指的区域。而这其中的矛盾便在于尽管各大区域均渴望自身的排名能在某些真实或虚拟的排行榜中跃居榜首，但这似乎也并未对相关问题产生太大的影响。

西密德兰经济战略为上述的宏观远景提供了一个典型案例：

> 在十年内，西密德兰将发展成为欧洲范围内最适宜居住、工作、投资和旅游的地区。它不仅将成为世界级国际化都市，也将不断创造财富，造福于民，从而成为最成功的区域。
>
> （Advantage West Midlands，1999，第 10 页）

也许，时至今日，一切尚在意料之中。而其中稍许意外之处在于，各大经济战略与可持续性发展融合的统一性程度。正如班纳沃斯等（2002）在其相关研究中对这一问题的阐述，由于各大区域原始资本不同，而且在应对可持续性发展方面的智力因素也不尽相同。因此，在处理原始经济战略草案时往往有所差异。例如，倘若我们将西北区域与东北区域进行对比，我们便能充分发现其中的差异性，在前者早已着手探究可持续性和区域发展之间的联系之时，后者的工作却相对滞缓，因而未能产生太大的影响力。然而，多重因素的有机结合似乎可以在各区域间推进可持续性发展的方法，其中主要包括：政府提供建议，与区域合作伙伴和平相处，区域草案咨询与评价，增选专家和招募新成员等。如同班纳沃斯等（2002）所言，诸如此类的重重压力致使区域经济战略只能墨守“最小公分母的诱惑”（第 210 页），发表诸如“具有广泛基础且颇具雄心壮志的”声明（第 208 页），不去触碰部分利益相关者的利益。

值得注意的是，区域经济战略均需进行可持续性评估，提供改进和完善政策的有价值的建议。例如，东北部区域经济战略的官方可持续性评估便注意到了对有关可持续性发展的理解这一基本问题：

> 区域经济战略（协商草案）与可持续性发展这一理念的融合程度引起了人们的广泛关注。虽然这一战略在诸多方面均参照了可持续性发展理念，但我们认为它仍需进一步完善，倘若它想在实现可持续性发展目标中发挥关键作用的话。这就意味着我们不仅要将可持续性发展的目标置于该战略的核心地位，而且我们亟需众志成城，努力践行我们的承诺。
>
> （One NorthEast，1999，第 1 页）

在第一批区域经济战略中，在“可持续性发展”这一问题上，绝大部分倾向于采取整合方式这一理念，并以此作为追求经济发展的新起点。与此同时，他们也注意处理与当地生活质量相关的问题。而第二轮区域经济战略则对这一指导理念进行了修正，以求进一步加强整合方式的运用。同时，他们也着力突出了该战略在选取和支撑区域可持续性发展框架中的重要作用（方框 7.1）。

方框 7.1

区域发展署有关区域经济战略的补充指导

6.1　1998 区域发展署法案的第 4 节为各大区域发展署（RDA）在英国相关区域范围内致力于可持续性发展的实现提供了法定保障。

6.2　可持续性发展必须支持区域发展署根据其经济目标而实行的工作和决定。统而言之，区域发展署的意志要求其在区域经济事务上采用整合方式，将经济、社会与环境目标结合起来。

6.3　区域可持续性发展框架（RSDF）与其他区域级伙伴协同发展。这其中包括：区域发展署、区域政府办公室和区域国民公会，以及其他合作组织，诸如商业团体与志愿团体等。区域发展战略务必考虑并致力于区域可持续性发展框架（RSDF）所提出的既定政策和目标。

……

6.6　经济发展在改善生活质量方面仍然发挥着关键性作用：健全教育、医疗和住房体制，解决贫穷和社会排斥问题，以及通过提供更好的商品和服务来提升生活水平。在过去，经济活动常常意味着加重污染和浪费资源，以致我们不得不花钱清理烂摊子。环境的破坏不仅会降低生活质量，甚至还可能会威胁到经济的长期发展——例如，它会导致气候的变化。此外，诸多民众尚且被抛于落后阶段，他们不仅没能共享到经济发展的成果，反而还需经常遭受其负面影响的侵害。

6.7　这是可持续性发展的挑战。为了美好的明天，我们务必寻求有效途径，一同实现经济、社会和环境的三重目标，并充分考虑到这些决策可能带来的长期性影响。我们务必提高资源利用率。我们亟需在经济繁荣、服务便利以及环境优美、安全的基础上，促进城市、乡镇和农村的健康发展……

……

6.14　1998区域发展署法案为区域发展署采取整合性政策方法提供了大体框架，并将经济、社会和环境目标有机地结合起来，以促进决策效率的提高。统而言之，这些目标的协同发展往往能促使他们彼此互帮互助、相辅相成。例如，倘若一个区域师资力量雄厚、基础设施完善且易于招商引资，那么其也必定能够提供高水平的居住条件以及更好地为社会各部门提供充足的就业机会，并且能生产出更多物美价廉的产品和服务从而真正惠及于民。

6.15　相反，良好的环境实践（比如，提高能源利用率、更好地管理环境和减少原材料和水资源的浪费等）能为商业带来显著而高效的收益。同时，环境产业亦能直接创造就业机会。此外，地方环境状况的不断改善，包括历史环境以及地理风貌的审慎管理，以及通过鼓励发展旅游业、引进对外投资和吸引高质量劳动力等方法，也能有效地促进经济的发展和增加就业机会。

……

6.17 简而言之，政府期望区域发展署能不断发展其区域经济战略中所提出的整合政策方法。同时，在战略的发布上，务必确保其有助于实现区域可持续性发展框架中所提出的政策和目标。

资料来源：DTI（2002，第六章，第6.1～6.17段）

诚然，就可持续性发展而言，其统一性趋势无疑势不可挡。但是，我们仍能看出不同经济战略处理可持续性发展的方式也不尽相同。例如，在西南区域（SWDA，1999），可持续性发展则被视为经济战略的重要组成部分：

各区域将可持续性发展的相关原则作为其战略的核心思想，而非将其作为单独的某个组成部分。在制订区域经济决策时，各区域往往会充分考虑其社会和环境责任，并承认经济、社会和环境三者之间的相互联系。

（第2节，第4页）

就政府的建议而言（表7.1），此方式将“环境”视为增进商业竞争力的一环，但同时，有些方面的发展因为环境问题显得不合时宜进而搁置一旁，这种可能性存在却没有明确提出。这一点在东南区域经济战略中得到验证。相较于其他区域经济战略，该战略将大部分的精力均投入到了可持续性发展与环境问题之上，但是，就环境在经济发展中所发挥的作用而言，在很大程度上仍限于工具性视野（Counsell and Haughton，2003）。

与之相反，在首次远景声明发布后，东北区域便在其早期区域经济战略——《解放我们的潜能》（One NorthEast，1999）中极少论及可持续性发展与环境的相关问题，主要集中于如何在创造财富的基础上建设一个可持续性发展的社会。其中谈及可持续性问题的内容，往往涵盖了优先发展经济方面的解读，即将环境资本降格为一种工具性角色，用以推动经济的发展，而其本身并无价值。由此，可持续性被重新解读，它的主要作用在于维持经济的发展，而非实现环境友好型可持续经济发展。

西北区域经济发展战略所采用的方法涵盖范围甚广，且同样包含可持续性发展的相关用语。然而，在这一案例中，其措辞却与政府认可的整合方式的精髓更为接近。由此，该战略指出可持续性发展是长期竞争的基础：

> ［可持续性发展是］一种“三方推力”。它能将三大指导方针有机结合起来，即竞争、社会共融以及实现更好的资源管理和环境保护的环境目标。可持续性发展原则是实现长期竞争的唯一有效途径。
>
> （NWDA，1999，第 16 页）

区域发展署的相关人员在约克郡和亨伯的最新（Yorkshire Forward，2003）区域发展战略中指出，可持续性发展已成为其工作的核心。而且，相较于第一轮发展战略而言，第二轮区域发展战略的确在诸多方面更具环境意识（图 7.1）。颇为有趣的是，第二轮区域发展战略已不再参照第一轮战略的相关内容，即尝试“为可持续性发展抓住机遇从而创造出‘双赢’的局面。比如，在创造环境效益的同时增进就业等”（Yorkshire Forward，1999，第 32 页）。2003 年的全新发展战略采取了更为稳健的措施，积极倡导让整合性可持续性发展的效益惠及整个决策过程之中。与此同时，该战略亦清晰铭记其历史承诺，即积极支持（自颁布那时起）该区域的区域规划指引顺利实现以下两大目标：其一，努力减少该区域的交通流量；其二，通过序贯检验的方法，促进该区域棕地建设的发展。而上述的两点在先前的战略中均未占据过如此突出的地位。

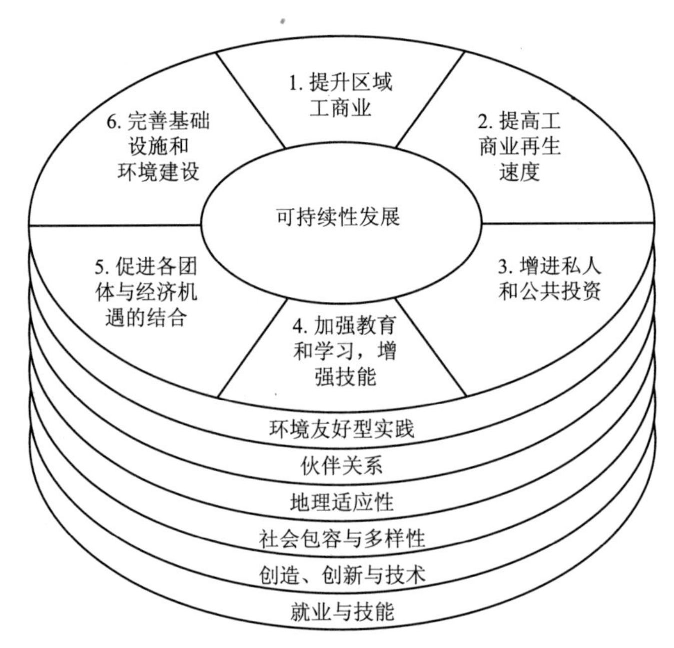

图 7.1 可持续性发展在约克郡战略中的核心地位。资料来源：约克郡发展署的区域经济战略 2003. 经由约克郡发展署许可复制。

在各大经济战略中，其中不乏因为环境问题而公开反对相关经济战略的典型案例。例如，英格兰东部的某区域组织就曾对其早期的经济战略草案投出了反对票，“因为它的发展目标，以及没有突出强调社会排斥和环境保护等问题”（EERA，2001）。直至这一草案在文件中做出了相应的修改以着重突出上述问题之后，该组织才最终认可了这一战略。

受英国圆桌会议有关可持续性发展的委托，相关报道在第一轮区域发展战略中对如何应对可持续性发展进行了探究，并有效地指出了其中存在的一系列缺陷。与此同时，他们也明确提及其对于可持续性发展现状的担忧，即他们害怕现行的方法只是简单地将可持续性发展作为其继续推行的幌子（方框 7.2）。

方框 7.2

区域经济战略（RESs）推进可持续性发展方式的不足

• 平衡多项目标：在评估单项工程时，无法确定如何平衡经济/就业目标与环境问题之间的关系。

• 实现可持续性发展目标与行动计划的统一：倘若区域经济战略能包含更为明晰的行动方案，以确保其目标与行动计划能有效地推动可持续性发展的顺利完成，而不是仅仅一切照常地例行公事，那么区域经济战略亦将得到很好的巩固。

• 环境影响：尚且未能确定该发展项目对于环境和空间的影响（例如，交通影响，对绿色未开发地区的影响）。

• 社会影响：难以确定发展惠及各大社会团体和促进社会融合的程度。

• 实施：区域经济战略对于可持续性发展的实际贡献将取决于其实施方式——它本身由多项因素决定，如区域发展署（RDA）文化、成员意识、区域发展署的发展优先顺序、评估手段的有效性，即用于评估可持续性发展对于各大项目的影响的手段或方式是否有效等。

• 监督与指标：可持续性的监督机制与区域指标仍处于相对滞后阶段。因此，倘若区域发展署打算有效地汇报可持续性发展的进程和影响，则需将其快速地发展起来。

资料来源：环境资源管理（2000，第 18 页）

第五节　区域可持续性发展中经济发展与规划方法对比研究：实践上的差异抑或理念上的不同？

在第三章中，我们着重论述了“可持续性发展”这一术语的延展性和政治化特征。而如今，在通过区域规划指引追求经济目标的背景下，它便随之演变为某些具体的问题。在很多情况下，区域发展署和其他商业团体为巩固自身的观点，往往会采取双重法定手段，一方面积极呼吁“竞争性”；另一方面将其纳入可持续性发展的话语体系之中。例如，在西北区域，西北区域发展署就曾在区域规划指引草案的公众评议会上公开抱怨“区域规划指引并未对可持续性发展的重要方面，即竞争和经济方面予以足够的重视”（证词）。同样地，发展施压集团也开始强调发展的重要性：“我们对可持续性发展毫无异议，因为它事关全球的发展。”（SE7 访谈）

这里所提及的特定利益分析法即：在某种条件下，明晰地阐述当地情况以寻求其在特定区域中实行可持续性发展的特定方法：

> 一个国家的不同地区，实行可持续性发展的具体方式也不尽相同……因此在这一区域，我们支持可持续性发展。但与此同时，我们也坚持认为经济发展必须处于优先地位。
>
> （NE11 访谈）

> 可持续性发展意味着东北区域必须为其民众提供一个可靠的经济前景，防止环境资源浪费现象向外迁移到其他区域，并提供充足数量的所需住房。
>
> （HBF 书面陈述之东北区域规划指引草案的公众评议）

同样地，某位来自东北区域的规划者就曾明确地指出，在起草区域规划指引的过程中，规划者们便早已意识到该区域亟需努力增加就业的政治要务。这就意味着“在东北这一具体情境下，可持续性发展务必大力促进经济的发展，否则我们都将因为规划导致经济的倒退而难辞其咎”（NE1 访谈）。

然而，该观点在北方区域却并未广泛流行。当地某一规划者就曾直言，这种争论在约克郡往往变得更为复杂：

> 在过去，人们普遍拥有某种政治意愿去接受几乎所有的政策，仿佛只要它能满足所有人的就业需求即可。然而如今，我想我们大多数人的观念均已发生转变，并发现这一观点让我们根本看不到未来。因为我们都不愿成为一个二流区域，我们也从不妄想成为那种一切都极其完美的区域……
>
> 我想在过去，人们也许对此深信不疑：他们幻想着一家日本公司入驻进来建造了一个大型的工厂，便足以使整个花园里的一切事物都随之变得美好。然而现在，我想所有人都不会再认为，大的国外投资商是可持续性发展的关键。
>
> （YH13 访谈）

鉴于各大团体组织在其各自的批评中均普遍认为，区域规划的文件往往倾向于支持对可持续性发展进行环境维度的解读，而经济战略则倾向于支持经济利益。由此，有关“究竟谁应当具有优先权”的有趣讨论就此拉开帷幕。不出所料，东北区域某个支持开发的团体的确强烈主张支持经济利益：“我们认为区域经济战略应当成为具有决定意义的纲领性文件，尤其在我们这一区域。”（NE11 访谈）此类观点凌驾于政府层面之上，不顾政府平等对待不同战略的意愿，而仅仅服从于其所支持的区域可持续性发展框架。同时，某些区域相较于其他区域而言，往往更加重视实现经济政策与空间政策的有机统一。例如，在东密德兰区域，区域国民公会出台了一种“整合性区域战略”（IRS）（EMRA，2000b；见图 7.2），以期为其他区域战略工作的制订（方框 7.3）提供一套共同的目标。整合性区域战略颁布于 2000 年，且其在诸多方面均为区域可持续性发展框架提供了先驱性指导，因此这也导致这两种战略之间存在较多明显的相互影响之处。尽管这一秘密工作看似只有参与其中的人方能明了于心，但实际上，它也会引起其他人的关注：“［在区域发展署与区域规划机构之间］有一种合作和协作精神……这在局外人看来，就好比一场阴谋。”（EM9 访谈）

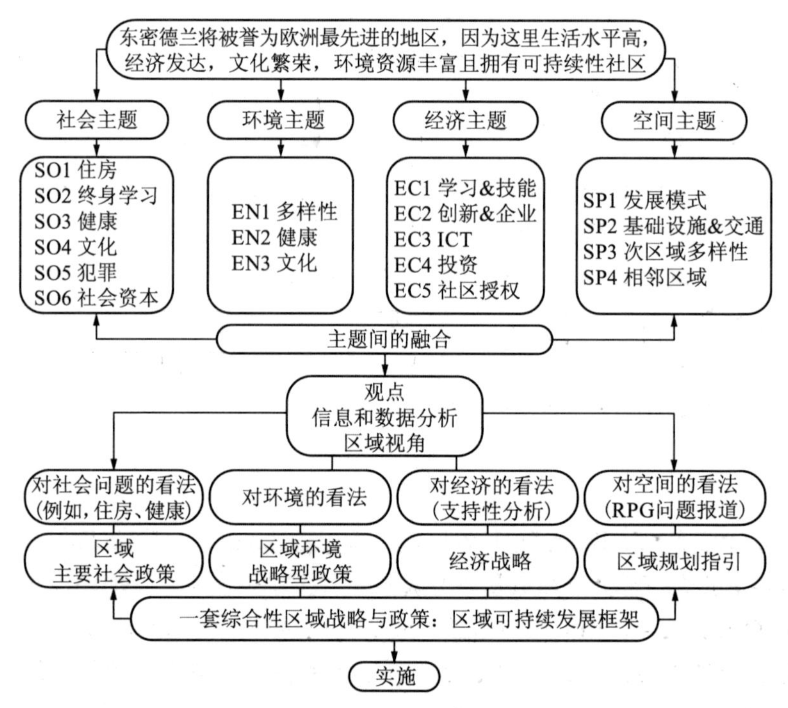

图 7.2　东密德兰区域整合性区域战略的进程。(来源：EMRA，2000b. 经由东密德兰区域国民公会许可而重制)

虽然整合性战略已被广泛誉为一种创新性的发展，但其仍未能成功地说服该区域的部分利益相关者。比如，有人就曾坦言：“坦白地说，整合性区域战略根本一点也不具整合性，它只是将一系列政策一个接着一个地摆放在一起罢了。”（EM3 访谈）此外，该受访者也注意到，区域经济战略与区域规划指引在某些方面似乎存在冲突：“一方面

［区域规划指引］指出工业用地已供过于求，而另一方面［区域经济战略］则提出我们仍需更多的工业用地！由此，我们的确很难将这两个文件相提并论。”而这些评论均在公众评议之后被简短地记录了下来。上述所引用的相关言论也正是出自于环境团体中的某位成员之口，而该团体在明白区域发展规划指引草案选择支持开发的立场后，便随即投出了反对票。

方框 7.3

东密德兰整合性区域战略

整合性区域战略（IRS）的概念是于 1999 年由东密德兰区域率先提出的。同年间，该区域议会决定将其（IRS）作为区域规划指引（RPG）、区域经济战略（RES）以及其他一系列政策工作制订和实施的大背景。为促进其决策的贯彻落实，议会为其拟定了四大宗旨：

- 努力达成东密德兰区域在未来展望上的共识，并为可持续性发展提供大体框架；
- 通力合作，加强区域间的伙伴关系，并充分发挥东密德兰区域国民公会的作用；
- 坚持不懈，提升价值，并努力促进各大政策和战略的有机融合；
- 通过其他外部机构，最大限度地扩大东密德兰区域的影响力。

该区域对于未来的共同展望率先获得了许多主要区域机构的认同，比如东密德兰发展署（EMDA，负责区域规划战略）、东密德兰区域本土政府协会（EMRLGA，负责筹备区域规划指引）以及东密德兰区域国民公会（EMRA）。这一工作由区域国民公会领导。同时，在四大共同主题——经济主题、社会主题、环境主题和空间主题的基础上，也达成了十八项区域可持续性发展的目标，以用于区域政策的可持续性评估。《可持续性评估分布指引》（EMRA，2000a）则对此提出了一套共同方法。图 7.2 对 IRS 的进程进行了详细阐述。

同样，约克郡和亨伯区域则采取了一个更具整合性的方法，即该区域的首轮区域经济战略的可持续性评估将与区域规划指引同步进行，且都由同一班人马全权负责，而这在当时也可谓是超乎寻常的一大创举。总体而言，可持续性评估认为，区域经济战略为推动可持续性发展奠定了良好的基础，但其在战略的实行过程中，亦凸显出了诸多困难和大量待解决的可持续性问题，比如，亨伯河口湾便存在经济发展与自然保护区之间的潜在性冲突。在检测区域经济战略与区域规划指引之间的关系时，可持续性评估表明，二者在一般情况下往往具有兼容性；但是在环保这一问题上，它则认为，诸如区域经济战略在“获取最优物质资产和保护环境资产”方面具有巨大推力作用的相关言论很有可能会与激进环保论者在立场上产生冲突，因为环保论者均普遍倾向于支持区域规划指引中的自然资源使用政策（ECOTEC，1999，第 24 页）。因而，这一更具整合性的方法的合理应用，往往能巧妙地将问题中的某些方面压缩起来，并促使其最终达成某种表面上的共识，而这也是最小公分母法的有力诠释，而非最大公分母法。这其中的关键则在于，“整合”本身并非一个中立的方法；相反，它代表着我们在如何处理优先权这一问题上所达成的某种共识。因此，该方法在普惠他人之际，亦有助于取缔某些部门的利益特权（Vigar *et al.*，2000）。

第六节　以绿色未开发地区吸引对内投资：探索其中的张力

有关经济发展政策的方法问题一直饱受争议。尤其是其中试图通过区域规划进程来促进土地使用权分配的方法，更是使得各种争论声一度甚嚣尘上。在经济发展专家看来，对许多区域而言，最为重要的便是确保各大型服务基地［25 至 125 及以上英亩（相当于 10 至 50 及以上公顷）］能有效地促进经济的高速发展。目前，各类服务基地往往位于绿色未开发地区，且靠近高速公路路口，有时甚至需要根据绿带界限进行调整（Phelps and Tewdwr-Jones，1998），因此，一旦相关提案被提出并予以审批通过后，这一趋势也将不可避免地造成发展社区与环境、乡村两大游说团体之间的紧张局势（Vigar *et al.*，2000）。

插图 7.1 来自远东的对内投资：东北区域的三星公司。

20 世纪 90 年代末期，自远东地区某些国家先后出现多重经济问题后，英国分工厂也随之进行关闭和整顿，而这一新地点的选址问题亦一度引起人们的广泛关注（Phelps and Tewdwr-Jones，2000）。在我们探讨就业场地的相关问题时，可能会遇到许多极为悲观的评论。如：

> 我们曾经见证过许多公司，如西门子公司，它一路走来，得到了政府的大力援助……而一旦当世界市场发生一点小动荡，整个公司便也随之关闭了……这绝非一个可持续性行业，而西门子公司也不过是在某一片崭新的绿色未开发地区受到了全权委托罢了！当前短期市场手段变幻莫测，你不能奢望土地使用决策的有效期能长达二十年之久。
>
> （EM4 访谈）

在制度层面，规划者与经济发展官员之间有时也会产生矛盾，二者在对待发展问题上持有迥异的观点。诚然，各区域的区域发展署均一致认为，我们必须增加对就业区域的投资，并完善基础设施建设。这一主张更是得到了许多商业团体的认可，如英国工业联合会（CBI）。而其中，某些组织或成员在立场上则可能会存在较大的变数，比如地方政府人员以及他们当地的经济发展官员等。某些地区在重要的发展项目方面获得的支持会少于其他地区（Beer *et al.*，2003）。

因此，各区域纷纷储备充足的场地以招揽对内投资者，在某种程度上造成了大量就业场地的过度供给，尤其是在区域级文件重点提及的区域。颇为有趣的是，自区域规划指引方法被修正后，它对空间特异性也随之提出了更高的要求，而且，它对于公众争议的态度也愈发开放化。而对诸多参与者而言，这也许意味他们第一次发觉自己的宏图构想原来正置身于某种讨论之中，而且其提案很有可能会被质疑或受到争议。由于中央政府在经济发展场地的分配上缺少约束措施，且未强制其进行住房开发，因此，人们逐渐认为最为主要或最为高端的场地［125 及以上英亩（相当于 50 及以上公顷）］当属区域级场地（Vigar *et al.*，2000）。但是，这并未能有效地缓解该类场地供过于求的问题，因为在地方当局代表们的支配下，区域规划机构往往热衷于保护自己的场地，并在提议起草区域规划指引的过程中，屡次表明他们并不情愿确认相应的条款。

许多来自不同区域机构的人员，尤其是来自密德兰区域和北部区域的受访者就曾在我们的采访中指出，在促进经济发展的过程中，相关组织集团往往会在未开发场地甚至是绿带的问题上产生诸多矛盾。正如其中某位受访者向我们解释道，他会期待“假设一位日产负责人或是无论其他什么人走过来说‘我打算在哈罗盖特外部的某个绿色未开发地区建一个汽车厂’，那么他们［区域发展署］就会竭尽全力地确保其实现”（YH5 访谈）。

西密德兰、约克郡和亨伯的区域规划指引草案都表明了这样的观点：即就业场地的分配在满足日益发展的需求之时亦可能会忽略某些对于规划的常规考虑：

> 为支援“西密德兰主要城市地区”的复兴工作，他们绝不会检查或调整绿带内缘的边界以适应住房开发的需求。然而，绿带内缘边界的某些调整则很可能是为某些选择性就业发展提供契机。
>
> （WMLGA，2001，第 23 页）

> 区域经济的复兴是根本……而且本区域必须在更大的国家和国际市场中努力竞求工业投资。这就意味着，在未开发场地的使用上，工业用途可能要比其他用途更为必要。
>
> （YHRA，1999，第 30～31 页）

此类政策的制定为选择性方法提供了基本原理：“住房与就业存在稍许差异，因为就业往往可以去任何地方［区域以外］。因此，倘若你想促进本区域的就业发展，你可能希望约束越少越好。”（YH6 访谈）

此类观点致使局面一度紧张。比如有人极力反对在绿色未开发地区进行任何开发，而其他人则希望住房问题亦能得以平等对待。就这种意义而言，环境和住房游说者均认为，只提供就业场地却不提供住房场地的做法并非真正意义上的可持续方法。环境和乡村团体则利用这一论据来反对绿色未开发地区任何形式的开发，然而支持开发的游说者则将其作为支持追加分配住房用地的论据，并声称平衡性发展需要补充提供住房，从而避免通勤时间过长的问题。而这亦无可避免地引发了一系列担忧：

> 政治的棘手之处在于，它想在约束住房的同时亦不遏制经济的发展（采访 EE2，住房施压团体）。如果就业能在住房不与之匹配的情况下继续发展，那么这将导致不可持续性发展。
>
> （TCPA，来自西密德兰的公众评议的证词）

> 如果东南区域能在没有增加任何住房的前提下实现经济的无限发展，那么他们肯定会立马签字同意。
>
> （SE7访谈，住房施压团体）

不同区域有关就业用地的争论，就其本质和结果而言，往往各不相同。而由于其中好几个区域发展压力相对较低且拥有大量可分配土地，因此中央政府需要通过运用权力阻止所谓的“供应过剩”现象的发生。

这一现象在东北区域尤为显著。区域经济战略——《解放我们的潜能》（One NorthEast，1999）重点强调了吸引对内投资的重要性。在英格兰八大区域中，东北区域的人均GDP最低，失业率最高（国家统计局，2000），且其传统的煤矿和钢铁工业也长期处于衰退状态。因此，自20世纪30年代以来，增加就业便成为了该地区区域规划中的重中之重。同时，该区域也力求丰富其经济基础和吸引新的就业。在东北区域首部区域规划指引（DoE，1993b）中，其中一项关键性政策便是吸引人们到东北区域来就业，从而巩固其经济基础。这也反映了这样一个事实，即该区域的主要政治愿望是促进经济的发展。

在全新安排（ANEC，1999）指导下出台的区域规划指引中，同样包含类似的愿望，而这也意味着它与同年制定的区域经济战略之间几乎不存在任何的争议性。事实上，区域规划指引草案赞同区域经济战略有关吸引对内投资的政治愿望，并在其还未提供任何重要证据以证实该种供给需求的前提下，便提议增加四大额外战略性未开发场地。

然而，在对区域规划指引草案进行探讨和公众评议的过程中，环境机构，如英格兰乡村保护运动组织和地球之友，便对其有关“对内投资场地”的政策提出了质疑。随后，公众评议小组亦在其报告中指出，大范围地分配未开发战略性场地将会破坏区域规划指引以及区域经济战略的共同愿望，即重建城市中心。该小组在报告中还强调，目前该地区的就业场地显然已经供过于求，而且地方规划早已证实其目前已拥有充足数量的战略性场地。因此，它建议删除区域规划指引提

插图 7.2　绿色未开发地区的对内投资场所，东北部。

议中的两处新场地，并对另两处暂时不予置评。

政府对区域规划指引的“提议的变革”似乎进一步试图淡化新场地政策，因为它不但接受该小组的建议，决定删除其中两个对内投资场地，与此同时，它自己又删除了其中一个增设场地。而这一决策的根据在于，提供新场地往往可以转移现有场地的压力，而某些地区的就业压力的确甚为巨大。不仅如此，鉴于新增战略性就业场地是在区域规划指引层面上做出的有关未来事务的决策，它并非发展规划。因此，我们有必要在地方当局直接免除其中几处场地的前提下，妥善解决这一问题。不出所料，东北部的区域机构和地方当局针对这一变化纷纷表示反对，并认为它们会恶化该区域与英格兰其他区域之间的竞争态势。之后，经过紧张的游说和在区域规划指引最终版本发布之前较长时间的拖延，中央政府最终决定复原其中的一处场地。

无独有偶，类似的争论亦发生在约克郡和亨伯区域。与区域经济战略（Yorkshire Forward，1999）一致，约克郡和亨伯区域的区域规划指引（RAYH，1999）亦包含了这样一项政策，即提供区域中重要的就业场地以满足战略发展的需要。随后，不同类型的场地也最终纷纷被识别出来，其中包括亨伯河口岸的两大主要地区：主要单一用户占据三个场所，而被国内和国际流动雇主所占用的场地则多达十二个。因此，该政策在公众评议的过程中受到了环境团体的强烈批判，并且他们将矛头指向了当前就业用地供过于求的现状：

> 起初，区域规划指引尚且能正确分析现存的问题：目前，存在大量供过于求的就业场地……然而，与此同时，区域规划指引亦提议要么将就业用地分配给特殊部门……要么在某些特定情况下，通过一般许可便可以搁置，诸如绿带或绿色未开发地区的保护等问题。
>
> （地球之友在公众评议上的书面陈述）

在报道亨伯河口岸的提议中，公众评议小组赞同两处场地的方针，与此同时，它亦在两大问题上尚存疑虑：其一，它们规模的大小；其二，它们是否已被纳入发展规划中。在区域规划指引 RPG12（GOYH，2001b）的最终版本中，位于亨伯河北岸的“被提议的场地”最终被修改为：“有限数量中的关键场地……总计多达 100 公顷［247 英亩］。”（第 54 页）

同样地，公众评议小组亦对其他某些被提议的场地存在疑虑，并建议进行一些删改。该小组还特别表达了对其中某一提案的担忧，因为该提案指出，相较于其他目的而言，政府应当对以经济发展为目的的新土地开发少一点苛刻态度。这里的争议之处则在于，公众评议小组认为在战略的基础上，保留现有的声明可能会削弱序贯试验和可持续性原则。因此，它建议进行删改。而这些建议大体上都被收录于区域规划指引 RPG12（GOYH，2001b）的最终版本之中。

有趣的是，2003 年颁布的区域经济战略修订版的最终成形似乎也正是得益于这些争论：

依照区域规划指引中的城市复兴和序贯方法，当前首要的任务便是发展棕地以满足经济需求，同时完善公共交通从而为当地社区提供便利。

这将意味着发展的重心将逐渐集中到当前的市中心地区和规划开发区［包括亨伯河贸易区］。

（Yorkshire Forward，2003，第 60 页）

某些特定提案指出，我们可以选定全新的未开发地区以促进经济的发展，但它们最终也在许多区域的区域规划指引进程中被删除了，这些区域包括：西北区域、东密德兰区域（见有关机场建设的讨论）、西密德兰以及东英吉利区域。值得注意的是，某些经济高速发展的区域，如东英格兰，亦未能从政府“反对侵害绿色未开发地区来作为对内投资场地”的政策中豁免。

基于区域规划指引有关对内投资场地的决策，新的政府政策似乎意图借助政府紧凑型城市发展的政策，以约束入侵绿色未开发地区的数量。然而，由于目前尚且缺乏针对此类场地需求的国家评估，迄今仍旧无法确定如何平衡违反国家空间规划政策的地方和区域经济发展的愿望。

第七节　抑制经济发展的政策争辩：东南区域发展的转向

在许多区域，尤其是在经济活跃的东南区域、西南区域部分地区和东英吉利/英格兰东部，还有西北部的柴郡，规划的中心内容往往是探讨是否应当将经济发展转至该区域内的部分不发达地区，或者是在具有高速发展潜能的地区任它“顺其自然”发展。“是否将发展重新定向至更为需要的地区”的问题引发了许多矛盾和分歧，其中东南区域和东英吉利区域最为突出。

在东南区域的区域规划指引草案——《东南部可持续性发展战略》（伦敦和东南区域规划会议，1998）中，伦敦及东南区域规划委员会

（SERPLAN）指出，该区域的可持续性发展政策要求我们优先发展该区域内的次发达地区，而这些地区被称为经济复兴优先地区（PAERs），例如，在第六章中所介绍的泰晤士河口地区。为了促进这一政策的贯彻落实，伦敦及东南区域规划委员会提议约束经济压力地区的发展，而这些地区还遭受着环境和规划的严重束缚。而有关经济压力区（AEPs）这一术语可以举一个典型的例子，如西伦敦的周边地区。这项政策似乎与国家竞争议程背道而驰，也不会受到商业游说团体的欢迎。当我们在东南区域进行采访时，一个支持开发的受访者向我们谈到，他认为规划者们妄图通过"抑制富裕地区"支持复兴的想法是极为幼稚的。

区域计划草案的提议与英格兰东南发展署（SEEDA）有关东南部区域经济战略的提议截然不同。英格兰东南发展署的战略主要在于维持经济成功地区的发展，而不是去约束它。在东南区域，尽管在公众评议时区域经济战略还未发表，但是，伦敦及东南区域规划委员会的提议却引起了一场异常激烈的辩论（Counsell and Haughton，2003）。最终，小组引导众评议人员支持有关"促进极为需要的地区的经济发展"的提案，并指出这与国家和区域的利益息息相关。

> 在这一区域的任何地区，除了重大而明显的地方环境因素，没有其他任何因素能阻碍经济事业的发展。不管是交通拥堵，还是劳动力供给的问题，它们均不应成为阻止其蓬勃发展成世界级区域经济的理由。
>
> （Crow and Whittaker，1999，第 35 页）

同时，该小组还建议弱化经济复兴重点地区（PAERs）的政策，并指出帮助这些地区的措施不应当对经济繁荣地区产生约束和不利影响。由此，它实现了立场上的转变，即由优先考虑欠发达地区的经济复兴的 SERPLAN 方案转向支持区域经济战略中优先支持发达地区经济发展的方案。这一高度政治化的结果和公众争论使政府不得不认真考虑其“提议的变革”。在区域规划指引的最终版本——RPG9（GOSE，2001）中，政府在经济复兴重点地区的问题上采取了一条中间道路。物资稀缺的泰晤士河口地区获得了优先权，但是其他有关经济复兴重点地区的政策却被弱化了。同时，政府采纳了公众评议小组关于删减经济压力区的建议，但在西部周边地区则采用了一项独立的政策，以支持当地实施其战略。因为这些地区不仅交通拥堵而且劳动力短缺，严重制约了经济的发展。

第八节　支持经济复兴抑或促进经济发展？改变东英吉利的区域战略

近年来，东英吉利（自2001年后成为“东英格兰”的一部分）的人口得以快速增长，经济发展尤为迅速。究其原因，其一方面得益于该区域内部分经济繁荣地区的带动作用，其二则是由于其临近伦敦。其中，当属剑桥次区域的经济发展最为蓬勃，我们有时称之为“硅谷”或“剑桥现象”。由于该地区汇集了诸多科研和高科技型产业群，因此它常被列为知识型区域经济发展的典范。然而，我们必须强调的是这一经济发展模式还未平均地共享至整个区域。尤其，在该区域较为偏远的北部和东部地区（如大雅茅斯，洛斯托夫特瓷，威兹比奇），它们的经济依然处于相对落后的状态。

在此，我们不得不特别地提及东英吉利区域。迄今为止，该区域还一直在它的区域规划指引中反复强调抑制剑桥次区域经济发展的价值，并尝试将经济发展转至欠发达的沿海城镇。《东英吉利的战略选择》（东英吉利区域战略团体环境部门，1974）颁布于20世纪70年代早期。其主要空间战略的提出，旨在促进经济发展的重新定向，即从该区域的南部和西部地区转向中部、北部和东部。该政策的主要措施包括，约束那些经济最活跃的地方的经济发展，从而刺激更遥远地区的经济发展，比如沿海城镇等，这些地区不仅在传统产业中流失了劳动力，且其海滨旅游业也正遭遇滑铁卢。

东英吉利于 1991 年颁布区域规划指引后（DoE，1991），进一步强化了抑制剑桥地区，重新定向发展的战略。人们普遍担忧的是，剑桥周围的发展压力将与“城市的独特性产生冲突”（同上，第 8-083 段）。相关的发展框架应该提供：

> • 将就业投资从西部繁华拥挤的地方，尤其是剑桥，分散到东部和北部地区，那里亟需改善干线道路以提升其经济发展和增长的吸引力。
>
> • 最大限度地利用一切机会缩短欠发达地区的偏远性，从而促使这些地区能够吸引更多的就业投资。
>
> （同上，第 8-084 段）

实现这一战略的关键在于提出一系列道路改进方案，从而拉近与沿海地区的距离。然而，道路改善的愿望并未能实现，因为在 20 世纪 90 年代中期，随着国家交通政策的改动，其中部分转变为一项更为可持续的交通政策。由于沿海地区仍然地处偏远之隅，因此中心定向发展的政策也变得不再可行，如果这一政策曾经可行过的话。

与此同时，剑桥作为高科技商业的中心继续发展着，这也导致商业团体必须不断承受消除发展约束的压力。因为人们认为，随着越来越多人开始远距离的上下班，这些约束不但会束缚城市的发展，也会加剧城市拥堵的问题。尤其是发展支持势力认为，剑桥的问题很大程度上源于其边界上紧紧拉着的绿带。然而，农村周边地区的许多地方当局人员极力反对经济的进一步发展，并希望继续维持绿带保护的完整性，尤其是在南剑桥郡（个案研究见第五章第十节相关内容；While *et al.*，2002）

不出所料，在准备东英吉利最新区域规划指引的过程中，有关剑桥次区域未来发展的量与方向问题成为了争论中最为突出的问题。区域规划指引草案（SCEALA，1998）摒弃了先前关于“将发展从剑桥分散出去”的政策，但同时指出在就业发展方面，有选择性地对剑桥次区域进行约束依然是有必要的。

在区域规划指引草案（Acton and Brooks，1999）公众评议的报道中，评议小组反对有关选择性约束的言论，并暗示一些文本的修订是为了“证明该战略旨在实现稳定而高效的发展，且其发展速度很可能会超过全国平均水平”（第 149 页）。实际上，这象征着东英吉利在先前区域战略中所推行的约束政策的最后土崩瓦解。而关于“剑桥现象”，评议小组则指出“因为它与国家利益息息相关，因此才得以栽培和被允许成长和发展。同样，其大部分的发展亦无法避免地会与这座城市紧密相连”（同上，第 151 页）。评议小组最后总结道，“我们认为抑制发展不应当被奉为一项准则”。另外，他们也提出，鼓励剑桥地区经济的发展需要提供一定的住房（见第五章）。

中央政府在其修订版本中采纳了评议小组有关“剑桥现象”的建议，同时也将区域规划指引 RPG6 修订版（GOEE，2000）中关于“扩大科研与科技型产业群”的政策纳入其中。作为该政策的一部分，区域合作伙伴则必须进行战略筹备，即“甄选出合适的场地并指出他们将如何通过科研和技术型产业以及其辅助服务来打造良好的环境以吸引投资”（同上，2000，第 20 页）。尽管大多数人都接受在政策上的重大转变，但有少数人仍然对此表示担忧，即他们在考虑这一战略对整个区域而言，是否也是最佳战略：

> 这其中蕴含着一个重大的问题：就社会层面而言，[剑桥集中论] 是否也是可持续的；还有我们在先前的 [区域规划指引中] 试图分散某些发展的做法，或者通过其他不同途径来处理它的做法是否就不对。
>
> （EE3 访谈）

第九节　陷入困境：新机场的发展

扩建机场的提议往往颇受那些发展型区域经济战略的青睐，且经常被视为加速经济大幅度增长的驱动力。然而，当此类提议试图通过区域规划体制来寻求支撑时，有时也会造成许多矛盾，因为规划者们在支持机场发展时，往往会更加谨慎。与其他交通问题一样，这些问题同样没有在区域规划指引中完全体现出来。其中部分原因在于最近中央政府在受委托后，依然还在等待时机对有关机场建设的研究进行调研；而另一个原因则是，对于主要基础设施工程，比如机场，依然还必须按照传统的分散审批程序来运作。近年来，机场发展明显属于无数漫长、严格而又耗钱的公众调查。

对希思罗机场五号航站楼的公众调查整整花费了四年之久。自此以后，2001 年的政府规划改革力图寻求其他途径来解决这类工程。政府的最初提案本打算通过议会程序解决诸如机场扩建的主要工程，但却遭到了来自环境和规划利益团体的普遍反对，而且议会选举委员会也对它进行批评并建议政府对其提案重新审视。当前，政府打算通过修改公众调查的程序来解决主要基础设施的发展问题，并使它们与区域战略分离开来（见第八章）。

由于机场扩建的作用甚微，大多数区域规划争论在处理这一问题时往往只是敷衍了事，却把重点集中在与机场相关的就业用地的发展上。缺少区域规划指引往往会造成一些困难："在最新一轮区域规划指引中，我没有看见许多大问题［与机场扩建有关的］得到解决，而且如果它［机场扩建］得不到解决，那么它要到何处才能解决？"（SE8 访谈）事实上，这个问题最终在 2002 年中央政府颁布的一系列区域机场研究中得以"解决"了。遗憾的是，它出现得太晚，因而也未受到任何公众评议小组的重视。然而，政府的声明却一如既往的明了：到 2020 年为止，使用航空运输的乘客数量可能会比现在至少多出一倍。为了适应这一发展速度，多种选择方案随之被提出，其中包括：为现存机场提供新的跑道或选择可能的新机场地址等，如肯特郡北部的克里夫和约克郡南部芬宁利的皇家空军机场都被认为是可能的新机场选址。但是，这些提议却引起了入选区域的居民组织和国家环境组织，如英格兰乡村保护运动组织的广泛关注。某一政府保护局的官员曾指出了这一方法中的矛盾之处："对于住房，我们有'规划、监督和管理'机制；而对于机场，我们则有'预测和供给'机制。所以，如果所有的机场都要扩建，那么谁能站出来告诉人们这样飞速的扩建是难以持续的?"（EM7 访谈）

在解决环境问题的总体方法上，区域规划指引草案充分显示出了它的优势和力量。其中，东南部区域规划指引草案是唯一坚持认为航空交通不具备可持续性的区域规划草案，它认为应当减少航空旅行，而这也与区域发展署之间产生了矛盾。然而，公众评议小组对这一提案进行了批评，他们反而建议区域规划指引为机场扩建，尤其是为其相关活动——寻找可以建设机场的重要场地，提供一个更为有力的框架。鉴于在东南区域就区域规划问题还存在其他许多争论（当然这也许并不出乎所料），中央政府在其区域规划指引 RPG9 的终版中避开了机场扩建问题，相反，它只提及其对于航空旅行白皮书的个人建议。本书认为，我们不应对未来机场扩建的可持续性大作评论，机场建设和与机场相关的发展本身都应当遵循可持续性发展原则："任何表面措施都必须符合机场的扩建要求，即要么在现存的规划范围内，要么进一步的扩建必须具备可持续性。任何与机场扩建相关的进一步发展都应当在本质上是可持续的。"（GOSE，2000，第 67 页）

从西密德兰的区域规划指引草案中，我们不难发现在对待机场扩建和交通政策的其他方面，在态度上同样都存在相似的前后矛盾性。尽管其整体政策都是通过需求管理（WMLGA，2001a，第 110 页）来"减少旅行的需求"，但其对于伯明翰国际机场的政策则是"[它]将继续以西密德兰主要的国际机场的身份继续扩大，完善合理的设备，以不断满足该区域飞往全球各地的航班的需求"（第 125 页）。此处，有关机场规划的案例之所以如此有趣，部分原因在于它在区域规划指引的争论中的有效缺席。这种处境往往会引起我们的关注，但它不是简单地通过政策在政界得到质疑的方式，而是通过某些特定选择性方案被排除到考虑之外的方式。此处的问题不在于机场扩建不服从公众评议，它们显然是服从的。相反，这一问题在于基础设施建设的关键部分实际上都被战略性区域规划排除在外了。而这一关键部分本可能会对许多可持续性发展问题产生重要的影响，如从该区域的交通堵塞到全球的碳排放。因此，它的排除破坏了区域规划意图发展整体性、整合性和确实具备寻常意义的长期发展框架的愿望。

第十节　个案研究：东密德兰机场周边就业用地提案

东密德兰的区域规划指引草案（EMRLGA，1999）进一步增加了发展高速公路 M1 上的 23a/24a 交叉口的可能，该交叉口靠近东密德兰机场。在区域经济战略（EMDA，1999）中，该地点被视为是重要的经济资产，当然它也得到了商业利益组织的大力推广。

值得注意的是，在区域规划指引草案中，它并未作为确定的提案提出。甚至，该地点的发展遭到了东密德兰环境联盟（EMEL，一个特别设立的，参与区域规划指引进程的环境团体联盟）的强烈反对。相较于其他团体而言，东密德兰环境联盟的担忧更多。第一，它觉得这一提议实际上将会导致诺丁汉、德比和莱斯特合并成一个“特大城市”；第二，它相信高速公路的位置将会促进汽车通勤和公路运输的进一步发展；第三，它担心在该地区的任何发展都会导致两大不良后果，即丧失广阔的农村和破坏三大城市的重建。

公众评议小组（2000 年 10 月报道）认为，这一发展将会与国家政策和指引草案中的可持续性发展目标相向而行。它提议区域规划指引反而应该“寻求一种替代策略来识别整合方法和更多中心的方法在吸引对内投资方面的潜力”（EMRA，2000a，第 10 页）。国务大臣在 2001 年 3 月颁布的区域规划指引草案中“所提议的改革”（GOEM，2001）和其在区域规划指引 RPG8 的最终版本（GOEM，2002）中，均同意在可预见的未来不为东密德兰机场批放更多的土地。

与此同时，莱斯特郡和拉特兰郡的草案结构规划被安排在公众评议 EiP 之前。为服从和满足各项标准条件，提议中特别包含了一项政策，即允许位于 23a/24a 交叉路口处的某个著名就业场地的发展。而环境团体和当地居民却再次强烈反对。自国务大臣向区域规划指引提议进行某些改变之后，许多针对结构规划改变的提议便纷纷赶在公众评议之前被提出来了。这些将引起一种彻底的变革，即由先前对发展23a/24a交叉路口实行的优待政策转向彻底反对："对位于机场外缘，靠近M1高速公路23a/24/24a交叉路口的就业场地进行进一步的大规模集中建设的提案或者其他交通集约利用的提案都不会受到认可。"（结构规划评议的书面材料）。

结构规划的公众评议始于2001年6月。在这一评议中，评议小组承认，政策上的变化代表着结构规划当局对区域规划指引草案中"所提议的变革"做出的恰当回应。此处注意，在支持开发利益团体的反对意见及交通问题研究的结果仍无从得知的情况下，公众评议小组就建议直接废止全部的政策。

第十一节　结语

本章节着重强调了在如何更好地实现可持续性发展这一问题上，区域经济战略和区域规划指引之间的张力是具有区域的地域特征的。就广义而言，对于遭受强大经济发展压力的地区，尤其是英格兰南部和东部区域，其可持续性发展的环境问题往往被地方规划当局用来佐证约束政策的合理性。与之相反，英格兰北部区域的规划当局则倾向于通过区域规划更大限度地促进经济的发展，并运用可持续性发展中的经济方面来佐证其合理性。这两个方法反映了在发展和约束政策上截然不同的话语组合方式（Vigar *et al*.，2000；Counsell and Haughton，2003）。

本章节共涉及三大主要问题。第一大问题是在缺少明确的国家空间战略的情况下，力图发展强有力的区域政策方向的问题（Wong，2002）。尽管区域发展署设法降低区域间争取对内投资的零和竞争所带来的负面影响，但是稳健的国家框架是否已经生成，以减少区域间不必要的竞争行为，仍然不甚明确。这一问题在我们采访的过程中引起了一些评论，因为很多人认为，倘若在主要新项目和国家取向上缺乏一种国家期望意识的话，那便很难证明约束和限制政策选择性的合理性（国家取向即国家最倾向于集中开发哪里）。而论证的缺失也导致大多数区域发展署和地方当局仍热衷于寻求潜在场地以吸引大型投资者。而为了实现此类目标，他们也力图通过利用区域规划体系来提前分配土地。

第二大问题在于，为充分理解区域规划的制订进程，我们必须将每个区域的政治动态系统考虑在内。例如，在西北区域，城市—区域联盟被重组，基于共同的目标，利物浦和曼彻斯特之间的协作比以往更加默契。这一目标便是通过游说来吸引人们更加关注城市复兴，并以此作为规避南部新月提议的方法之一。与此类似，剑桥的发展战略尤其依赖市议会的支持。同样值得注意的是，在这一轮区域空间战略的制订过程中，欧洲大陆所关注的“多中心的发展”（欧洲委员会，1999）并未成为其中的重要主题，但是随着这一概念引发越来越多的关注，可能会在未来变得愈加重要。

第三大问题则在于，区域规划不能将其决策与未来经济发展的“质量”挂钩。此类问题掌握在区域发展署及其地方合作伙伴手中，因此区域规划在还未弄清就业规划能否带来就业岗位、长期就业或“清洁环保”行业就业的情况下，便要决定是否允许绿色未开发地区进行重大发展。尤其是环保团体对此甚为忧虑，他们往往承认就业的重要性，但同时担心用现有的环境质量来换取未知的经济发展质量。这一问题同样引起某些区域发展署的担忧，在可持续性发展的管理方面做出妥协：“我们想要找到一种经济发展的合适方式，而不是追求低水平的发展。”（英格兰南部区域发展署访谈）这其中最根本的矛盾在于，人们认识到规划正逐渐与“场所制造”协同前行，可以设计适宜人们居住、工作和投资的高质量场所；但在很多情况下，面向区域层面的战略权力重构往往会存在做出“脱离语境的”战略决策的风险。

同时，我们分析了新区域治理体系在扶持经济发展过程中出现的其他张力和矛盾。例如，在区域经济战略的审批过程中，国家决策者表现出低限度干涉的倾向。但是，他们却设法为其自身保留一定程度的中央控制力。为实现这一目的，他们不仅利用其在分配预算和选择区域发展署委员会成员中的权力，同时还动用区域规划体系中的间接机制。当然，这并非一项有意为之的战略，但它体现出一个简单的事实，即迄今为止，中央控制力一直凌驾于区域规划指引之上，最终文件反映的是国家层面的倾向性，而非各区域的倾向性。实际上，区域规划通过“后门”的非法途径来抑制某些区域发展署扩张野心，同时打击地方当局的抱负。

可持续性发展与经济发展之间关系解读上的区域争论存在着地域差异。此外，政府的干预行为同样也存在地域差异。一方面，它控制着未开发地区就业土地场地的提议，不仅仅是北部区域。作为该方法的一部分，政府往往会支持那些限制经济发展场所的观点，而这可能会削弱现有城市地区在“城市复兴”方面所作出的努力。或者，倘若有提案提议在剑桥和西伦敦地区运用抑制政策的话，那么政府就会实行干预来破坏它们。

抑制落后地区的经济发展，却支持那些早已拥挤不堪的地区的经济发展，乍看之下，似乎与区域政策背道而驰。也许，这只是国家新自由主义经济管理中存在的根本矛盾的一部分。新自由主义同时要求各大区域通过具有区域特色的方法来处理这些矛盾，而这些方法有时会违反国家的宏观计划。由此，国家发展政策、国家规划政策、区域发展政策、区域规划政策之间出现了种种复杂的张力关系。

第八章　展望未来：区域、空间战略与可持续性发展

第一节　当下与未来的区域复杂性治理

战略区域规划的本质是复杂性治理。在此过程中，针对议题的轻重缓急展开讨论，并对未来区域发展的蓝图做出决策。此过程的合法性源于双重目的，一方面有其法定性，另一方面则来自以开放、创新、协作方式生成的集体“所有权”。因此，区域规划程序的根本特色在于，讨论的范围可以得以限定，涵盖了不同观点、价值观、事实依据和反例，以及对概念不确定性的把握与关注。但它同样是检验竞争优势的机会，当然不仅仅局限在地域和行业层面。为避免在这些细枝末节和模棱两可中迷失方向，区域规划一直追求程序的简洁性与透明性，以便更好地在指引未来发展方面达成一致。

区域规划领域的辩论不再纠结于场所制造层面，而是更多地关注发展的基本原则、术语和目标上。区域规划在多大程度上、以何种方式发展经常引发热议。在这高调的争论背后，有人一直在乏味的原则、

概念、技术甚至词汇中默默地追求意义与真理。这些论争自然是重要的，因为掌控这些概念和词汇的意义和真理会有改变权力关系和权力的可能性。正是在此背景下，本书尝试剖析“可持续性发展”意义的界定、发展、讨论、调整与抵制。

本书分析的起点之一在于，围绕区域规划和可持续性发展的论证通常来自那些供大众消费的想法，如“凝聚农村”的媒体争论，或工作机会与自然保护孰先孰后等话题。或者说，区域规划系统的机制趋于正式和专业（如：公众评议的书面提案和口头陈述)，对一些根本性问题的理解更加复杂化，从各团体所提出的观点中可以看出对复杂性更微妙、更精细的理解，这也成为他们获取合法性的途径。

从某种意义上说，近年来关于区域规划的很多讨论都尝试避免过于简单的二分法，如经济与环境，在政策解读方面变得更为微妙和精细。有趣的是，中央政府通过引入综合性的规划法，消解了英格兰规划“纯粹主义的”或单一问题取向方法，这明确地挑战了前期主导的理念，即平衡相互排斥的经济和环境问题（见第三章)。然而，综合法随之引发了一系列新的紧张局势和矛盾。规划者们不得不着手应付那些以可持续性发展为名引发的可持续多样性，如环境的可持续性发展、可持续城市或农村复苏以及可持续经济发展等。不仅如此，综合规划法对英国政府来说还是大有助益的，其特定的可持续性发展目标借此得以进一步巩固。

第二节　区域规划和竞争的可持续性

如第三章和第六章所言，可持续性发展和城市复兴本质上是一种持续引发论争的政治战略，而不是一组不偏不倚的既定概念。我们考察了可持续性发展在区域规划讨论中的运用方式，同时集中讨论了涉及的各种选择。

第二章重点探讨了如何观察选择过程的两种方式：一种是国家层面的战略选择，另一种则是去中心化的分析，即可持续性发展概念在生成、争论、同化、标准化、整顿和辩论的过程中，是如何塑造个人和机构行为方式的。在很多方面需要站在两个不同立场上看待相似问题，一方面关注经由国家表达强势主体的霸权倾向，另一方面关注这些强势的倾向可能被立法、抵制和修订的多种可能途径。

"国家战略与空间选择"的相关理念有助于理解为何中央政府利用区域规划，用来巩固以优先目标为导向的可持续性发展途径，同时强调高速、平稳的经济增长。此种界定一经嵌入规划机制的各个方面，就很难为偏离这一特殊理解的政策形式找到存在的依据。作为一种促进发展的策略，"城市复兴"因其与可持续性发展相关辩论的紧密联系而获得了其合法性地位。尽管集权倾向明显，区域和可持续性发展的愿景存在一致性，但在具体实践中，可持续性发展如何进入区域规划议题仍然存在明显的地域差别。在此过程中，从提出想法到相互反驳，再到重新调整，各个层次的利益相关者之间存在一些有趣的张力。

此处的个案包括中央政府在增加东南区域新住房发展项目配额，缩减东北区域配额过程中所扮演的角色。各区域提出抗议，认为最初的分配才是最佳的"可持续性"方案，但均被中央政府否决（见第五章）。同样，在就业土地分配案例中，中央政府无视抑制东南部热点地区发展的呼声，同时还否决了在东北区域创建新就业点的提议（见第七章）。

然而，不能简单地将这些行为解读为国家权术和霸权倾向的体现，否则便会遗漏掉其中的诸多复杂情况。例如，在这些争论中，系统内不同层面的团体存在有意识的"定位"。从地方规划当局到区域主体及国家层面的规划者，所有参与者均卷入权力游戏和心智游戏之中。草案制订的过程可以视为一个报盘、还盘和妥协的流程。在此之外，系统内各个要素之间都存在复杂的相互影响，如地方、区域和国家环境、住房和经济发展游说团体之间的相互影响。

当然，媒体对东南部房屋的集体抗议是地方、区域和国家游说和相关策略合力作用的结果。这些抗议主要是政治层面上的，政府对此会较为敏感，从遣责"凝聚农村"到失去边缘议会席位或委员会成员资格等话题。但纵观全国，这并非是一种统一的现象。事实上，不同主导性的区域团体以不同方式运用“可持续性发展”语言策略以维护自身的立场，同时将反对的声音做边缘化处理。所以在东北区域，规划者和开发商可以做到步调一致，以“可持续性”为选择项，大力推进发展步伐，同时将环境团体排除在外。而在东南区域，规划者和环境保护者们在应对发展带来的压力过程中走到了一起，发现了其中的“不可持续性”。这种可持续性选择的地域差异促使政府以维护国家利益的名义居中斡旋，一方面保证东南区域的继续发展，另一方面引导东北区域更加关注环境问题。因此，这并不是一个自上而下强制推行政策倾向的过程。

此处的分析显示出概念和技术的形成过程，在经过复杂的发展、试验、争论之后，最终的结果要么是否决，要么是接受或者重新制订。以环境资本个案为例，辩论各方包括了众多相关参与者、政府保护机构和推动特定发展途径的游说团体；支持或反对特定观念或技术的咨询机构和专业人士；寻求调整方案以适应当地条件的地方政府。另外还有草案的公众评议，使得这一过程更为复杂。这为各种理念和技术提供了一个竞技场，在同行面前公开证明自身主张的正当性，这些同行也许恰好为了自身的利益诉求秉持反对的态度。在辩论过程中，中央政府的态度无论是温和、冷淡还是冷漠，参与者们都可以感受到它的存在。在不同的论坛中，从工作组到公众评议，规划相关的辩论都会嵌入，同时可以让特殊的价值观和方法呈现“正常化”状态。例如，在最近一轮区域规划讨论中，讨论转向了目标设定的技术层面，城市容量研究等支撑技术的运用，提升适应当地条件的程度等主题，因此，若在这样的背景下提出反对棕色地块目标的观点很可能会适得其反。

基于以上概览，我们可以认识到，探讨地方和区域层面出现的正常化和反霸权倾向具有重要意义。但同时这种方式本身可能让研究迷失方向，因为这些讨论仍然在强大的国家战略选择框架下展开。这一点从中央政府提出建议的方式中可见一斑，政府会提示某些方法是不可接受的，并警告区域讨论的主要参与者不要过分投入其中。同时，那些受到青睐的方法则可以很快纳入规划体系，或者通过法律体系实现，或者通过示范引导进入专业领域得以实现。

通过以上分析，我们不仅认识到环境或规划知识方面的选择性，同时也认识到知识和理念流动过程中显著的脉冲机制与断裂之处。就规划而言，新理念和技术在生成、倡导、实践和论争过程中，一般会受到严密的监控，同时专业的规划媒体在其中发挥着重要作用。除此之外，大批有偿规划咨询师和专业顾问与规划当局及其他利益相关者展开合作，寻找可以支持或反驳某些特定论点的先例（见第四章），但这对创新并无太大助益，在具体实践过程中会更加多变，且不切实际。有些理念可能在某种情景中未被认可，但通过强化辅助性的论据、重新改造相关技术，反击以往的反对意见，借此便可以在其他情景中重现。如此一来，新技术的引进在系统中引发显著的断裂和不确定性，参与者就需要不断地重新审视自己的观点与偏好，明晰哪些内容是可以接受的，哪些是优先所在。

例如，通过可持续性评估分析（第三章），环境资本（第四章）和城市容量（第五章）的分析，我们可以看到利益相关者们如何与新技术达成妥协，又如何审视、巩固相关的假设和价值。这些技术当然都以某种方式维护可持续性发展，但每种技术都需要不断改进和完善。

以上分析看起来与制度文献与沟通式规划（十多年来主流的规划理论方法）的关注相差甚远（Tewdwr-Jones and Allmendinger, 2003）。近期随着向区域规划协作型方式的转向，社会资本的角色无疑得到强化；但是系统中仍然充斥着矛盾，缺乏信任感。随着理想化的协商式论证的推进，沟通式规划有助于用理想化的系统形式来审视规划，在这个系统内可以进行开放性、建设性的辩论，不同的观点和认识均可得到尊重。然而，事实上，区域规划的讨论过程远没有那么理想，它更像是权力机制的演习，并不是一个形成社会资本、达成共识的过程。表面上看来，在正式的论坛中，辩论会显得非常公开、合理和恭敬，但这些行为模式其实是策略性的权力定位，机构借此使自身看起来合法、公平、开放。事实是，经过长时间的工作小组讨论、提案写作、公共审议陈述，最终改变自己原初想法的参与者寥寥无几。此过程的目的本来是要首先影响那些参与起草区域规划指引的人，继而去影响公共审议小组成员。这一阶段一经完成，游说的重心就转向国家政府层面了。

更糟糕的是，尽管已有两年时光，这一过程并未就许多重大问题达成广泛共识。东南区域规划指引清楚地显示，这其实是一次无意义的协作冒险。在这种情况下，中央政府不得不在主要利益相关者截然不同的观点中居间调节，并在此过程中强制推行一些解决措施，如住房数量和经济限制政策（见第五章和第七章）。但中央政府的作为并没有让开发商们和地方规划当局心悦诚服，他们认为这种解决方式根本行不通，结果几经妥协的区域规划指引赞者寥寥（Lock，2002）。持续蔓延的住房危机，尤其在兑现最低预测水平的未来需求问题上，最终还要政府介入打破僵局，政府只能咽下自己种下的苦果。

回到前期区域规划指引的批评上来——空间和战略层面上都显不足，以国家层面指引为主，指引本身缺乏公开性和透明性，现在看来很有趣。从某种意义上说，指引在很多方面都已有所提升，但离新体系所预期的内容还是有些距离。新的区域规划指引方法持续出台区域规划指引草案，但这些草案规避了许多指引区域发展方向的问题，缺乏宏观的国家空间框架，缺乏跨区域的有机整合（Wong，2002）。在战略方法的创设方面，很多难题再次被回避，特别是有关基础设施供给的重要决定，从公共交通、道路和机场，到健康、教育、供水等。事实上，大部分悬而未决的决议都委托给次区域研究机构或结构规划审议。除此之外，若在区域规划指引框架下采取更为果断的行动，如住房分配，就不可避免地会遇到各种形式的反对，最极端的情况则会引发媒体激烈的攻势。

第三节　区域规划的静谧与喧嚣

在新的区域规划系统中还有其他不同层面的选择性问题，如哪些主题被掩盖了，哪些没有被掩盖，哪些主题被详细审查了，哪些没有审查。不仅如此，还有其他重要问题，在新的治理体系中，谁的声音被重视和聆听，谁的没有得到关注，这体现出他们在更广泛的社会权力机制和制度结构中的定位。在最近一轮的区域规划中，住房问题的辩论成为区域主义的喧闹之处，其中环境和发展团体的游说活动尤为明显。如前所述，话语技巧通常会随着论坛的变化而变化。在保证道德权威的基础上，为了照顾媒体播报，所发表的观点通常会简单明了。相比之下，在正式的规划协商过程中，论证的形式会更为复杂，在辩论过程中，定位会变得更为微妙，同时还会通过塑造概念（如可持续性发展与城市再生）与自身的规划技术，以获取自身合法性抑或质疑他人的合法性。

区域主义的安静之处本身并没有那么引人注目，与社会基础设施供给相关的部分尤其安静。这在很多方面是非常重要的。比如说，新医院和诊所应该建在何处几乎无法经由指引确定，因为一般认为这属于地方规划的范畴，主要由卫生部门做出决定。这可比实际情况麻烦得多，因为大型新立医院有时会建在建成区周边以取代旧的中心医院，同时出售医院旧址以重新开发利用。这类决策通常没有充分考虑环境和交通影响，也没有考虑区域的整体需求，主要受制于卫生服务的财政因素与私人融资计划（英国的一种制度，私人开发商开发公共设施，由政府回租）。

最安静的当属第五章所提到的社会住房供给部分，在最近一轮区域规划指引初期，这一部分受到的关注有限。在某种程度上，这反映出在该领域缺乏区域层面的可以协调各团体的组织，其利益便很难在各个区域得到完全表达。该问题的部分原因在于英国地方与国家政府权力的部门化问题。在起草未来规划指引的过程中，地方当局房屋署与地方规划机构没有实质性的对接。

第四节　权力下放和英格兰区域的未来

随着苏格兰、威尔士、北爱尔兰和伦敦的政治权力下放陆续完成，新工党政府的“权力下放计划”将继续在英格兰区域上演。鉴于只有那些在全民公决中获得支持的区域才会获得该地位，因此权力下放并非简单的国家权力一次性的转移（见第一章）。

针对英格兰区域的权利下放提案出现在《你的区域你的选择》白皮书（内阁办公室和交通、地方政府及区域部，2002）中。2002 年 11 月出台的区域国民公会（筹备）法案正在推进此项工作。在向公众展示提案时，副首相约翰·普雷斯科特指出，长期以来与英格兰政府中央集权脱离的愿望终于得以实现。

> 此法案推进了我们的承诺，即在英格兰区域实现国民公会选举。赋予这些区域民主之声可使他们找出符合各自地区和社区需求的解决方案——打破“白厅万事通”的既定思维。这是我们社区改造计划的一部分——让社区成为更适合生活和工作的地方。
>
> （ODPM，2002c）

由于各地区的区域主义思想强弱不一，那么在可预见的未来，不同区域不可避免地有不同的制度安排。目前，北部地区支持区域化的情绪最为强烈，呼声最高，因此北部地区很有可能成为第一个通过全民公决来决定是否走向区域权力下放之路。

至于我们此处探讨的目的，与其说是为了探索权力下放提案对治理的影响，还不如说是为了思考权力下放提案对未来区域规划和可持续性发展的潜在意义。选择权力下放的区域意味着将在战略规划方面担负更大的责任，如在区域空间战略和区域住房策略的准备与实施过程中要起带头作用，同时还要负责区域发展署的工作。白皮书提议：“在重要领域赋予国民公会以重要职责，如在经济发展、空间规划和住房等领域，让他们根据需要灵活研究创新的解决方案。这意味着他们有权力推动地区发展。”（内阁办公室和交通、地方政府及区域部，2002，第34页）白皮书继而确认了国民公会在筹备区域战略过程中可能遇见的一系列问题：可持续性发展、经济发展、技能培训与就业、空间规划、交通、住房、健康、文化和生物多样性。因此，在国家立法与建议的框架下，区域将对战略规划负起责任，但同时要与中央政府一系列高层次目标保持一致，在特定领域还需要向中央政府汇报进展情况。

第五节　新工党的规划改革

就规划而言，尤其是战略规划，2000年至2003年是重要的试验阶段，新工党政府将很多改革理念付诸实施，这些理念最初出现在1998年发布的咨询文件中（见第一章）。在改进规划议程过程中，政府将战略规划的规模从郡县机构层面的规划扩展至区域层面。为了协调相关政策部门的工作，政府还变更了规划指引内容，以此与之前的土地使用规划相区分，进一步拓展空间规划的议程。政府还向更大范围内的利益相关者打开区域规划的大门，以取代以往由地方当局主导的模式。尽管区域规划安排缺乏直接的民主责任制，作为一种战略规划政策，权力的天平已从郡县层面（工党经常与其政治意见不合）向新的区域机构安排倾斜。

在前期改革的基础上，政府发布了规划绿皮书《规划：实现根本性改变》（DTLR，2001b），着手新一轮的规划升级，并关注改革规划处理主要基础设施发展方式的提案。为了使规划更加透明高效，主要的提案包括：

- 通过供货合同、商业规划区等措施，使商业领域的规划工作更好地开展，在这些方面，规划的限制会较为缓和；
- 用简化的地方发展框架（LDF）取代地方规划；

• 创建区域空间战略这一法定战略计划，取代郡县结构规划和区域规划指引；

• 实施主要基础设施提案，如机场建设，并直接由议会控制，以免冗长的规划调查。

针对规划改革提议的咨询引发了公众极大热情，收到了 15 489 份反馈。按照政府所言（ODPM，2002b），这些反馈基本上都是“支持改革事业以及政府提案背后的宏伟目标”。这一笼统的陈述几乎无人可以反驳，但同时掩盖了诸多对提案的忧虑及个体性表达。新闻发布会及各组织团体的网站都表达了自己的忧虑，如环境组织、企业和建筑商利益集团、专业规划团体和其他组织。以下引文都是绿皮书发布后从新闻稿中摘录而得，从中可以感受到反应的多元化：

> 规划提案对经济、就业和民众来说都是好消息。
>
> （英国工业联合会，2001）

> 政府规划给环境带来了一场灾难。
>
> （地球之友，2001）

> 除去耗时、成本高昂和混乱的官僚体制之外，大家都可接受。
>
> （住宅建造者协会，2001b）

> 政府规划改革提案的一个漏洞。
>
> （英格兰乡村保护委员会，2001c）

对于环境游说团体来说，他们最关切的问题是郡县结构规划的废除，以及设立放宽规划监管的商业规划区，还有在规划系统中解除基础设施计划的管制。这些改变受到抵制的原因在于，他们担心会削弱规划的监管机构，置乡村自然环境于更大的危险之中。

商业利益团体最热衷的改革也可能存在类似的问题。他们过去一直在游说政府加快规划进程，解除当前规划系统中那些不必要的限制措施。正如英国工业联合会所说，“我们当前的规划系统损害了竞争，无法扩大企业规模”（CBI，2001），因此大家十分欢迎能够加快规划实施进度的变革。尽管在区域规划指引的起草过程中，游说团体均发表言论，但这些都是供媒体消费的公众立场。事实上，在政府咨询方面，主要游说团体都以更为平衡的方式应对，他们非常希望可以参与规划改革进程之中，而不愿被排除在之外。

对改革最直白的控诉倒不是来自游说团体，而是来自交通、地方政府和各区域下议院特别委员会，以下是委员会对规划绿皮书的调查结论：

> 我们断定，政府的提案整体上是不可行的。我们认同政府在廓清规划方面所表现出的热情。希望未来的规划可以在更大范围内为公众生活谋求福祉，我们鼓励其中表现出的创新与热情。然而，《绿皮书》看上去并没有把握真正的问题。
>
> （交通、地方政府和各区域特别委员会第十三次报告，2002年7月，第210段）

不顾特别委员会的意见，政府决定落实大部分的改革措施——其中最重要的改变在于，从规划管制体系中解除基础设施发展管制这一提案最终被放弃。就在本书写作的过程中，其他主要的提案都通过《规划与强制征收法案》得以实施。实际上，尽管大批利益相关者获准参与提案咨询，但中央政府仍然严格控制着规划的立法框架。

就未来战略规划而言，新的区域空间战略体系将会与不同层面的规划活动以及其他政策部门进一步融合，而且还会受益于其自身的法定地位。但在英格兰区域未实现权力下放的前提下，国务大臣将会保留发布新的区域空间战略的权力，正如区域规划指引的例子一样，还会提出一些质疑，即较之先前的战略，目前的战略是否更加具有战略性或区域性。由于区域空间战略和区域经济战略是分开起草准备的，而且拥有同等的地位，新的政府提案没有充分理清二者之间的整合关系。然而，作为二者紧张关系的一种妥协，未来的区域经济战略会在区域空间战略厘定的空间发展框架内进行进一步整合和准备："政府准备将区域空间战略更为充分地融入到其他区域战略之中。每个区域空间战略应该为区域发展署的战略和其他利益相关者提供长远的规划框架，并在实施过程中提供帮助。"（DTLR，2001b，第4.42段）

《规划和义务购买法案》还包括威尔士规划改革的提案，它与英格兰的提案有些不同。苏格兰和北爱尔兰的规划改革正在进行中（见第一章），这意味着英国规划的整体版图也许可被看作一种分散性的规划系统和制度安排。事实上，政府有意鼓励属地化管理的多样性，以此营造竞争态势提升政策绩效。当然，这些改变并不能真正改变英国规划的等级体系：国家指引、国家住房规划、针对可持续性发展和经济发展的中央政策、国家指标体系和国家发展目标等一系列中央控制措施仍然会对规划施加巨大影响。

这些变革对可持续性发展的影响可能是复杂多元的。关注环境保护的组织，如地球之友和英格兰乡村保护运动组织认为，改革提议在实现可持续性发展方面助益不大：

> 全面修订规划系统对实现可持续性发展来说是一个千载难逢的机会。但新工党政府把它搞砸了。同时，加速发展主要基础设施的计划仍未出台，事情只会变得更糟。
>
> （地球之友，2001）

> 我们需要一个改良的、更加高效的规划系统，深受商界和公众的信赖。政府应该清楚，规划的目的是促进可持续性发展，确保为了更广大民众的利益合理管理土地。恰恰相反，目前的规划系统只是为了应对其中出现的混乱、疏离、冲突和延误。
>
> （CPRE，2002b）

商界和房地产业游说团体成员则对改革持乐观态度。尽管没有直接提到可持续性发展，他们的言辞更加平和，认为改革会带来更加统一、富于社会责任感的区域政策方法：

> 我们对区域策略得到重新关注表示欢迎，住房的迫切需求得到关注。许多地区对住房的需求很大，如此才可以保证其经济和社会的良性发展。购买力方面出现问题的原因正是住房的供给不足，并由此导致社区的衰落。
>
> （HBF，2001b）

> 商业和社区不是相互独立的实体。二者都需要一个可以听到反对声音，同时可以快速、直接对实施过程做出评价的系统。对商业有所助益的系统，同样也有利于经济、就业和民众。
>
> （CBI，2001）

这些变革对规划政策和可持续性发展的实现所产生的意义同样错综复杂。按照以往的情况，各区域负责起草区域空间战略，但要中央政府来颁布，改革之后，国家层面和区域层面的政策区分更为明确，可以杜绝以上情况的出现。同时，也可以防止未来中央政府将国家政策强加给区域。如第七章所讲，这对那些反对区域发展的利益相关者而言可能是福祸相依，比如说东北区域，因为他们不能再依靠中央政府施行限制性影响了。

从这层意义上来说，在新规划系统下，对于以环境保护为重心寻求可持续性发展的团体来说，权力下放可能显示不出利益愿景。如我们此前所讨论的，东北区域走在寻求权力下放的最前沿，但是他们将经济发展凌驾于环境保护之上，也就谈不上所谓“综合”性的可持续性发展方法了。东南区域在最初十分重视可持续性发展的环境因素，现在可能是寻求权力下放的最后一批区域之一了。在某种程度上说，至少短期内区域主义对那些保障生态环境优先的区域是一件好事。

然而，在大多数情况下，政府的提案应该可以提升未来区域规划过程的合法性和效果，与民主区域机构存在联系的环节尤为显著。当然有一些地区会有一些担忧，有些前面已经提及。首先，区域机制很有可能最后变成一种失控的竞赛，特别是在环境保护方面；第二，地区保护主义的冲动将会得到压制，当然还需要进一步论证，但这一点非常重要，由于地区保护主义的存在，区域规划中有争议的环节或者被回避，或者干脆演化为最小公分母的方法；第三，超越早先的内省式区域体系，进而意识到区域战略可以发挥的巨大作用，做到这一点是很困难的；第四，尽管有制订长远计划的意愿，但是大部分区域规划极少做出长远的决策，而是用短期内的妥协应对长远的问题。新系统能否在这方面超越当下的系统尚待分晓；第五，强大的区域发展机器可能会屏蔽掉反对的声音，以未来不确定的社会和环境状况为代价，运用政策获得短期的政治和经济优势来压倒对方。

第六节　区域能否可持续性发展?

作为贯穿本书的重点，可持续性发展成为多重目标的载体，成为一种可以利用和变通的政治资源，用以实现符合自身利益的目标。可持续性发展的界定方式多种多样，其中包括英国政府所青睐的目标驱动方法。我们对政府这种以目标为导向的可持续性发展方式的不满由来已久，一方面强调需要“高速、平稳的经济发展”，但在其他三个目标的制订方面则表现得消极被动。在这种情况下，有必要回到可持续性发展的界定，正是这一界定引发了当下对概念的关注。也就是说，发展满足了当今的需要，不需要向未来几代人妥协来满足他们自身的需要。基于可持续性发展的大范围讨论，本书突出了五条原则，其中两条符合所有可持续性发展相关叙述的特征：代内和代际公平（见Haughton，1999c）。作为总结，我们想运用这些原则简要考察一下英格兰近来的区域规划的成效。有必要指出，评估主要集中在战略意图上，而非对当地的影响，因为这种影响是需要时间检验的。同样，因为是一种简要的概述，所以不免有以偏概全之嫌。依据代际平等或未来性原则，区域规划如何符合标准？正如此处介绍的原则，是否符合标准很大程度上取决于可持续性发展的解释方式，因此不同的团体会做出不同的评估。

为所有人提供足够住房的条款是可持续性发展辩论中反复出现的主题。从房产商和社会住房游说团体的视角来看，这一条款可能引起他们对规划系统的担忧，即规划系统能否保证足够的发展空间，以满足未来住房的需求。因此，开发商们可能会认为，规划限制了他们住房供给的能力，不符合未来性原则，由此导致房价上涨，人们无家可归。

环境组织则认为，规划通过严控城市发展规模，为子孙后代保护乡村环境，符合未来性的原则。因此，许多环境组织并不乐见政府的未来规划提案。他们认为政府缺乏对可持续性发展内在含义的理解。

由此可见，就规划系统是否符合未来性原则的问题，不同视角会有不同理解。一方主张保证住房用地供应，满足未来需求；另一方主张为子孙后代保留原汁原味的农村生态。对于二者孰轻孰重，仁者见仁，智者见智。在某些方面，由于各种原因，大部分团体会认为规划政策在当下有很多方面并不符合原则。对我们来说，这是一个重大发现：找到一种满足所有人期望的方法何其困难！这种方法既可以让后世受益，而且还要符合各地域、各利益相关者团体和各专业团体的不同诉求。

就代内公平原则而言，区域规划指引满足了当代人的需求了吗？区域规划辩论中的输家大概是低收入群体。近期的区域规划导致了一系列问题，北部区域规划搁置了房屋问题，东南区域的房地产市场则被炒得过热，低收入者深受其害。同样，棕色地块问题，在人口密度高、生活舒适度低的地区加大发展力度，都让低收入者受到了伤害。主要的赢家当属那些生活在繁华郊区和小型居民点的人。原有措施得以保留，特别是保留绿化带和禁止开发市郊绿地的措施，使他们的房产得以保值，而且还可以享受空旷的乡村环境。

区域规划解决地域公平或跨区责任的问题了吗？这一原则要求区域政策既可以应对区域内事务，也可以应对区域外甚至全球性的问题。在大多数情况下，若提到区域规划可以间接地处理全球性问题，当然会显得更有吸引力，但它基本上是一种内省性的事务。在落实政策中，减少碳排放的目标便是其中一个明显的例子。若区域规划的重点放在经济增长和消费方面，那些将可持续性发展等同于环境问题的人士也许会说，区域规划与其原则背道而驰，因为它是建立在对商品和资源的国际贸易价值认定基础上的。

区域规划符合程序公平原则吗？程序公平原则要求，管理机制和参与机制的设计和应用需要建立在平等对待一切主体的基础上。自1997年以来，规划系统所经历的变革都在强调，利益相关者可以更多地参与规划过程。但是，新的调整能否带来更高的参与度，尚待讨论（Haughton and Counsell，2002）。例如，1997之后，制定区域规划指引的规划系统比以前的安排更加透明，参与度更高，得到利益相关者们的欢迎，但仍然存在一些亟待解决的紧张关系。我们的研究表明，区域规划在咨询环节变得更加务实，更多的利益团体真正参与其中。但是，区域规划文件起草过程中各个环节的参与度仍不理想。目前，规划系统更乐意吸纳那些组织有序、资源充足的团体，这些团体一直以来都是规划的参与者，如英格兰乡村保护运动组织和住宅建造者协会。

最后一条原则是环境或种间公平，对此可以有多种解释方式，但一般来讲是指将动植物物种的生存与人类的生存等同视之。从环境底线到三重底线（三赢）的变化导致一种以人类为中心的可持续性发展方法，更注重（人类）生活质量而不是对自然环境的保护。这种向三重底线的转变削弱了种间公平的原则，但实际上（见第四章），当前的一轮的区域规划其实制定了一套更强有力的政策，来保护生物的多样性。总的来说，尽管近年来的可持续性发展有强化以人类为中心的趋势，但是由于受到欧盟要求的影响，区域规划政策实际上还是采取了更强有力的方法，来应对生物多样性和栖息地保护等问题。

毫无疑问，这五条原则的运用在分析方法上会显粗糙，但在引发人们关注区域规划进程的不平衡性上还是有所助益，帮助人们深入了解可持续性发展的基本特点。总的来说，大多数规划参与者认为，在某些方面取得了积极进展，如程序公平和种间公平方面，但在其他方面却鲜有成效。全书的关键问题在于，不同主体基于不同视角对可持续性发展有着不同的理解。在选择可持续性发展进程的评价标准过程中，我们同样表现出了自己的选择性和偏好。我们认定的进步之处，在他人看来可能是一种倒退。我们没有明确的答案，但我们希望能帮助人们理解，为什么在规划系统内不同的人会得出不同的结论。

附录：方法至关重要

本书研究所依据的实证性材料基于以下来源。首先，共完成了121场访谈，涵盖了137个主要参与者、英格兰的八个区域、许多个案研究地区。在区域层面，受访者包括参与准备区域规划指引草案的政府官员和政治家、负责区域规划指引定稿的区域政府办公室官员、参与区域规划指引辩论的地方规划者、区域发展署、商界游说团体（如英国商会、英国工业联合会区域团体、房屋建造者协会、受雇于发展团体的咨询专家）、政府法定机构（如环境署、乡村署、古迹署）、地方和区域环境团体、社区团体、社会住宅团体、参与区域规划辩论的学者（其中包括本书的区域专家组成员）。在个案研究地区，受访者的范围略小，主要包括地方规划者、发展支持者、环保游说团体。

我们同时还采访了国家层面的负责人，包括中央政府官员、重要游说团体的代表等。在有些情况下，在区域规划指引进程的后期，我们对某些极其关键的人员做过二次采访，以便理清其中一些问题的解决过程。每场采访都有一个特定的参考号，以该区域的首字母缩写开头。此参考号在文中以引用标出，通常与受访者所代表的主要团体相关联，在涉及机密的地方做了省略处理。因为受访者可能在区域规划指引制订过程的不同阶段会有不同的思考关注，因此文中所提供的信息会显示采访的具体年月。为了避免参考信息冗长，这些日期放在附录的受访者信息列表中。相比较而言，有些区域的采访数量要多一些，这主要取决于我们所研究的具体问题、所涉及的利益相关者以及个案研究地区所处的位置。

除了极个别的情况，在保密的前提下，本书的采访都获准现场录音，为本书提供了丰富的引证资源。我们选择的方法是，所引用的内容应该可以代表某一个体受访者或某一特定群体受访者的整体性观点。在其他情况下，我们会引用一些与受访者整体性观点有所差异的内容，在文中均会对此明确说明。

在本课题开始之际，两场公众评议（东英吉利和东南区域）已经结束，但是课题团队成员作为观众参加了六场区域规划指引文件草案的公众评议。此外，约克郡和亨伯区域公众评议过程中，课题团队成员代表英国城乡规划协会提交了预先准备的证据；在综合讨论阶段做了记录，其中直接转录了参与者所引用的内容。由于是在公共场合发表评论，因此并未做机密信息处理。本书在引用公众审议过程的转录材料时，通常会注明具体人员及其组织名称。

在课题开展过程中，我们汇编和分析了大量的间接资料，包括供公众评论的区域规划指引草案，所有已出版的区域规划指引可持续性评价。区域规划指引的草案均需进行内容分析处理。基于国家政府与国际组织的相关报告，我们确定了一些可能会在区域规划指引中涵盖的问题，继而概括了区域规划指引最终纳入其中的问题。我们还针对部分个案研究地区的地方规划文件做了汇编与分析，以此来分析区域层面与地方层面在规划政策上的相互影响。

其他文件还包括部分利益团体提交给公众评议小组的针对区域规划指引草案的提案，还包括小组本身提交的报告材料。很大比例的提案通常是针对专业受众的评论性内容，用词较为专业。这些文件在区域规划指引的辩论中成为一种“内部”要素，以此实现重塑指引的目的。同时，一些重要参与者还通过“外部”辩论的形式，来影响政府官员、专业团体，有时还要引导公众的认知以及媒体对特定问题的辩论取向。呈现的形式多种多样：委托顾问（通常是对此表示同情的顾问）撰写的报告、专业学者、内部报告、新闻稿。这些来源可以帮助我们理清杂乱的规划理念。这就需要将这些提案、报告、新闻稿视为表达立场的陈述——其中观点有失公允，当然谈不上不偏不倚，都是针对特定的区域规划问题，以影响辩论的发展方向为目的。

此外，课题将媒体对区域规划问题的报道作为研究对象之一。在研究阶段，大量的媒体报道专注于住房问题，就业和环境问题有时成为辩论的辅助性话题，鲜见有针对性的报道。媒体报道拓展形式包括电视新闻和纪录片，但都是些具有明显倾向性的报道内容，尤其是地方电视频道。本书针对媒体对区域规划的解读有两点关注：主要由团体在自己网站上发布的新闻稿；国家级报业机构对这些新闻稿及其他材料的引用，特别是《卫报》《泰晤士报》《每日电讯报》、BBC 网站等。

本书详细分析了主要参与者在规划质询过程中，如何通过书面或口头陈述、新闻稿、游说文件在公共领域传播自己的观点。

其中所引述的内容可以强有力地表达出既定的“故事情节”，但有时这些表达在理解上显得不太精妙。不过这些引述有助于明晰公开辩论的大致思路，这也是研究的价值所在。此外还需要指出在观点陈述方面的差异性：一是公私有别，即面向公众发表的观点与私下发表的观点会有所差异；二是在本书采访中提出的观点与面向媒体发表的观点之间存在差异。

本课题开始阶段设立了学术专家团队，每个区域设有一位专家。我们向专家征求意见，由他们建议每个地区需要采访的人员。这些专家本身就是区域活动家，因此我们正式地采访过其中六位，并将他们纳入我们的研究之中。区域规划指引准备工作的每一阶段结束时，我们会为每个区域出台一份工作文件，其中总结了我们的一些主要调查结果。调查结果的草稿会提交给相关区域专家，他们一般情况下都会帮助我们进一步了解该区域所发生的活动。区域报告的副本可以在赫尔大学的网站上查看：http://www.hull.ac.uk/geog/research/html/hg1crp.html.

采访列表

东北区域

NE1　区域规划者：2000 年 2 月
NE2　政府办公室：2000 年 2 月
NE3　政府办公室：2000 年 2 月
NE4　学术界：2000 年 2 月
NE5　学术界：2000 年 2 月
NE6　支持开发的游说团体成员：2000 年 3 月
NE7　经济发展官员：2000 年 2 月
NE8　环保非政府组织：2000 年 4 月
公众评议，2000 年 6 月
NE9　环保非政府组织：2000 年 9 月
NE10　环保非政府组织：2000 年 9 月
NE11　商业利益团体：2000 年 9 月
NE12　环保非政府组织：2000 年 10 月
NE13　政府办公室：2000 年 10 月
NE14　地方规划者：2000 年 10 月
提议的变革，2001 年 4 月
NE15　区域规划者：2001 年 5 月
NE16　环保非政府组织：2001 年 7 月
NE17　环保非政府组织：2001 年 10 月
NE18　环保非政府组织：2001 年 5 月
NE19　政府机构：2001 年 5 月
NE20　地方规划者：2001 年 5 月
NE21　地方规划者：2001 年 5 月
NE22　支持开发的游说团体成员：2001 年 5 月

NE23　地方规划者：2001 年 5 月
NE24　地方规划者：2001 年 5 月

东南区域

公众评议，1999 年 5 月/6 月
提议的变革，2000 年 3 月
SE1　学术界：2000 年 3 月
SE2　专业团体：2000 年 3 月
SE3　规划顾问：2000 年 3 月
SE4　政府办公室：2000 年 3 月
SE5　区域规划者：2000 年 3 月
SE6　环保非政府组织：2000 年 4 月
SE7　支持开发的团体：2000 年 4 月
SE8　规划非政府组织：2000 年 10 月
SE9　环保非政府组织：2000 年 10 月
SE10　地方规划者：2000 年 12 月
SE11　政府机构：2000 年 12 月
SE12　学术界：2001 年 2 月
SE13　经济发展官员：2001 年 2 月
SE14　政府办公室：2000 年 7 月
SE15　公务员：2000 年 7 月
SE16　公务员：2000 年 7 月
SE17　公务员：2000 年 7 月

东密德兰区域

EM1　政府办公室：2000 年 5 月
EM2　地方规划者：2000 年 5 月
公众评议，2000 年 6 月/7 月
EM3　环保非政府组织：2000 年 8 月

EM4　环保非政府组织：2000 年 8 月

EM5　政府机构：2000 年 10 月

EM6　地方规划者：2001 年 10 月

EM7　政府机构：2000 年 12 月

EM8　支持开发的团体

EM9　区域规划者：2001 年 2 月

EM10　区域规划者：2001 年 2 月

提议的变革，2001 年 3 月

约克郡和亨伯区域

YH1　学术界：2000 年 4 月

YH2　地方规划者：2000 年 5 月

YH3　政府办公室：2000 年 5 月

YH4　地方规划者：2000 年 5 月

YH5　政府办公室：2000 年 6 月

YH6　政府办公室：2000 年 6 月

公众评议，2000 年 7 月

YH7　社会住房团体：2000 年 6 月

YH8　卫生部门：2000 年 6 月

YH9　政府机构：2000 年 10 月

YH10　支持开发的团体：2000 年 10 月

YH11　政府机构：2000 年 10 月

YH12　地方规划者：2000 年 11 月

YH13　当地政治家：2000 年 11 月

YH14　地方规划者：2000 年 11 月

YH15　经济发展官员：2000 年 12 月

YH16　政府机构：2000 年 12 月

YH17　政府办公室：2000 年 5 月

YH18　政府办公室：2000 年 5 月

提议的变革，2001年3月

YH19　地方规划者：2001年7月

YH20　经济发展官员：2001年11月

西南区域

SW1　学术界：2000年2月

SW2　政府办公室：2000年3月

SW3　学术界：2000年2月

公众评议，2000年3月

SW4　地方规划者：2000年7月

提议的变革，2000年12月

SW5　环保非政府组织：2001年2月

SW6　区域非政府组织：2001年2月

SW7　政府办公室：2001年2月

SW8　规划顾问：2001年2月

SW9　规划顾问：2001年2月

SW10　政府办公室：2001年11月

SW11　支持开发的游说团体成员：2001年11月

SW12　地方规划者：2001年11月

东英吉利/东英格兰区域

公众评议，1999年2月

提议的变革，2000年3月

EE1　政府办公室：2000年7月

EE2　区域规划者：2000年7月

EE3　地方规划者：2000年7月

EE4　政府机构：2000年12月

EE5　经济发展官员：2000年12月

EE6　政府机构：2001年2月

EE7 区域规划者：2000 年 3 月

EE8 支持开发的游说团体成员：2000 年 3 月

EE9 政府机构：2000 年 3 月

EE10 地方规划者：2001 年 11 月

EE11 环保非政府组织：2001 年 11 月

EE12 政府办公室：2001 年 11 月

EE13 支持开发的游说团体成员：2001 年 11 月

西北区域

NW1 区域非政府组织：2000 年 12 月

NW2 政府办公室：2000 年 12 月

NW3 学术界：2000 年 12 月

NW4 区域规划者：2000 年 12 月

公众评议，2001 年 2 月

NW5 地方规划者：2001 年 4 月

NW6 环保非政府组织：2001 年 4 月

NW7 支持开发的游说团体成员：2001 年 5 月

NW8 政府机构：2001 年 5 月

NW9 地方规划者：2001 年 5 月

NW10 区域规划者：2001 年 5 月

NW11 环保非政府组织：2001 年 7 月

NW12 环保联络团体成员：2001 年 7 月

提议的变革，2002 年 6 月

WM1 环保非政府组织：2001 年 3 月

WM2 地方规划者：2001 年 3 月

WM3 政府办公室：2001 年 3 月

WM4 区域规划者：2001 年 6 月

WM5 商业利益团体：2001 年 6 月

WM6 经济发展官员：2001 年 6 月

WM7　政府机构：2001 年 6 月

WM8　环保非政府组织：2002 年 1 月

WM9　政府办公室：2002 年 1 月

WM10　地方规划者：2002 年 2 月

WM11　地方规划者：2002 年 2 月

WM12　环保网络成员：2002 年 2 月

WM13　学术界：2002 年 6 月

公众评议，2002 年 6 月

参考文献

Abercrombie, P. (1945) *The Greater London Plan, 1944*, HMSO, London.

Acton, J.E. and Brookes, R.P. (1999) *Draft Regional Planning Guidance for East Anglia: Report of the Panel Conducting the Public Examination*, Government Office for the East of England, Cambridge.

Acton, J.E., Mattocks, J.R. and Robins, D.L.J. (2001) *Draft Regional Planning Guidance for the North West: Report of the Panel*, Government Office for the North West, Manchester.

Advantage West Midlands (1999) *Creating Advantage: The West Midlands Economic Strategy*, AWM, Birmingham.

Aitchison, T. (2002) 'The South West: lessons for the future', in T. Marshall, J. Glasson and P. Headicar (eds) *Contemporary Issues in Regional Planning*, Ashgate, Aldershot.

Alden, J. (2001) 'Planning at the national scale: a new planning framework for the UK', in L. Albrechts, J. Alden and A. da Rosa Pires (eds) *The Changing Institutional Landscape of Planning*, Ashgate, Aldershot.

Alden, J. and Morgan, R. (1974) *Regional Planning: A Comprehensive View*, John Wiley, New York.

Allen, J., Massey, D. and Cochrane, A. (1998) *Rethinking the Region*, Routledge, London.

Allmendinger, P. (2001) *Planning in Post-modern Times*, Taylor and Francis, London.

Allmendinger, P. and Tewdwr-Jones, M. (2000) 'New Labour, new planning? The trajectory of planning in Blair's Britain', *Urban Studies* 37 (8), 1379–1403.

Amin, A. (1994) 'Post-Fordism: models, fantasies and phantoms of transition', in A. Amin (ed.) *Post-Fordism: A Reader*, Blackwell, Oxford.

Amin, A. and Hausner, J. (1997) 'Interactive governance and social complexity', in A. Amin and J. Hausner (eds) *Beyond Market and Hierarchy: Interactive Governance and Social Complexity*, Edward Elgar, Cheltenham.

Amin, A. and Thrift, N. (1994) 'Living in the global', in A. Amin and N. Thrift (eds) *Globalization, Institutions, and Regional Development in Europe*, Oxford University Press, Oxford.

Amin, A. and Thrift, N. (1995) 'Globalisation, institutional "thickness" and the local economy', in P. Healey, S. Cameron, S. Davoudi, S. Graham and A. Madani-Pour (eds) *Managing Cities: The New Urban Context*, John Wiley, Chichester.

Aspen, Burrow and Crocker (2001) *The West Midlands Area Multi-modal Study: Final Report*, Governmental Office for the West Midlands, Birmingham.

Association of North East Councils (ANEC) (1999) *Draft Regional Planning Guidance for the North East*, North East Regional Assembly, Newcastle.

Baker, M. (1996) 'Viewpoint: rediscovering the regional approach', *Town Planning Review* 67, iii–vi.

Baker, M. (1998) 'Planning for the English regions: a review of the Secretary of State's regional planning guidance', *Planning Practice and Research* 13 (2): 153–169.

Baker, M. (2002) 'Governmental Offices of the Regions and regional planning', in T. Marshall, G. Glasson and P. Headicar (eds) *Contemporary Issues in Regional Planning*, Ashgate, Aldershot.

Baker, M., Deas, I. and Wong, C. (1999) 'Obscure ritual or administrative luxury? Integrating strategic planning and regional development', *Environment and Planning B: Environment and Design* 26, 763–782.

Baker Associates (2001) *Regional Planning Guidance for the North East (RPG1): Sustainability Appraisal of the Proposed Changes to draft RPG1*, Baker Associates, Bristol.

Barlow, J., Bartlett, K., Hooper, A. and Whitehead, C. (2002) *Land for Housing: Current Practice and Future Options*, Joseph Rowntree Foundation, York.

Barton, H., Davies, G. and Guise, R. (1995) *Sustainable Settlements: A Guide for Planners, Designers and Developers*, University of the West of England and LGMB, Luton.

Beer, A., Haughton, G. and Maude, A. (eds) (2003) *Developing Locally: Comparing Local Economic Development across Four Nations*, Policy Press, Bristol.

Benneworh, P. (1999) 'Sustainable development, regional economic strategies and the RDAs', *Regions: The Newsletter of the Regional Studies Association* 222, 10–19.

Benneworth, P., Conroy, L. and Roberts, P. (2002), Strategic connectivity, sustainable development and the new English regional governance', *Journal of Environmental Planning and Management* 45, 199–218.

Bishop, K. (1996) 'Planning to save the world? Planning's green paradigm', in M. Tewdwr-Jones (ed.) *British Planning Policy in Transition*, UCL Press, London.

Blowers, A. (1980) *The Limits of Power*, Pergamon Press, Oxford.

Blowers, A. (1997) 'Society and sustainability', in A. Blowers and B. Evans (eds) *Town Planning into the 21st Century*, Routledge, London.

Blowers, A. (ed.) (1993) *Planning for a Sustainable Environment*, Earthscan, London.

Blowers, A. and Evans, B. (eds) (1997) *Town Planning into the 21st Century*, Routledge, London.

Braun, B. and Castree, N. (1998) 'The construction of nature and the nature of construction', in B. Braun and N. Castree (eds) *Remaining Reality: Nature at the Millennium*, Routledge, London.

Breheny, M. (1991) 'The renaissance of strategic planning?', *Environment and Planning B* 18, 233–249.

Breheny, M. (1992) 'Emerging constraints in the South East', in P. Townroe and R. Martin (eds) *Regional Development in the 1990s: The British Isles in Transition*, Jessica Kingsley, London.

Breheny, M. (ed.) (1992) *Sustainable Development and Urban Form*, Pion, London.

Breheny, M. (1997) 'Urban compaction: feasible and acceptable?', *Cities* 14, 209–219.

Breheny, M. (1999) 'People, households and houses: the basis to the "great housing debate" in England', *Town Planning Review* 30, 275–293.

Breheny, M. and Hall, P. (eds) (1996) *The People – Where Will They Go?*, Town and Country Planning Association, London.

Brenner, N. (2000) 'The urban question as a scale question: reflections on Henri

Lefebvre, urban theory and the politics of scale', *International Journal of Urban and Regional Research* 24, 361–378.

Brenner, N. and Theodore, N. (2002) 'Cities and the geographies of "actually existing neoliberalism"', *Antipode* 34, 347–379.

Brindley, T., Rydin, Y. and Stoker, G. (1989) *Remaking Planning: The Politics of Urban Change*, Unwin Hyman, London.

Brindley, T., Rydin, Y. and Stoker, G. (1996) *Remaking Planning: The Politics of Urban Change*, 2nd edn, Routledge, London.

British Broadcasting Corporation (BBC) (2001) 'Tories pledge to protect greenbelt', 30 April, http://news.bbc.co.uk/1/hi/uk_politics/1305209.stm, accessed 3 December 2002.

BBC (2002) 'Prescott unveils £1bn housing plan', http://news.bbc.co.uk/1/hi/uk_politics/2135057.stm, accessed 21 November 2002.

Bryant, R. (2002) 'Non-governmental organisations and governmentality: consuming biodiversity and indigenous people in the Philippines', *Political Studies* 50, 268–292.

Buchanan, C. (1972) *The State of Britain*, Faber and Faber, London.

Bunce, M. (1994) *The Countryside Ideal: Anglo-American Images of Landscape*, Routledge, London.

Burchell, R. and Shad, N. (1998) 'A national perspective on land use policy alternatives', paper given at National Public Policy Education Conference, Portland, OR, 22 September 1998.

Burden, T. and Campbell, M. (1985) *Capitalism and Public Policy in the UK*, Croom Helm, London.

Burningham, K. (2000) 'Using the language of a NIMBY: a topic for research, not an activity for researchers', *Local Environment* 5 (1), 55–68.

Burton, E. (2000) 'The potential of the compact city for promoting social equity', in K. Williams, E. Burton and M. Jenks (eds) (2000) *Achieving Sustainable Urban Form*, E. & F.N. Spon, London.

Cabinet Office and Department for Transport, Local Government and the Regions (DTLR) (2002) *Your Region, Your Choice: Revitalising the English Regions*, The Stationery Office, London.

CAG Consultants and University of Hull (2003) 'Sustainable development tools for regional policy: output 2 – final report to the English Regions Network', unpublished.

Calthorpe, P. and Fulton, W. (2001) *The Regional City: Planning for the End of Sprawl*, Island Press, Washington, DC.

Castells, M. and Hall, P. (1994) *Technopoles of the World: The Making of the 21st Century Industrial Complexes*, Routledge, London.

Cherry, G. (1972) *Urban Change and Planning: A history of urban development in Britain since 1750*, G.T. Foulis, Henley-on-Thames.

Colin Buchanan and Partners (2001) *Cambridge Sub-Regional Study Draft Final Report*, Colin Buchanan and Partners, London.

Commission of the European Communities (CEC) (1990) *Green Paper on the Urban Environment*, EUR 12902, CEC, Brussels.

Confederation of British Industry (CBI) (2001) 'Planning proposals are good news for the economy, jobs and people – says CBI', press release, 12 December, http://www.cbi.org, accessed 8 January 2002.

Connell, R. (1999) 'Accommodating development: a view from West Sussex', paper given at ESRC Seminar 'Planning, Space and Sustainability', Department of City and Regional Planning, University of Cardiff.

Cooke, P. (1983) *Theories of Planning and Spatial Development*, Hutchinson, London.

Cooke, P. and Morgan, K. (1998) *The Associational Economy: Firms, Regions and Innovation*, Oxford University Press, Oxford.

Council for the Protection of Rural England (CPRE) (1994) *Urban Footprints*, CPRE, London.

CPRE (2001a) 'Green Belts – still working under threat', briefing, June, http://www.cpre.org.uk, accessed 5 April 2002.

CPRE (2001b) 'Prescott's greenfield housing curb thwarted', press release issued 1 March, http://www.cpre.org.uk, accessed 8 March 2001.

CPRE (2001c) 'Gaping hole in government's planning reforms', press release issued 12 December, http://www.cpre.org.uk, accessed 17 December 2001.

CPRE (2002a) *Even Regions, Greener Growth*, London, CPRE.

CPRE (2002b) 'Government planning proposals set to fail communities, business and the countryside', press release issued 18 March, http://www.cpre.org.uk, accessed 19 March 2002.

Counsell, D. (1998) 'Sustainable development and structure plans in England and Wales: a review of current practice', *Journal of Environmental Management and Planning*, 41 (2), 177–194.

Counsell, D. (1999a) 'Sustainable development and structure plans in England and Wales: operationalising the themes and principles', *Journal of Environmental Planning and Management* 42, 45–61.

Counsell, D. (1999b) 'Attitudes to sustainable development in the housing capacity debate: a case study of the West Sussex Structure Plan', *Town Planning Review* 70, 213–229.

Counsell, D. (1999c) 'Attitudes to sustainable development: policy integration, participation and Local Agenda 21, a case study of the Hertfordshire Structure Plan', *Local Environment* 4, 23–33.

Counsell, D. (2001) 'A regional approach to sustainable urban form?', *Town and Country Planning* 70, 322–335.

Counsell, D. and Bruff, G.E. (2001) 'Treatment of the environment in regional planing: a stronger line for sustainable development?', *Regional Studies* 35 (5): 486–492.

Counsell, D. and Haughton, G. (2001) *Sustainable Development in Regional Planning Guides, 4: The South East*, http://www.hull.ac.uk/geog/research/html/hg1crp.html.

Counsell, D. and Haughton, G. (2002a) *Sustainability Appraisal of Regional Planning Guidance: Final Report*, Office of the Deputy Prime Minister, London. http://www.hull.ac.uk/geog/research/html/hglcrp.html.

Counsell, D. and Haughton, G. (2002b) 'Sustainability appraisal: delivering more sustainable regional planning guidance?', *Town and Country Planning* 71, 4–18.

Counsell, D. and Haughton, G. (2002c) 'Complementarity or conflict? Reconciling regional and local planning systems', *Town and Country Planning* 71, 164–168.

Counsell, D. and Haughton, G. (2003) 'Regional planning in transition: planning for growth and sustainable development in two contrasting regions', *Environment and Planning C* 21, 225–239.

Counsell, D., Haughton, G.F., Allmendinger, P. and Vigar, G. (2003) 'New directions in UK strategic planning: from development plans to spatial development strategies', *Town and Country Planning* 72, 15–19.

County Planning Officers' Society (1993) *Planning for Sustainability*, Hampshire County Council, Winchester.

Cowell, R. (2000) 'Environmental compensation and the mediation of environmental change: making capital out of Cardiff Bay', *Journal of Environmental Planning and Management* 43 (5), 689–711.

Cowell, R. and Murdoch, J. (1999) 'Land use and the limits to (regional) governance: some lessons from planning for housing and minerals in England', *International Journal of Urban and Regional Research* 23 (4), 654–669.

Cox, K. (2002) 'Globalization, the regulation approach, and the politics of scale', in A. Herod and M. Wright (eds) *Geographies of Power: Placing Scale*, Blackwell, Oxford.

Cox, K. and Mair, A. (1991) 'From localised social structures to localities as agents', *Environment and Planning A* 23, 197–214.

Crow, S. and Whittaker, R. (1999) *Regional Planning Guidance for the South East of England: Report of the Panel*, Government Office for the South East, Guildford.

Crowther and Bore (2000) *Draft Regional Planning Guidance for the South West: Report of the Panel*, Government Office of the South West, Bristol.

Daily Telegraph (1999a) 'All party revolt at homes betrayal', 10 October, http://www.telegraph.co.uk, accessed 23 February 2000.

Daily Telegraph (1999b) 'Report destroys Prescott pledge on countryside', 9 October, http://www.telegraph.co.uk, accessed 23 February 2000.

Daily Telegraph (1999c) 'A hundred ways to improve our cities'. 30 June, http://www.telegraph.co.uk, accessed 14 May 2003.

Davies, W.K.D. (1997) 'Sustainable development and urban policy: hijacking the term in Calgary', *GeoJournal* 43, 359–369.

Davoudi, S. (2000) 'Sustainability: a new vision for the British planning system' *Planning Perspectives* 15, 123–137.

Dean, M. (1999) *Governmentality: Power and Rule in Modern Society*, Sage, London.

Deas, I. and Ward, K. (2000) 'From the "new localism" to the "new regionalism"? The implications of regional development agencies for city-regional relations', *Political Geography* 19, 273–292.

Deluce, P. (1998) 'Take action for social housing and defend the green belt ...', *Corporate Watch*, Issue 7, Spring, www.corporatewatch.org/magazine/issue7, accessed 3 October 2002.

Department of the Environment (DoE) (1991) RPG6 *Regional Planning Guidance for East Anglia to 2016*, HMSO, London.

DoE (1992a) PPG1 *General Policies and Principles*, HMSO, London.

DoE (1992b) PPG12 *Development Plans and Regional Planning Guidance*, HMSO, London.

DoE (1993a) *A Guide to the Environmental Appraisal of Development Plans*, HMSO, London.

DoE (1993b) RPG1 *Regional Planning Guidance for the North East*, HMSO, London.

DoE (1994a) *Sustainable Development: The UK Strategy*, HMSO, London.

DoE (1994b) *Biodiversity: The UK Action Plan*, HMSO, London.

DoE (1994c) PPG9 *Nature Conservation*, HMSO, London.

DoE (1994d) RPG9 *Regional Planning Guidance for the South East*, HMSO, London.

DoE (1995) RPG9A *The Thames Gateway Planning Framework*, HMSO, London.

DoE (1996a) PPG6 *Town centres and retail development*, HMSO, London.

DoE (1996b) *Household Growth: Where Shall We Live?*, HMSO, London.

Department of the Environment East Anglia Regional Strategy Team (1974) *Strategic Choices for East Anglia*, HMSO, London.

Department of the Environment, Transport and the Regions (DETR) (1997) *Building Partnerships for Prosperity: Sustainable Growth, Competitiveness and the English Regions*, The Stationery Office, London.

DETR (1998a) *The Future of Regional Planning Guidance*, The Stationery Office, London.

DETR (1998b) *Regional Development Agencies' Regional Strategies*, The Stationery Office, London.

DETR (1998c) *Planning for Communities of the Future*, The Stationery Office, London.

DETR (1998d) Transport White Paper, *A New Deal for Transport*, The Stationery Office, London.

DETR (1998e) *A New Deal for Trunk Roads for England*, The Stationery Office, London.

DETR (1999a) *A Better Quality of Life: Strategy for Sustainable Development for the UK*, The Stationery Office, London.

DETR (1999b) PPG12 *Development Plans*, The Stationery Office, London.

DETR (2000a) PPG11 *Regional Planning*, The Stationery Office, London.

DETR (2000b) *Guidance on Preparing Regional Sustainable Development Frameworks*, The Stationery Office, London.

DETR (2000c) PPG3 *Housing*, The Stationery Office, London.

DETR (2000d) *Good Practice Guide on Sustainability Appraisal of Regional Planning Guidance*, The Stationery Office, London.

DETR (2000e) *Strategic Gap and Green Wedge Policies in Structure Plans*, The Stationery Office, London.

DETR (2000f) *Guidance on the Methodology for Multi-modal Studies*, The Stationery Office, London

DETR (2000g) *Our Towns and Cities: The Future – Delivering an Urban Renaissance*, The Stationery Office, London.

Department of Trade and Industry (DTI) (2002) *Supplementary Guidance for the Regional Development Agencies in Relation to the Economic Strategies*, DTI, London.

Department for Transport, Local Government and the Regions (DTLR) (2001a) PPG25 *Development and Flood Risk*, The Stationery Office, London.

DTLR (2001b) Planning Green Paper, *Planning: Delivering a Fundamental Change*, The Stationery Office, London.

DTLR (2001c) Lord Falconer's speech to the Town and Country Planning Summer School, http://www.detr.gov.uk/about/ministers/speeches, accessed 23 April 2002.

DiGiovanna, S. (1996) 'Industrial districts and regional economic development: a regulation approach', *Regional Studies* 30, 373–388.

Dow, S. (1998) 'Beyond dualism', *Cambridge Journal of Economics* 14, 143–158.

Doyle, T. and McEachern, D. (2001) *Environment and Politics*, 2nd edn, Routledge, London.

Duncan, J. (1990) *The City as Text: The Politics of Landscape in the Kandyan Kingdom*, Cambridge University Press, Cambridge.

East of England Development Agency (EEDA) (2001) *East of England 2010*, EEDA, Cambridge.

East of England Regional Assembly (EERA) (2001) 'Assembly endorses new Economic Development Strategy', press release, http://www.eelgc.gov.uk, accessed 14 May 2003.

East Midlands Development Agency (EMDA) (1999) *Prosperity through People: Regional Economic Strategy for the East Midlands*, EMDA, Nottingham.
East Midlands Regional Local Government Association (EMRLGA) (1999) *Draft Regional Planning Guidance for the Spatial Development of the East Midlands: public examination draft*, EMRLGA, Melton Mowbray.
East Midlands Regional Assembly (EMRA) (2000a) *Step-by-Step Guide to Sustainability Appraisal*, EMRA, Melton Mowbray.
EMRA (2000b) *East Midlands Integrated Regional Strategy*, EMRA, Melton Mowbray.
ECOTEC Research and Consulting (1999) *Sustainability Appraisal of the Draft Regional Economic Strategy for Yorkshire and the Humber*, ECOTEC, Leeds.
Eden, S. (1996) *Environmental Issues and Business*, John Wiley, Chichester.
Eden, S. (1999) '"We have the facts": how business claims legitimacy in the environmental debate', *Environment and Planning A* 31, 1295–1309.
Eden, S., Tunstall, S.M. and Tapsell, M. (2000) 'Translating nature: river restoration as nature-culture', *Environment and Planning D* 18, 257–273.
Elson, M. (1999) 'Green belts: the need for reappraisal', *Town and Country Planning* 68 (5), 156–158.
Elson, M. (2002) 'Modernising green belts: some recent contributions', *Town and Country Planning* 71, 266–267.
Elson, M. (2003) 'A "take and give" green belt?', *Town and Country Planning* 72, 104–105.
Elson, M., Walker, S. and Macdonald, R. (1993) *The Effectiveness of Green Belts*, HMSO, London.
English Nature (1992) *Sustainable Development in Structure Plans*, English Nature, Peterborough.
English Nature, Countryside Agency, English Heritage and Environment Agency (2001) *Quality of Life Capital: What Matters and Why?*, http://www.qualityoflifecapital.org.uk.
Environmental Resources Management (2000) *Sustainable Development through Regional Economic Strategies*, ERM, Oxford.
European Commission (1999) *European Spatial Development Perspective: Towards Balance and Sustainable Development of the Territory of the European Union*, Office for Official Publications of the European Communities, Luxembourg.
Evans, A. (1991) '"Rabbit hutches on postage stamps": planning, development and political economy', *Urban Studies* 28 (6), 853–870.
Evening Standard (1999) 'New homes gobble up green belt', 11 October, http://www.thisislondon.co.uk, accessed 23 December 2000.
Eversley, D. (1975) *Planning without Growth*, Fabian Research Series 321, Fabian Society, London.
Fairclough, N. (1998) 'Political discourse in the media: an analytical framework', in A. Bell and P. Garrett (eds) *Approaches to Media Discourse*, Blackwell, Oxford.
Fairclough, N. (2000) *New Labour, New Language*, Routledge, London.
Faludi, A. (2002) 'Positioning European spatial planning', *European Planning Studies* 7, 897–909.
Flyvbjerg, B. (1998) 'Empowering civil society: Habermas, Foucault and the question of conflict', in M. Douglass and J. Friedmann (eds) *Cities for Citizens*, John Wiley, Chichester.
Foucault, M. (1991a) 'Questions of method', in G. Burchell, C. Gordon and P. Miller (eds) *The Foucault Effect: Studies in Governmentality*, Harvester Wheatsheaf, London.

Foucault, M. (1991b) 'Governmentality', in G. Burchell, C. Gordon and P. Miller (eds) *The Foucault Effect: Studies in Governmentality*, Harvester Wheatsheaf, London.
Freudenberg, W.R. and Pastor, S.K. (1992) 'NIMBYs and LULU: stalking the syndromes', *Journal of Social Issues* 48, 39–61.
Friedmann, J. (1998) 'The political economy of planning: the rise of civil society', in M. Douglass and J. Friedmann (eds) *Cities for Citizens*, John Wiley, Chichester.
Friedmann, J. and Weaver, C. (1979) *Territory and Function: The Evolution of Regional Planning*, MIT Press, Cambridge, MA.
Friends of the Earth (1999a) 'Housing nightmare for South East', press release issued 8 October, http://www.foe.co.uk, accessed 20 November 2002.
Friends of the Earth (1999b) 'Housing: South West next under the bulldozer', press release issued 22 November, http://www.foe.co.uk, accessed 21 November 2002.
Friends of the Earth (2001) 'Government planning changes a disaster for environment says FOE', press release issued 12 December, http://www.foe.co.uk, accessed 8 January 2002.
Geddes, P. (1915) *Cities in Evolution*, Williams and Norgate, London.
Gibbs, D. (2002) *Local Economic Development and the Environment*, Routledge, London.
Gibbs, D. and Jonas, A. (2001) 'Rescaling and regional governance: the English Regional Development Agencies and the environment', *Environment and Planning C: Government and Policy* 19, 269–288.
Girardet, H. (1992) *The Gaia Atlas of Cities: New Directions for Sustainable Urban Living*, Gaia Books, London.
Glasson, J. (1974) *An Introduction to Regional Planning*, Hutchinson Educational, London.
Gobbett, D. and Palmer, R. (2002) 'The South West: lessons for the future', in T. Marshall, J. Glasson and P. Headicar (eds) *Contemporary Issues in Regional Planning*, Ashgate, Aldershot.
Goodwin, M. and Painter, J. (1996) 'Local governance, the crises of Fordism and the changing geographies of regulation', *Transactions of the Institute of British Geographers* 21, 635–648.
Government Office for the East of England (GOEE) (2000) Draft RPG6 *Regional Planning Guidance for East Anglia to 2016 (incorporating Secretary of State's Proposed Changes)*, The Stationery Office, London.
GOEE (2001) RPG6 *Regional Planning Guidance for East Anglia to 2016*, The Stationery Office, London.
Government Office for the East Midlands (GOEM) (2001) Draft RPG8 *Regional Planning Guidance for the East Midlands (incorporating Secretary of State's Proposed Changes)*, The Stationery Office, London.
GOEM (2002) RPG8 *Regional Planning Guidance for the East Midlands*, The Stationery Office, London.
Government Office for the North East (GONE) (2001) Draft RPG1 *Regional Planning Guidance for the North East (incorporating Secretary of State's Proposed Changes)*, The Stationery Office, London.
GONE (2002) RPG1 *Regional Planning Guidance for the North East*, The Stationery Office, London.
Government Office for the North West (GONW) (2002) Draft RPG13 *Regional Planning Guidance for the North West (incorporating Secretary of State's Proposed Changes)*, The Stationery Office, London.
GONW (2003) RPG13 *Regional Planning Guidance for the North West*, The Stationery Office, London.

Government Office for the South East (GOSE) (2000) Draft RPG9 *Regional Planning Guidance for the South East (incorporating Secretary of State's Proposed Changes)*, The Stationery Office, London.
GOSE (2001) RPG9 *Regional Planning Guidance for the South East*, The Stationery Office, London.
Government Office for the South West (GOSW) (2000) Draft RPG10 *Regional Planning Guidance for the South West (incorporating Secretary of State's Proposed Changes)*, The Stationery Office, London.
GOSW (2001) RPG10 *Regional Planning Guidance for the South West*, The Stationery Office, London.
Government Office for Yorkshire and the Humber (GOYH) (2001a) Draft RPG12 *Regional Planning Guidance for Yorkshire and the Humber (incorporating Secretary of State's Proposed Changes)*, The Stationery Office, London.
GOYH (2001b) RPG12 *Regional Planning Guidance for Yorkshire and the Humber*, The Stationery Office, London.
Graham, S. (1999) 'Constructing premium networked spaces: reflections on infrastructure networks and contemporary urban society', *International Journal of Urban and Regional Research* 24, 183–200.
Greater London Authority and the Mayor of London (2001) *Towards the London Plan*, GLA, London.
Greater London Authority and the Mayor of London (2002) *The Draft London Plan*, GLA, London.
Grigson, W.S. (1995) *The Limits of Environmental Capacity*, The Barton Wilmore Partnership, London.
Hajer, M. (1995) *The Politics of Environmental Discourses: Ecological Modernization and the Policy Process*, Clarendon Press, Oxford.
Hall, J. (1982) *The Geography of Planning Decisions*, Oxford University Press, Oxford.
Hall, P. (1980) 'Regional planning: directions for the 1980s', *Town Planning Review* 41, 253–256.
Hall, P. (1988) *Cities of Tomorrow: An Intellectual History of Urban Planning and Design in the Twentieth Century*, Blackwell, Oxford.
Hall, P. (2000) 'The centenary of modern planning', in R. Freestone (ed.) *Urban Planning in a Changing World: The Twentieth Century Experience*, E. and F.N. Spon, London.
Hall, P. (2002) *Urban and Regional Planning*, 4th edn, Routledge, London.
Hall, P. and Ward, C. (1998) *Sociable Cities: The Legacy of Ebenezer Howard*, John Wiley, Chichester.
Hall, P., Gracey, H., Dewett, R. and Thomas, R. (1973) *The Containment of Urban England*, vol. 2, George Allen and Unwin, London.
Hall, S., Critcher, C., Jefferson, T., Clarke, J. and Roberts, B. (1978) *Policing the Crisis: Mugging, the State, and Law and Order*, Macmillan, London.
Harding, A. (1996) 'Is there a new community power and why should we need one?', *International Journal for Urban and Regional Research* 20, 637–655.
Hardy, D. (1991) *From New Towns to Green Politics: Campaigning for Town and Country Planning, 1946–1990*, E. and F.N. Spon, London.
Harrison, C.M. and Burgess, J. (1994) 'Social constructions of nature: a case study of conflicts over the development of Rainham Marshes', *Transactions of the Institute of British Geographers* 19, 291–310.
Harvey, D. (1996) 'The environment of justice', in A. Merrifield, and E. Swyngedouw (eds) *The Urbanization of Injustice*, Lawrence and Wishart, London.

Haughton, G. (1990) 'Targeting jobs to local people: the British urban policy experience', *Urban Studies* 27 (2), 185–198.

Haughton, G. (1999a) 'Trojan horse or white elephant? The contested biography of the life and times of the Leeds Development Corporation', *Town Planning Review* 70 (2), 173–190.

Haughton, G. (1999b) 'Searching for the sustainable city: competing philosophical rationales and processes of "ideological capture" in Adelaide, South Australia', *Urban Studies* 36, 1891–1906.

Haughton, G. (1999c) 'Environmental justice and the sustainable city', *Journal of Planning Education and Research* 18, 233–242.

Haughton, G. (2003a) '"Scripting" sustainable settlement', in C. Freeman and M. Thompson-Faucett (eds) *Living Space*, University of Otago Press, Dunedin, New Zealand.

Haughton, G. (2003b) 'City-lite: planning for the Thames Gateway', *Town and Country Planning* 72 (3), 95–97.

Haughton, G. and Counsell, D. (2002) 'Going through the motions? Transparency and participation in English regional planning', *Town and Country Planning* 71 (4), 120–123.

Haughton, G. and Hunter, C. (1994) *Sustainable Cities*, Jessica Kingsley, London.

Haughton, G. and Roberts, P. (1990) 'Government urban economic policy, 1979–89: problems and potential' in M. Campbell (ed.) *Local Economic Policy*, Cassell, London.

Haughton, G. and While, A. (1999) 'From corporate city to citizen's city? Urban leadership *after* local entrepreneurialism in the UK', *Urban Affairs Review* 35 (1), 3–23.

Haughton, G., Rowe, I. and Hunter, C. (1997) 'The Thames Gateway and the re-emergence of regional planning: the implications for water resource management', *Town Planning Review* 68 (4), 407–422.

Haughton, G., Lloyd, P. and Meegan, R. (1999). 'The re-emergence of community economic development in Britain: the European dimension to grassroots involvement in local regeneration', in G. Haughton (ed.) *Community Economic Development*, The Stationery Office, London.

Hay, C. (1995) 'Restating the problem of regulation and re-regulating the local state', *Economy and Society* 24, 387–407.

Healey, P. (1990) 'Structure and agency in land and property development processes', *Urban Studies* 27, 89–104.

Healey, P. (1997) *Collaborative Planning: Shaping Place in Fragmented Societies*, Macmillan, London.

Healey, P. (1998) 'Collaborative planning in a stakeholder society', *Town Planning Review* 69, 1–21.

Healey, P. (1999) 'Sites, jobs and portfolios: economic development discourses in the planning system', *Urban Studies* 36, 27–42.

Healey, P. and Shaw, T. (1993) 'Planners, plans and sustainable development', *Regional Studies* 27, 769–776.

Healey, P. and Shaw, T. (1994) 'Changing meanings of the environment in the British planning system', *Transactions of the Institute of British Geographers* 19 (4), 420–437.

Herington, J. (1991) *Beyond Green Belts: Managing Urban Growth in the 21st Century*, report for the Regional Studies Association, London, Jessica Kingsley, London.

Hertfordshire County Council (1998) *Hertfordshire County Structure Plan Review, 1991–2011*, HCC, Hertford.

Hertfordshire County Council (2001) *The Hertfordshire Town Renaissance Campaign: Campaign Report, Stage 1*, HCC, Hertford.

Hillier, J. (2000) 'Going around the back? Complex networks and informal action in local planning processes', *Environment and Planning A* 32, 33–54.

HMSO (1990) *This Common Inheritance*, HMSO, London.

HMSO (1994) *Sustainable Development: The UK Strategy*, HMSO, London.

Holland, S. (1976a) *The Regional Problem*, Macmillan, London.

Holland, S. (1976b) *Capital versus the Regions*, Macmillan, London.

Hough, M. (1990) *Out of Place: Restoring Identity to the Regional Landscape*, Yale University Press, New Haven, CT.

House Builders Federation (HBF) (2001a) 'London and South East housing crisis deepens'. press release issued on 30 November, http://www.hbf.co.uk, accessed 27 June 2002.

HBF (2001b) 'Planning Green Paper: a response', press release issued 12 December, http://www.hbf.co.uk, accessed 8 October 2002.

HBF (2002) 'Building a crisis "homes shortage"', press release issued 1 May, http://www.hbf.co.uk, accessed 21 November 2002.

House of Commons Select Committee on Transport, Local Government and the Regions (2002) *Thirteenth Report – Planning Green Paper*, http://www.publications.parliament.uk, accessed 5 July 2002.

Howard, E. (1898) *Tomorrow: A Peaceful Path to Real Reform*, Swan Sonnenschein, London. A revised edition was published in 1902 as *Garden Cities of Tomorrow*, Swan Sonnenschein, London.

Howes, H.R. (2002) 'The South West: lessons for the future', in T. Marshall, J. Glasson, and P. Headicar (eds) *Contemporary Issues in Regional Planning*, Ashgate, Aldershot.

Hull, A. (1997) 'Restructuring the debate on allocating land for housing growth', *Housing Studies* 16, 379–382.

Humber, R. (1990) 'Prospects and problems for private housebuilders', *The Planner* 76 (7), 15–19.

Hunter, C., Rowe, I. and Haughton, G. (1996) 'Supply augmentation or demand management? Two case studies of the challenges of meeting water demands in south east England', Sustainable Urban Development Working Paper Series, Leeds Metropolitan University.

Hutton, W. (2002) 'Cities shouldn't loosen their green belts', *Observer*, 12 May, p. 30.

Imrie, R. and Thomas, H. (1999) *British Urban Policy*, Sage, London.

Independent (1999) 'Mutiny in Middle England', 19 October, http://www.independent.co.uk, accessed 28 February 2000.

Innes, J. (1995) 'Planning theory's emerging paradigm: communicative action and interactive practice', *Journal of Planning Education and Research* 14, 183–190.

International City/County Management Association with Anderson, G. (1998) *Why Smart Growth: A Primer, Executive Summary*, cited on the Web site Smart Growth Online, http://www.smartgrowth.org.

Isard, W. (1960) *Methods of Regional Analysis: An Introduction to Regional Science*, MIT Press, Cambridge, MA.

Jackson, P. (1991) 'Mapping meanings: a cultural critique of locality studies', *Environment and Planning A* 23, 215–228.

Jacobs, M. (1997) *Making Sense of Environmental Capacity*, Council for the Protection of Rural England, London.

Jessop, B. (1982) *The Capitalist State*, Martin Robertson, Oxford.

Jessop, B. (1990) *State Theory: Putting the Capitalist State in Its Place*, Polity Press, Cambridge.

Jessop, B. (1994) 'Post-Fordism and the state, in A. Amin (ed.) *Post-Fordism: A Reader*, Blackwell, Oxford.

Jessop, B. (1995) 'The regulation approach, governance and post-Fordism: alternative perspectives on economic and political change?' *Economy and Society* 24, 307–333.

Jessop, B. (1997) 'The entrepreneurial city: re-imaging localities, redesigning economic governance, or restructuring capital?', in N. Jewson and S. MacGregor (eds) *Transforming Cities: Contested Governance and New Spatial Divisions*, Routledge, London.

Jessop, B. (1998) 'The rise of governance and the risks of failure: the case of economic development', *International Social Science Journal* 155, 29–45.

Jessop, B. (1999) 'Reflections on globalization and its (il)logics', in P. Dicken, P. Kelley, K. Olds and H. Young (eds) *Globalization and the Asia Pacific: Contested Territories*, Routledge, London.

Jessop, B. (2000a) 'Governance failure', in G. Stoker (ed.) *The Politics of British Urban Governance*, Macmillan, Basingstoke.

Jessop, B. (2000b) The crisis of the national spatio-temporal fix and the ecological dominance of globalizing capitalism', *International Journal of Urban and Regional Studies* 24 (2), 273–310.

Jessop, B. (2001) 'Bringing the state back in (yet again): reviews, revisions, rejections and redirections', placed on the Web on 10 May 2001: http://www.comp.lancs.ac.uk/sociology/soc070rj.html.

Jessop, B. (2002) 'Liberalism, neoliberalism and urban governance: a state-theoretical perspective', *Antipode* 34 (2), 452–472.

Joint Strategic Planning and Transportation Unit (1998) *Joint Replacement Structure Plan: Deposit Plan*, JSPTU, Bristol.

Jonas, A. (1994) 'The scale politics of spatiality', *Environment and Planning D* 12, 257–264.

Jones, M. (1997) 'Spatial selectivity of the state? The regulationist enigma and local struggles over economic governance', *Environment and Planning A* 29, 831–864.

Jones, M. (2001) 'The rise of the regional state in economic governance: 'partnerships for prosperity; or new scales of state power?', *Environment and Planning A* 33, 1185–1211.

Jones, M. and MacLeod, G. (1999) Towards a regional renaissance? Reconfiguring and rescaling England's economic governance', *Transactions of the Institute of British Geographers*, 24, 295–314.

Jones, M. and Ward, K. (2002) 'Excavating the logic of British urban policy: neoliberalism as the "crisis of crisis management"' *Antipode* 34, 473–494.

Krugman, P. (1997) *Pop Internationalism*, MIT Press, Cambridge, MA.

Latour, B (1993) *We Have Never Been Modern*, Harverster Wheatsheaf, Hemel Hempstead.

Leadbetter C. (2000) *Living on Thin Air: The New Economy (with a Blueprint for the 21st Century)*, Penguin, London.

Lee, R. (1977) 'Regional relations and economic structure in the EEC', in D.B. Massey and P.W.J. Batey (eds) *Alternative Frameworks for Analysis*, London Papers in Regional Science 7, Pion, London.

Lock, D. (2002) 'RPG – the government can't let go', *Town and Country Planning*, June, p. 155.

Lockwood, M. (1999) 'Humans valuing nature: synthesising insights from philosophy, psychology and economics', *Environmental Values* 8, 381–401.

London and South East Regional Planning Conference (SERPLAN) (1998) *A Sustainable Development Strategy for the South East*, SERPLAN, London.

Lösch, A. (1954) *The Economics of Location*, trans. W.H. Woglom, Yale University Press, New Haven, CT.

Lovering, J. (1999) 'Theory led by policy: the inadequacies of "the new regionalism" (illustrated from the case of Wales)', *International Journal of Urban and Regional Research* 23, 379–395.

McCormick, J. (1995) *The Global Environmental Movement*, 2nd edn, John Wiley, Chichester.

McGregor, A. (2000) '"Warm, fuzzy feelings": discursive explorations into Australian environmental imaginations', PhD thesis, University of Sydney.

McGuirk, P. (2001) 'Situating communicative planning theory: context, power, and knowledge', *Environment and Planning A* 33, 195–217.

MacLeod, G. (2001) 'New regionalism reconsidered: globalisation and the remaking of political economic space', *International Journal of Urban and Regional Research* 25, 804–829.

MacLeod, G. and Goodwin, M. (1999) 'Space, scale and state strategy: rethinking urban and regional governance', *Progress in Human Geography* 23, 503–527.

Macnaghten, P. and Urry, J. (1998) *Contested Natures*, Sage, London.

Marsden, T., Murdoch, J., Lowe, P., Munton, R. and Flynn, A. (1993) *Constructing the Countryside*. UCL Press, London.

Marshall, T. (2001) 'Regional planning and regional politics: political dimensions of regional planning guidance in two English regions, 1996–2001', mimeo.

Marshall, T. (2002) 'The re-timing of regional planning', *Town Planning Review* 73 (2), 171–196.

Marvin, S. and Guy, S. (1997) 'Creating myths rather than sustainability: the transition fallacies of the New Localism', *Local Environment* 2, 311–318.

Massey, D. (1979) 'In what sense a regional problem?', *Regional Studies* 13, 231–241.

Massey, D. and Meegan, R. (1978) 'Industrial restructuring versus the cities', *Urban Studies* 15, 273–288.

Mills, S. (1997) *Discourse*, Routledge, London.

Ministry of Housing and Local Government (1964) *The South East Study: 1961–1981*. HMSO, London.

Mittler, D. (2001) 'Hijacking sustainability? Planners and the promise and failure of Local Agenda 21', in A. Layard, S. Davoudi and S. Batty (eds) *Planning for a Sustainable Future*, Spon Press, London.

Mordue, T. (1999) 'Heartbeat country: conflicting values, coinciding visions', *Environment and Planning A* 31, 629–646.

Morgan, K. (2001), 'The new territorial politics: rivalry and justice in post-devolution Britain', *Regional Studies* 35, 343–348.

Mumford, L. (1938) *The Culture of Cities*, Harcourt, Brace, New York.

Murdoch, J. (2000), 'Space against time: competing rationalities in planning for housing', *Transactions of the Institute of British Geographers*, 25, 503–519.

Murdoch, J. and Abram, S. (2002) *Rationalities of Planning: Development versus Environment in Planning for Housing*. Ashgate, Aldershot.

Murdoch, J. and Norton, A. (2001), 'Regionalisation and planning: creating institutions and stakeholders in the English regions', in L. Albrechts, J. Alden and A. da Rosa Pires (eds) *The Changing Institutional Landscape of Planning*, Ashgate, Aldershot.

Murdoch, J. and Tewdwr-Jones, M. (1999), 'Planning and the English regions: conflict and convergence amongst the institutions of regional governance', *Environment and Planning C: Government and Policy* 17, 715–729.

Myerson, G. and Rydin, Y. (1996) (eds) *The Language of Environment: A New Rhetoric*, UCL Press, London.

Nagar, R., Lawson, V., McDowell, L. and Hanson, S. (2002) 'Locating globalization: feminist (re)readings of the subjects and spaces of globalization', *Economic Geography* 78, 285–306.

National Assembly for Wales (NAW) (2001) *Planning: Delivering for Wales*, NAW, Cardiff.

Newby, L. (2001) 'Yorkshire Forward: integrating sustainability, investment and business development', in C. Hewett (ed.) *Sustainable Development and the English Regions*, IPPR and the Green Alliance, London.

Newman, J. (2001). *Modernising Governance*, Sage, London.

Northern Ireland Assembly (2001) *Shaping Our Future: The Regional Strategy for Northern Ireland 2025*, Northern Ireland Assembly.

North West Development Agency (NWDA) (1999) *England's North West: A Strategy towards 2020*, NWDA, Warrington.

NWDA (2003) *Regional Economic Strategy 2004*, NWDA, Warrington.

North West Regional Assembly (NWRA) (2000) *People, Places and Prosperity: Draft Regional Planning Guidance for the North West*, NWRA, Wigan.

Observer (2002) 'Developers use crisis to invade green belt'. 12 May, http://society.guardian.co.uk/housing/story/, accessed 21 November 2002.

O'Connor, J. (1988) 'Capitalism, nature, socialism: a theoretical introduction', *Capitalism, Nature, Socialism* 1, 11–38.

O'Connor, M. (1993) 'On the misadventures of capitalist nature', *Capitalism, Nature, Socialism* 4 (3), 7–40.

O'Connor, M. (1994) 'The material/communal conditions of life', *Capitalism, Nature, Socialism* 5 (4), 105–114.

Offe, C. (1975) 'The theory of the capitalist state and the problem of policy formation', in L.N. Lindberg, R. Alford, C. Crouch and C. Offe (eds) *Stress and Contradiction in Modern Capitalism*, D.C. Heath, Lexington, MA.

Offe, C. (1984) *Contradictions of the Welfare State*, Hutchinson, London.

Offe, C. (1985) *Disorganised Capitalism*, Polity Press, Cambridge.

Office of the Deputy Prime Minister (ODPM) (2002a) *Sustainable Communities, Housing and Planning*, http://www.odpm.gov.uk/about/ministers/speeches, accessed 18 July 2002.

ODPM (2002b) *Planning Green Paper: Summary of Responses*, http://www.odpm.gov.uk, accessed 21 June 2002.

ODPM (2002c) 'Bill paves way for England's first', http://www.odpm.gov.uk, accessed 9 May 2003.

ODPM (2003a) *Sustainable Communities: Building for the Future*, The Stationery Office, London.

ODPM (2003b) Speech by the Deputy Prime Minister to the Guardian Urban Regeneration Conference, 8 April 2003, http://www.odpm.gov.uk/about/ministers/speeches, downloaded 21 April 2003.

Office for National Statistics (ONS) (2000) *Regional Trends*, The Stationery Office, London.

One NorthEast (1999a) *Unlocking Our Potential: Regional Economic Strategy for the North East*. One NorthEast, Newcastle.

One NorthEast (1999b) *Sustainability Appraisal of the Consultation Draft of the North East's First Regional Economic Strategy*. One NorthEast, Newcastle.

Organisation for Economic Cooperation and Development (OECD) (1976) *Regional Problems and Policies in OECD Countries*, vol. 2, OECD, Paris.

Owens, S. (1986) *Energy, Planning and Urban Form*, Pion, London.

Owens, S. (1994) 'Land, Limits and sustainability: a conceptual framework and some dilemmas for the planning system', *Transactions of the Institute of British Geographers*, 19, 439–456.

Owens, S. and Cowell, R. (2002) *Land and Limits: Interpreting Sustainability in the Planning Process*, Routledge, London.

Painter, J. (2002) 'Governmentality and regional economic strategies', in J. Hillier and E. Rooksby (eds) *Habitus: A Sense of Place*, Ashgate, Aldershot.

Parke, J. and Travers, M. (2000) *Draft RPG for the East Midlands: Report of The Public Examination Panel*. GOEM, Nottingham.

Peck, J. (2002) 'Political economies of scale: fast policy, interscalar relations, and neoliberal workfare', *Economic Geography* 78, 331–360.

Peck, J. and Tickell, A. (1994) 'Too many partnerships. . . the future for regeneration partnerships, *Local Economy* 9 (3) 251–265.

Peck, J. and Tickell, A. (1995a), 'Business goes local: dissecting the "business agenda" in Manchester', *International Journal of Urban and Regional Research* 19 (1), 55–78.

Peck, J. and Tickell, A. (1995b) 'The social regulation of uneven development: regulatory deficit, England's South East and the collapse of Thatcherism'. *Environment and Planning A* 27, 15–40.

Peck, J. and Tickell, A. (2002) 'Neoliberalizing space', *Antipode* 34, 380–404.

Pennington, M. (2002) *Liberating the Land: The Case for Private Land-Use Planning*, Institute of Environmental Affairs, London.

Phelps, N. and Tewdwr-Jones, M. (1998) 'Institutional capacity building in a strategic policy vacuum: the case of Korean company LG in South Wales', *Environment and Planning C: Government and Policy* 16, 735–755.

Phelps, N. and Tewdwr-Jones, M. (2000) 'Globalisation, regions and the state: exploring the limitations of economic modernisation through inward investment', *Urban Studies* 38, 1253–1272.

Pierre, J. and Peters, B.G. (2000) *Governance, Politics and the State*, Macmillan, Basingstoke.

Piore, M. and Sabel, C. (1984) *The Second Industrial Divide: Possibilities for Prosperity*, Basic Books, New York.

Porter, M. (1990) *The Competitive Advantage of Nations*, Macmillan, London.

Potter, J. and Wetherell, M. (1994) 'Analyzing discourse', in A. Bryan and R. Burgess (eds) *Analyzing Qualitative Data*, Routledge, London.

Powell, A.G. (1978) 'Strategies for the English regions: ten years of evolution', *Town Planning Review* 49, 5–13.

Power, A. (2001) 'Social exclusion and urban sprawl: is the rescue of cities possible?', *Regional Studies* 35, 731–742.

Rabinow, P. (1984) *The Foucault Reader*, Pantheon Books, New York.

Raco, M. (1998) 'Assessing "institutional thickness" in the local context: a comparison of Cardiff and Sheffield', *Environment and Planning A* 30, 975–996.

Raco, M. and Imrie, R. (2000) 'Governmentality and rights and responsibilities in urban policy', *Environment and Planning A* 32, 2187–2204.

Rees, W. (1995) 'Achieving sustainability: reform or transformation?', *Journal of Planning Literature* 9, 343–361.

Regional Assembly for the North West (2000) *People, Places and Prosperity: Draft Regional Planning Guidance for the North West*, RANW, Wigan.

Regional Assembly for Yorkshire and the Humber (RAYH) (1999) *Advancing Together. Towards a Spatial Strategy: Draft Regional Planning Guidance*, RAYH, Wakefield.

Richardson, A.F. and Simpson, E.A. (2000) *Draft Regional Planning Guidance for the North East: Panel Report*, GONE, Newcastle.

Richardson, R., Bradley, D., Jones, I. and Benneworth, P. (1999) 'The North East', in M. Breheny (ed.) *The People: Where Will They Work?* Town and Country Planning Association, London.

Roberts, P. (1996) 'Regional planning guidance in England and Wales: back to the future?' *Town Planning Review* 67, 97–109.

Roberts, P. (1999) 'Strategic connectivity', in *The New Regionalism: Strategies and Governance*, Centre for Local Economic Strategies, Manchester.

Roberts, P. and Lloyd, M.G., (2000) 'Regional Development Agencies in England: new regional planning issues?' *Regional Studies* 34, 75–80.

Robinson Penn (1999) *Sustainability Appraisal of the Consultation Draft of the North East's First Regional Economic Strategy*, Robinson Penn, Newcastle.

Robson, B., Peck, J. and Holden, A. (2000) *Regional Agencies and Area-Based Regeneration*, Policy Press, Bristol.

Roger Tym and Partners in association with Three Dragons (2001) *Thames Gateway Review*, www.planning.odpm.gov.uk/thamesgateway/01.htm, downloaded 16 December 2002.

Rogers, R. (1997) *Cities for a Small Planet*, Faber and Faber, London.

Rogers, R. and Power, A. (2000) *Cities for a Small Country*, Faber and Faber, London.

Roseland M (1998) *Towards Sustainable Communities*, New Society Publishers, Gabriola Island, BC, Canada.

Royal Commission on Environmental Pollution (RCEP) (2002) *Twenty Third Report: Environmental Planning*, The Stationery Office, London.

Royal Town Planning Institute (RTPI) (2000) *Green Belt Policy: A Discussion Paper*. RTPI, London.

RTPI (2002) *Modernising Green Belts*, RTPI, London.

Rydin, Y. (1998a) 'Land use planning and environmental capacity: reassessing the use of regulatory policy tools to achieve sustainable development', *Journal of Environmental Planning and Management* 41 (6), 749–765.

Rydin, Y. (1998b) *Urban and Environmental Planning in the UK*, Macmillan, Basingstoke.

Rydin, Y. (1999) 'Can we talk ourselves into sustainability? The role of discourse in the environmental policy process', *Environmental Values* 8, 467–484.

Rydin, Y. and Thornley, A. (2001) 'An Agenda for the New Millennium', in Y. Rydin and A. Thornley (eds) *Planning in the UK: Agendas for the New Millennium*, Ashgate, Aldershot.

Satterthwaite, D. (1997) 'Sustainable cities or cities that contribute to sustainable development?', *Urban Studies* 34 (10), 1667–1691.

Saxenian, A.-L. (1994) *Regional Advantage: Culture and Competition in Silicon Valley and Route 128*, Harvard University Press, Cambridge, MA.

Sayer, A. (1989) 'Dualistic thinking and rhetoric in geography', *Area* 21, 301–305.

Scott, A.J. (1988) *Metropolis: From the Division of Labor to Urban Form*, University of California Press, Berkeley.

Scott, A.J. (1998) *Regions and the World Economy: The Coming Shape of Global Production, Competition and Political Order*, Oxford University Press, Oxford.

Scottish Executive (2002) *Review of Strategic Planning: Conclusions and Next Steps*, Scottish Executive, Edinburgh.

Self, P. (1982) *Planning the Urban Region*. George Allen and Unwin, London.

Selman, P. (1996) *Local Sustainability: Managing and Planning Ecologically Sound Places*, Paul Chapman, London.

Shaffer, F. (1970) *The New Town Story*, MacGibbon and Kee, London.

Shaw, D. and Sykes, O. (2001) *Delivering the European Spatial Development Perspective*, University of Liverpool.

Shelter (2002) 'Most needy must benefit from Government housing investment', press release on 17 July 2002, downloaded from www.shelter.org.uk on 4 October 2002.

Shirley, P. (1998) *Urban Task Force Prospectus: The Wildlife Trusts' and the Urban Wildlife Partnership's Response*, The Wildlife Trusts, Newark.

Shucksmith, M. (1990) *House Building in Britain's Countryside*, Routledge, London.

Simmons, M. (1999) 'The revival of regional planning', *Town Planning Review* 70, 159–172.

Smith, N. (2003) 'Remaking scale: competition and cooperation in prenational and postnational Europe', in N. Brenner, B. Jessop, M. Jones and G. MacLeod (eds) *State/Space: A Reader*, Blackwell, Oxford.

Smith, S.P. and Sheate, W.R. (2001a) 'Sustainability appraisals of regional planning guidance and regional economic strategies in England: an assessment'. *Journal of Environmental Planning and Management* 44 (5) 735–755.

Smith, S.P. and Sheate, W.R. (2001b) Sustainability appraisal of English regional plans: incorporating the requirements of the EU Strategic Environmental Assessment Directive', *Impact Assessment and Project Appraisal* 19, 263–276.

South East England Development Agency (SEEDA) (1999) *Building a World Class Region: An Economic Development Strategy for the South East of England*, SEEDA, Guildford.

South West Development Agency (1999) *Regional Strategy, 2000–2010*, SWDA, Exeter.

South West Regional Planning Conference (SWRPC) (1999) *Draft Regional Planning Guidance for the South West*, SWRPC, Taunton.

Standing Conference of East Anglian Local Authorities (SCEALA) (1998) *Regional Strategy for East Anglia, 1995–2016* SCEALA, Bury St Edmunds.

Stead, D. (2000) 'Unsustainable settlements', in H. Barton (ed.) *Sustainable Communities*, Earthscan, London.

Stoker, G. (2002) 'Life is a lottery: New Labour's strategy for the reform of devolved governance', *Public Adminstration* 80, 417–434.

Storper, M. (1997*) The Regional World: Territorial Development in a Global Economy*, Guilford Press, New York.

Storper, M. (1998) 'Civil society: three ways into a problem', in M. Douglass and J. Friedmann (eds) *Cities for Citizens*, John Wiley, Chichester.

Strange, I. (1997) 'Directing the show? Business leaders, local partnership and economic regeneration in Sheffield'. *Environment and Planning C* 15, 1–17.

Swain, C. and Burden, W. (2002) *West Midlands RPG: Panel Report*, Government Office West Midlands, Birmingham.

Swain, C. and Rozee, L. (2000) *Regional Planning Guidance for Yorkshire and the Humber: Public Examination Panel Report*, GOYH, Leeds.

Swyngedouw, E. (1997) 'Neither global nor local: "glocalization" and the politics of scale', in K.R. Cox (ed.) *Spaces of Globalization: Reasserting the Power of the Local*, Guilford Press, New York.

Tewdwr-Jones, M. (ed.) (1996) *British Planning Practice in Transition: Planning in the 1990s*, UCL Press, London.

Tewdwr-Jones, M. (2001) 'Complexity and interdependency in a kaleidoscopic spatial planning landscape in Europe', in L. Albrechts, J. Alden and A. da Rosa Pires (eds) *The Changing Institutional Landscape of Planning*, Ashgate, Aldershot.

Tewdwr-Jones, M. and Allmendinger, P. (1998) 'Deconstructing communicative rationality: a critique of Habermassian collaborative planning', *Environment and Planning A* 30, 1975–1989.

Tewdwr-Jones, M. and Allmendinger, P. (2003) 'Conclusion: communicative planning and the post-positivist planning theory landscape', in P. Allmendinger and M. Tewdwr-Jones (eds) *Planning Futures: New Directions for Planning Theory*, Routledge, London.

Thomas, D. (1975) 'United Kingdom', in H.D. Clout (ed.) *Regional Development in Western Europe*, John Wiley, London.

Thomas, K. and Kimberley, S. (1995) 'Rediscovering regional planning? Progress on regional planning guidance in England', *Regional Studies* 29, 414–422.

Thornley, A. (ed.) (1993) *Urban Planning under Thatcherism: The Challenge of the Market*, Routledge, London.

Times, The (2000) 'Concrete is for ever'. 28 February.

Tomaney, J. and Mawson, J. (eds) (2002) *England: The State of the Regions*, Bristol, Policy Press.

Tomaney, J. and Ward, N. (eds) (2001) *A Region in Transition: North East England at the Millennium*, Ashgate, Aldershot.

Town and Country Planning Association (TCPA) (2002a) *Green Belts: TCPA Policy Statement*, TCPA, London.

TCPA (2002b) *New Towns and Town Extensions: TCPA Policy Statement*, London, TCPA.

UK Government (1990) *This Common Inheritance*, HMSO, London.

Urban Task Force (1999) *Towards an Urban Renaissance*, The Stationery Office, London.

Urry, J. (1995) *Consuming Places*, Routledge, London.

Valler, D.C., Wood, A. and North, P. (2000) 'Local governance and local business interests: a critical review', *Progress in Human Geography* 24 (3), 409–428.

Vigar, G. and Healey, P. (1999) 'Territorial integration and "plan-led" planning', *Planning Practice and Research* 14 (2), 153–169.

Vigar, G., Healey, P., Hull, A. and Davoudi, D. (2000) *Planning, Governance and Spatial Strategy in Britain*, Macmillan, Basingstoke.

Wackernagel, M. and Rees, W. (1996) *Our Ecological Footprint: Reducing Human Impact on the Earth*. New Society Publishers, Gabriola Island, BC, Canada.

Wacquant, L. (1996) 'The rise of advanced marginality: notes on its nature and implications', *Acta Sociologica* 39, 121–139.

Wannop, U. (1995) *The Regional Imperative: Regional Planning and Governance in Britain, Europe and the United States*, Jessica Kingsley, London.

Wannop, U. and Cherry, G. (1994) 'The development of regional planning in the United Kingdom', *Planning Perspectives* 9, 29–60.

Ward, K. (1997) 'Coalitions in urban regeneration: a regime approach', *Environment and Planning A* 29, 1493–1506.

Ward, S.V. (1994) *Planning and Urban Change*, Paul Chapman, London.

West Midlands Local Government Association (WMLGA) (2001a) *Draft Regional Planning Guidance*, WMLGA, Birmingham.

WMLGA (2001b) *Sustainability Appraisal of Draft RPG policies for the West Midlands*, WMLGA, Birmingham.

West Sussex County Council (WSCC) (1996) *West Sussex Structure Plan, Third Review: Environmental Capacity in West Sussex*, WSCC, Chichester.

WSCC (1997) *West Sussex Structure Plan, Third Review: Examination in Public Panel Report*, WSCC, Chichester.

Whatmore, S. and Boucher, S. (1993) 'Bargaining with nature: the discourse and practice of environmental gain', *Transactions of the Institute of British Geographers* 18, 166–178.

Wheeler, S.M. (2002) 'The New Regionalism: key characteristics of an emerging movement', *Journal of the American Planning Association* 68, 267–278.

While, A., Gibbs, D.C. and Jonas, A.E.G. (2002) 'Unlocking the city? Growth pressures and the search for new spaces of governance in Greater Cambridge, England', mimeo.

Wildavsky, A.B. (1973) 'If planning is everything maybe it's nothing', *Policy and Sciences* 4 (2), 127–153.

Williams, C.M. (2002) 'The South West: lessons for the future', in T. Marshall, J. Glasson and P. Headicar (eds) *Contemporary Issues in Regional Planning*, Ashgate, Aldershot.

Williams, K., Burton, E. and Jenks, M. (eds) (2000) *Achieving Sustainable Urban Form*, E. & F.N. Spon, London.

Williams, R. (1973) *The Country and the City*, Oxford University Press, Oxford.

Wilson, A.G. (1974) *Urban and Regional Models in Geography and Planning*, John Wiley, Chichester.

Wong, C. (2002) 'Is there a need for a fully integrated spatial planning framework for the United Kingdom?', *Planning Theory and Practice* 3, 277–300.

World Commission on Environment and Development (WCED) (1987) *Our Common Future*, Oxford University Press, Oxford.

Yorkshire Forward (1999) *Regional Economic Strategy for Yorkshire and the Humber*, Yorkshire Forward, Leeds.

Yorkshire Forward (2003) *Regional Economic Strategy for Yorkshire and the Humber 2003–2011* , Yorkshire Forward, Leeds.

索　引

《世界城市研究精品译丛》总目

☑ 已出版，☐ 待出版

- ☑ 马克思主义与城市
- ☑ 保卫空间
- ☑ 城市生活
- ☑ 消费空间
- ☑ 媒体城市
- ☑ 想象的城市
- ☑ 城市研究核心概念
- ☑ 城市地理学核心概念
- ☑ 政治地理学核心概念
- ☑ 规划学核心概念
- ☑ 城市空间的社会生产
- ☑ 真实城市
- ☑ 现代性和大都市
- ☑ 工作空间：全球资本主义与劳动力地理学
- ☑ 区域、空间战略与可持续性发展
- ☐ 与赛博空间共存：21 世纪的技术与社会
- ☐ 城市发展规划本体论
- ☐ 历史地理学核心概念
- ☐ 空间问题：文化拓扑学和社会空间化
- ☐ 驱逐：全球化经济中的野蛮性与复杂性
- ☐ 帝国的边缘：后殖民主义与城市
- ☐ 城市与自然
- ☐ 城市与电影
- ☐ 城市环境史
- ☐ 当下语境中的游戏：在线游戏的社会文化意义